活性炭固定床处理VOCs
设计　运行管理

李守信　主编
陈青松　程泉　苏航　参编

U0201572

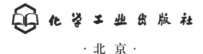

化学工业出版社

·北京·

内 容 简 介

本书论述了活性炭固定床处理 VOCs 的设计、运行和管理。主要讲述：活性炭的分类、结构及技术性能指标，活性炭的吸附理论，活性炭固定床吸附器设计，活性炭固定床吸附系统的设计和运行管理，活性炭固定床运行中常见问题及解决方法。本书不仅有一定的理论深度，而且是实践经验的总结，是一本理论与实践紧密结合的书。

本书既可作为高等院校相关专业的教材，也可供从事相关科研、管理、工程设计的人员及 VOCs 治理一线的工程技术人员参考。

图书在版编目（CIP）数据

活性炭固定床处理 VOCs 设计 运行 管理/李守信主编.—北京：化学工业出版社，2021.3（2024.5重印）
ISBN 978-7-122-38492-8

Ⅰ.①活… Ⅱ.①李… Ⅲ.①固定床-活性炭过滤法-挥发性有机物 Ⅳ.①X703

中国版本图书馆 CIP 数据核字（2021）第 024272 号

责任编辑：王文峡　　　　　　　　　文字编辑：邢启壮　雷桐辉　刘　琳
责任校对：张雨彤　　　　　　　　　装帧设计：韩　飞

出版发行：化学工业出版社（北京市东城区青年湖南街13号　邮政编码100011）
印　　装：北京天宇星印刷厂
787mm×1092mm　1/16　印张16　字数347千字　　2024年5月北京第1版第3次印刷

购书咨询：010-64518888　　　　　　售后服务：010-64518899
网　　址：http://www.cip.com.cn

定　　价：68.00元

序

挥发性有机物是导致大气 $PM_{2.5}$ 和 O_3 污染的主要前体物。为此，在国家多项法规、政策和标准的指引下，"蓝天保卫战"迅速在全国打响！据不完全统计，现在以治理 VOCs 污染为目标而成立的公司就有 400 多家！涉及的 VOCs 治理技术包括吸收、吸附、催化转化、生物法以及其他的物理、化学方法。

其中，吸附法已广泛应用于有机化工、石油化工、制药、包装印刷、涂料、喷漆、涂布等行业，成为治理 VOCs 污染的重要手段。而在吸附法中使用最多的装置当属活性炭固定床吸附器。

为此，由国内知名的有机废气治理专家，组织长期工作在 VOCs 防治第一线的工程技术人员共同编写了《活性炭固定床处理 VOCs 设计 运行 管理》一书。

该书主编结合自己近 30 年从事 VOCs 治理教学、科研以及 20 多年的工程实践，专门就活性炭固定床在 VOCs 治理的设计、运行、管理方面的问题进行了全面论述，以理论与实践相结合的方式介绍了自己的经验和做法，为相关的设计、运行、管理人员提供了很好的参考。

同时，该书作者结合吸附技术的发展和自己的工程实践，提出了一些新见解。

1. 针对一些人对活性炭的偏颇认识，提出活性炭在所有用于吸附法治理 VOCs 的吸附剂中，是吸附能力最强的吸附剂。明确指出在治理工程中，活性炭的选择应该以哪一项技术指标为主。

2. 提出了利用吸附波长度求取吸附剂装量最简易的计算方法。

3. 在脱附温度的选择上，提出了独到的见解，并从理论和实践两个方面进行了分析。通过分析发现，吸附质的脱附温度与它的沸点基本没有关系，而和它的饱和蒸气压直接相关。

4. 作者认为，VOCs 通过床层的风速是由废气与吸附剂的接触时间决定的，不应该统一规定为 $0.2 \sim 0.6 m/s$。在目前多种吸附剂存在的情况下，应该根据吸附技术的发展去调整这些数据，以便更好地指导工程实践。

5. 在书中，作者对引进技术的目的也提出了自己的看法，认为引进国外先进技术的目的主要还是考虑如何消化吸收，积极创新，以提高我国自主技术的水平。

作者提出的这些见解是难能可贵的，为我们在吸附理论与技术方面提出了诸多研究课题。

　　总之，该书理论结合实际，可作为高等院校环境工程专业及相关专业的教材或参考书，特别适用于各级环境管理部门用做挥发性有机物控制、治理的培训教材。相信本书的出版，将为高等院校、工程公司、环境管理部门从事相关工作人员提供很好的指导。

中国工程院院士
清华大学环境科学与工程研究院院长

2020 年 7 月于清华园

前　言

近年的研究发现，$PM_{2.5}$ 与挥发性有机污染物有直接关系。在 $PM_{2.5}$ 形成之前，作为前驱物的 VOCs（挥发性有机物），能和由 SO_2、NO_x 生成的硫酸盐、硝酸盐一起，在光的作用下，发生一系列的光化学反应，生成以 $PM_{2.5}$ 细小颗粒物为主的霾，这些霾会长期存在于大气中。近几年，低浓度、高毒性的 VOCs 在 $PM_{2.5}$ 中的比重上升很快，因而使细粒子污染逐渐趋于严重。

我国在 20 世纪 80 年代之后，随着城市化加速，经济规模扩张，各大城市机动车保有量也随之迅猛增长，珠三角、长三角、京津冀等经济发达地区大气污染日趋严重，雾霾天变得越来越多，这使得臭氧和 $PM_{2.5}$ 所代表的细粒子污染，渐渐发展为大城市和区域空气污染的首要大敌。为此，中央向全国发出了"蓝天保卫战"的号召，一场轰轰烈烈的蓝天保卫战已经打响，目前已取得了初步成果！

国家对挥发性有机物污染的防治一直比较重视，《大气污染物综合排放标准》（GB 16297—1996）规定的 33 类污染物中，有近一半属于挥发性有机物。这个标准对挥发性有机物提出了严格的排放限值。自 2010 年 5 月首次把挥发性有机物确定为大气污染的重点污染物之后，2013 年 9 月，国务院发布《大气污染防治行动计划》，对 VOCs 的污染防治工作提出了一些具体的要求，包括以下几方面。

（1）制定、修订重点行业排放标准，用法律、标准"倒逼"产业转型升级。

（2）强制公开污染企业环境信息。

（3）推进 VOCs 污染治理，在石化、有机化工、表面涂装、包装印刷等行业实施 VOCs 综合整治。

（4）大力推行清洁生产，完善涂料、油墨、胶黏剂等产品 VOCs 限值标准，推广使用水性涂料、油墨、胶黏剂，鼓励生产、销售和使用低毒、低挥发性有机溶剂。

（5）将 VOCs 纳入排污费征收范围，加大排污费征收力度，提高排污费征收标准。

紧接着，全国各省市也陆续出台了控制 VOCs 排放的地方标准和规定。

根据国家的统一部署，VOCs 治理应该从源头治理、过程控制和末端治理三方面着手，而以源头治理、过程控制为重点。2016 年 1 月 1 日起实施的《中华人民共和国大气污染防治法》（以下简称《大气污染防治法》），对 VOCs 污染防治在源头治理、过程控制和末端治理等方面都提出了具体要求。有关部门颁布了《重点行业挥发性有机物削减行动计划》（以下简称《行动计划》），指出了明确方向。《行动计划》提出"坚持源头削减、过程控制为重点，兼顾末端治理的全过程防治理念"。《行动计划》还指出，在源头削减、过程控制和末端治理三者之间，更为重视源头削减和过程控制，这是我国将来VOCs治理的发展趋势，也是国际上治理VOCs的发展方向。

在目前的VOCs治理中，吸附法得到了广泛的应用。而在治理VOCs的设备中，以活性炭固定床吸附器应用最广。初步估计，它占据了固定床处理VOCs约85％以上的市场。

为此，作者根据自己从事VOCs治理教学、科研以及工程实践，特别编著了这本《活性炭固定床治理VOCs 设计 运行 管理》一书。专门论述活性炭固定床在VOCs治理的设计、运行、管理方面的问题，并且还介绍了自己的一些实践经验，给设计、运行、管理人员提供参考。

本书共分六章。第一章讲述活性炭的基本知识和技术性能指标，并对这些指标进行了分类说明；第二章讲述活性炭的吸附原理及影响其吸附的因素，同时讲述了在工程实践中，如何应用影响气体吸附的因素，指导活性炭固定床吸附器的设计；第三章讲述活性炭固定床的设计及一些设计参数选择的依据；第四章讲述活性炭固定床吸附系统的设计、活性炭固定床处理VOCs系统的组成以及活性炭固定床系统的整体设计规程；第五章讲述了活性炭固定床吸附运行的管理，特别强调了在设计和运行方面，必须重视国家法律法规及具体的工程技术规范，另外从理论上阐述了一些参数选择的原理，对现行的《吸附法工业有机废气治理工程技术规范》进行了解释，并结合自己的工程实践对一些技术参数提出了不同的看法；第六章给出了四个不同的工程案例。

本书由李守信任主编，参加本书编写的人员分工如下。

李守信（华北电力大学环境科学与工程学院）主要编写绪论，第一章第六节，第四章第一、二节，第五章，第六章典型案例四；陈青松（天津大拇指环保科技集团）主要编写第二章第四、五节，第三章第二节，第六章典型案例二；程泉（广东源丰环境生态科技有限公司）主要编写第一章第一、二、三、四、五节，第二章第一节，第六章典型案例一；苏航（广东雪迪龙环境科技有限公司）主要编写第二章第二、三节，第三章第一、三节，第六章典型案例三。全书由李守信统稿并修改定稿。

特别需要提起的是，中国工程院院士、著名的环境工程专家、清华大学环境科学与工程研究院院长、美国国家工程院外籍院士郝吉明教授为本书作序。郝吉明院士在序中对作者以理论与实践相结合的方式介绍了自己的经验和做法给予肯定，认为本书为相关的设计和运行管理人员提供了很好的参考。同时对作者提出的一些新见解，认为是为从业人员在吸附理论与技术方面提出了诸多研究课题。

在此对郝吉明院士的认可表示衷心的感谢！

本书在编写过程中，得到了国内知名的大气污染控制专家、欧盟清洁生产咨询专家、天津大学郭静教授，国内知名的VOCs治理专家、中南大学李立清教授等同行专家的指导，以及天津大拇指环保科技集团、广东源丰环境生态科技有限公司、广东雪迪龙环保科技有限公司、河南洛阳峰越环保设备有限公司、浙江天地环保科技有限公司等企业的支持和协助。广东雪迪龙环保科技有限公司张改革参与了部分资料的收集工作，天津大拇指环保科技集团贺国臣参与了部分文字的编辑工作。特别感谢南京大学环境规划设计研究院股份公司对本书提供的经典案例及相关资料，感谢河北中环环保设备有限公司原总工程师王玉普高级工程师提供的相关图纸。正是由于他们的指导、支持和帮助，才使本书的编写工作得以顺利进行。在此一并表示衷心的感谢！

在这里，借本书出版之机，对笔者在专业成长过程中给予指导和帮助的，也是早期推动我国VOCs治理行业发展的同行专家及科技工作者刘汉杰、楚建唐、张建军、杨树强、苏建华、党小庆、张智敏、王学锋、林金画、尤生全、黄文龙、李泽清、陈大博、陈植民、王德宏等，表示深深的敬意和由衷的感谢！

本书可作为高等院校环境工程专业及其他相关专业的教材或参考书，特别适用于各级环境保护管理部门作为挥发性有机物控制、治理培训的教材。也可供从事大气污染控制工程，特别是从事活性炭固定床治理VOCs的工程设计、运行、管理的工程技术人员参考。

由于作者水平有限，实际经验不足，书中不妥之处在所难免，敬请各位专家、同行及广大读者朋友批评指正。

编著者

2020年9月

目 录

绪　论

　　一提起用于处理 VOCs 的活性炭，很多人会想到由于设计或运行管理不当而造成的着火甚至爆炸的可怕场面！但这实在是一桩"冤案"！之所以出现这种"冤案"，是由于人们对活性炭作为吸附剂的认识还比较缺乏，对吸附法处理 VOCs 的认识还不是十分清楚。

　　吸附法是利用各种固体吸附剂（如活性炭、活性炭纤维、分子筛等）对排放废气中的污染物进行吸附净化的方法。吸附法设备简单、适用范围广、净化效率高，是一种传统的废气治理技术，也是目前应用最广的有机废气治理技术。具体的吸附净化工艺可以分为吸附回收工艺（回收有机溶剂）和吸附氧化工艺（回收热量）两种；具体的吸附技术主要包括固定床吸附技术、移动床吸附技术、流化床吸附技术和变压吸附技术等；吸附设备可以分为固定床吸附器、移动床吸附器和流化床吸附器三类。

　　从不同吸附净化技术的应用范围和工艺设备的成熟程度来看，固定床吸附、水蒸气脱附、冷凝回收工艺和固定床吸附、热空气脱附、催化燃烧工艺目前在我国应用范围最广，工艺设备最成熟，是我国有机废气吸附净化的主体工艺，在我国有机废气净化中占据着主导地位。在 VOCs 治理技术中，吸附法之所以占据着非常重要的地位，是因为和其他处理方法相比，它具有很多的优点：

　　① 高选择性，它能处理其他工艺难以分离的气体混合物，从而有效地清除（回收）浓度很低的物质；

　　② 净化效率高，无二次污染；

　　③ 设备简单，操作方便，且能实现自动化。

　　目前国内许多环保公司利用吸附法与其他净化方法（如吸收、冷凝、催化燃烧等）的集成技术，治理众多行业的含 VOCs 的废气。随着吸附技术和工艺的快速发展和新型吸附材料的开发，吸附过程已经成为一种重要的化工工艺单元过程，尤其在 VOCs 分离、净化、回收等方面得到越来越广泛的应用。吸附法已广泛应用于有机化工、石油化工、制药、包装印刷、涂料、喷漆、涂布等行业，成为一种必不可少的治理 VOCs 的手段。

　　VOCs 治理不仅涉及工艺类的工程技术，它还涉及多种治理技术和装置。其中在应用最多的吸附法和吸附浓缩-燃烧（包括催化燃烧）法中使用最多的装置当属活性炭固定床吸附器。即使在消除技术中，如在对大风量低浓度有机废气进行燃烧法处理时，也多用活性炭固定床吸附器先对低浓度废气进行浓缩，使之达到燃烧法处理的要求。因此可以说吸附的核心装置，应该是固定床吸附器。据估计，目前在 VOCs 治理中，活性炭固定床吸附器要占到所有固定床吸附器 85％以上。为此，本书主要内容就是介绍活性炭固定床吸附器的设计方法和运行管理方面的相关问题。但是，在目前活性炭固定床吸附器的设计和运行管理上，却出现了一些不尽如人意的地方。首先，一些人包括环境管理部门，对活性炭的性质了解不多，对于在工程中出现的问题，比如吸附床着火、处理结果不达标等，错误地认为是活性炭的问题；甚至认为活性炭属于危废，不可利用。这些错误认识，导致了错误的决策，于是出现了"不允许使用活性炭吸附法"的错误指令，直接影响了 VOCs 的治理工作。

为了帮助读者正确认识活性炭的性质、活性炭在处理 VOCs 方面的技术优势以及在 VOCs 处理项目中如何正确选择活性炭吸附剂和吸附装置，本书重点介绍了怎样设计一个理想的活性炭固定床吸附器，并且也介绍了吸附器系统的配置以及运行管理方面的要点。

本书结合作者近 30 年从事 VOCs 治理教学、科研以及 20 多年的工程实践经验，首先从介绍活性炭的基本知识入手，对活性炭固定床在设计和运行管理方面进行了介绍，对一些问题加深了理解，并且提出了相关见解。

首先提出，活性炭在所有用于吸附法治理 VOCs 的吸附剂中，是吸附能力最强的吸附材料，在治理 VOCs 方面具有它独特的技术优势。

在活性炭的技术性能指标中，对一些技术指标进行了简单的分类，并加以进一步的说明，指出在 VOCs 治理工程中，活性炭的选择应该以哪一项技术指标为主。

在影响气体吸附的因素方面，在叙述了影响因素之后，进一步说明如何利用影响气体吸附的因素指导活性炭固定床的设计。

对转轮浓缩技术进行了评价，认为根据废气和吸附剂运动的方向分析，转轮技术仍属于固定床技术，它的设计完全可以采用固定床的设计程序。转轮采用沸石分子筛作吸附剂，能够在较高温度下运行，可处理含湿量较高的气体；由于设计得比较合理，处理效率较高，设计的浓缩-燃烧（催化燃烧）工艺采取集成化设计，实现了自动化控制，占地面积小。正是由于存在这些优点，才使得转轮浓缩-催化燃烧技术在我国得到了广泛的应用。

但是，由于采用转轮处理 VOCs 的最佳途径是燃烧或催化燃烧，这样会造成大量的有用资源被烧掉，直接违背了国家多次提出的 VOCs 治理要以回收为主的方针，造成了大量的有用资源被白白地烧掉。同时也指出，转轮技术也存在一定的缺陷，首先因为采用了比活性炭吸附容量低得多的沸石分子筛作吸附剂，所以它的设备十分庞大，整个程序设计也存在一定的缺陷，耗能比较高。根据这些分析，本书也提供了一些改进的意见和建议。同时也提出了对引进国外先进技术的建议，认为不能只满足于国外先进技术的应用上，而要强调对引进技术和设备的消化吸收，并进一步创新，以提高我国的技术水平。

在活性炭固定床的运行和管理方面，本书结合现在吸附技术的发展和工程实践，也提出了一些新的建议。在活性炭固定床设计方面，也提出了新的计算吸附剂用量的方法：

第一种方法是针对一般教科书上采用的经典的计算方法而提出的。因为经典计算方法用于大风量低浓度的计算时，会遇到因吸附剂用量过大或床层过厚而造成压力损失过高，进而出现无法接受的结果。针对这种情况，本书提出了：若废气浓度较低且气体流量较大时，吸附质的量已降为次要因素，此时主要是保证气体流通面积和气体在吸附床层中的停留时间。此时则需要根据气体流量来计算吸附剂的用量。实践证明，这种计算方法是比较适用的，这也是在 VOCs 治理工程中常用的方法。

第二种方法是利用吸附波长度，计算吸附剂用量的最简单的计算方法。该方法是基于长期的工程实践提出的，后经过实际工程的检验，结果是可行的。这种方法简便，省去了烦琐的计算，可直接使用现场数据，使设计计算结果准确可靠。

本书还结合国家的"超低排放"政策的实施，给读者介绍了一种先进的可以基本做到"零排放"的活性炭纤维固定床吸附设备。这种设备把气流分布理论引入到活性炭纤维固定床的设计中，经过大胆的改进，使原来的吸附装置对单一气体的吸附处理效果达到了几乎100％的净化效率，而且大大地延长了活性炭纤维的使用寿命。

在固定床吸附器的设计和运行管理上，特别强调了必须认真遵照《吸附法工业有机废气治理工程技术规范》（HJ 2026—2013）（以下简称《吸附法规范》）及其他相关标准、规范中所规定的标准执行。

本书还对《吸附法规范》规定的气体通过床层的风速以及床层压降进行了更加深入的分析，使大家能够更深入地理解规范中规定这些指标的合理性，使设计者更能灵活地把握设计要领。

在关于脱附温度的选择上，根据大量的工程实践，本书提出了独到见解，并从理论和实践的两个方面进行了分析和验证。大胆地否定了人们长期坚持的物质的脱附温度与其沸点有关的传统观念，认为吸附质的脱附温度与它的沸点基本没有关系，而和它的饱和蒸气压直接相关。而传统的概念认为，吸附质的脱附温度与它的沸点有密切的关系，因此，在对高沸点的物质进行脱附时，需要采取高于其沸点的温度进行脱附，因而在工程上造成了一些问题，即要么工程无法实施，要么造成能源上的浪费。

另外本书还对新版的设计手册中规定的气体通过吸附剂床层的风速仍然规定为 0.2～0.6m/s 的数据提出了看法，认为这个规定还是沿用了过去采用颗粒活性炭作吸附剂所得出的结论。本书认为，废气通过床层的速度是和吸附剂的性质有关，废气通过床层的速度是由废气与吸附剂接触时间决定的。并指出在现在多种吸附材料出现的情况下，应该根据吸附技术的发展去调整这些数据，以便更好地指导工程实践。

第一章

活性炭的分类、结构及技术性能指标

活性炭，是具有活性的炭。一般物质都会显示出它的活性，比如化学反应活性、吸附活性、催化活性等。而活性炭所表现出来的是它的吸附活性。

吸附作用是由于固体表面力作用的结果。由于在固体表面上的分子力处于不平衡或不饱和状态，因而，固体会把与其接触的气体或液体溶质的分子吸引到自己的表面上，从而使其残余力得到平衡。这种在固体表面进行物质浓缩的现象称为吸附。

根据理论研究，任何固体在它的表面都存在着吸附现象。但只是有些固体物质，它的比表面积比较小，而活性炭的比表面积比较大。比如 1g 氧化铁所具有的总比表面积仅为 $12m^2$，而 1g 活性炭的总比表面积可达 $1500m^2$ 以上。它们之间的区别就在于，活性炭由于具有发达的孔结构，所以它有比其他固体大得多的比表面积。因而，它所表现出来的活性特征，那就是吸附活性。所以，活性炭可定义为是一种具有发达的孔结构、有很大的比表面积和吸附能力的炭。

活性炭具有发达的孔隙结构，有很大的比表面积，每克活性炭的总表面积一般为 $600\sim 1000m^2$，最高可达 $1500m^2$ 以上，有些经过特别加工的比如碳分子筛，比表面积可高达 $2500m^2$。因此，它具有很强的吸附能力。

活性炭含碳量达 90％以上，性质稳定，不溶于水和有机溶剂，能耐酸耐碱，能承受水湿、高温和高压的作用，使用失效以后容易再生。因此，活性炭被广泛地应用于各个领域和行业。

第一节　活性炭的分类

随着现代工业革命的迅速发展，活性炭作为一种战略物资，出现了很多品种。因而，活性炭也出现了各种不同的分类方法。

一、按照原料分类

几乎所有的含碳物质，都可以作为制造活性炭的原料。因此，按原料不同可以分为植物原料炭、煤质炭、石油质炭、其他炭（如纸浆废液炭、合成树脂炭、有机肥料炭、骨炭和血炭等）。

二、按照制造方法分类

在制造活性炭的活化工艺中，会采用不同的活化方法和不同的活化物质，因此，活性炭也根据所采用的活化方法或活化物质不同而进行分类，可分为气体活化法炭（或物理活化法炭）、化学活化法炭（或化学药品活化法炭）、化学药品和气体并用活化法炭，比如水蒸气活化炭、氯化锌活化碳等。

三、按照外观形状分类

按外观形状可分为粉状活性炭、不定形颗粒活性炭（或破碎活性炭）、成形活性炭（或定形颗粒活性炭）、球形炭、蜂窝状炭、纤维状炭、织物状炭等。

粉状活性炭一般用于液体中，如水溶液中的物质分离、脱色等，其颗粒度大小没有统一规定，一般为小于 120 目的细粉，但粒度不宜太细，否则将影响在溶液分离时的过滤速度。

颗粒活性炭的颗粒大小因炭种和用途的不同而不同，如圆柱形回收用活性炭直径为 3～3.5mm，长 3～8mm；吸附炭直径为 1.4～1.7mm，长 2～5mm；维尼龙生产中做催化剂载体用的不定形颗粒活性炭大小为 28～42 目。

活性炭的酸碱度因炭的种类而不同，如氯化锌法生产的糖用炭 pH 值为 3～5，药用炭 pH 值为 5～7；有些物理法活性炭的 pH 值为 7～9。

四、按照用途分类

活性炭按照用途分类是商业上最常用的方法，可分为医用活性炭、糖用活性炭、净化空气用煤质颗粒活性炭、防护用煤质颗粒活性炭等。

除粉状炭之外，其余形状的活性炭在处理 VOCs 时均可使用，如普通的颗粒活性炭、蜂窝活性炭、活性炭纤维、碳分子筛等。

第二节　活性炭的结构及化学组成

一、碳的结构

1. 碳的同素异形体

在自然界中，碳有三种同素异形体以游离状态存在，分别为金刚石（等轴晶系结构）、石墨（六方晶系结构）和无定形碳。

在金刚石的晶体内，所有碳原子相互之间由强的共价键成等距离（1.54Å）排列，每个碳原子位于一个正四面体的中心，周围四个碳原子位于四个顶点上，在空间构成连续的、坚固的骨架结构，如图 1-1 所示。在这类晶体中是分辨不出单个分子的，只能把整个晶体可看成是一个巨大的三向分子。金刚石碳原子的所有价电子都形成共价键而没有自由电子，所以没有导电性，且不与酸和碱发生反应。

在石墨晶体中，碳原子排列成层状结构，在一个平面层片上碳原子排列成六角形，碳原子分布在各六角环的顶点上，彼此间的距离是 0.43Å。石墨就是由许多这样相互平行的层片构成，相邻两层间的距离是 3.35Å，见图 1-2。对每个碳原子来说，它的四个电子只有三个与它在同一平面层内的另外三个碳原子形成共价键。在层与层之间，由于距离较远，它们不是以化学键相连接，而是以较弱的分子间引力相连接。因此，各层间容易滑移和分离，使石墨具有质软滑腻的特性。由于石墨有一个比较自由的、未成键的电子，故石墨能传热、导电。由于石墨的层状结构使它的许多特征呈现各向异性。

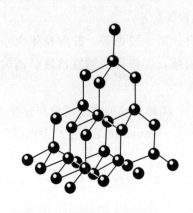

图 1-1　金刚石的结构

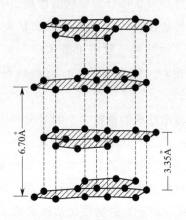

图 1-2　石墨的结构

属于无定形碳的有活性炭，木炭，炭黑和焦炭等。无定形颗粒活性炭是颗粒活性炭的一大类型，无定形颗粒活性炭以上下限尺寸表示粒度范围，用与 100 相乘后的数字表示，例如上限×下限为 35×59，表示粒度范围为 0.35～0.59mm。

2. 活性炭的基本微晶结构

活性炭的结构不像石墨那样完全有规则排列。根据 X 射线的研究，赖利提出两种活性炭结构类型。

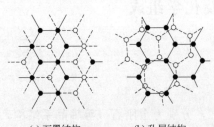

(a) 石墨结构　　(b) 乱层结构

图 1-3　石墨结构与乱层结构

第一种结构类型是由基本微晶构成，它类似于石墨的二向结构，例如它们是由六角形排列的碳原子的平行层片（或称片状体）所组成。但是结构和石墨有所不同，平行的层片对于它们共同的垂直轴并不是完全定向的，一层对另一层的角位移是紊乱的，各层片是不规则地互相重叠。比斯科和沃伦把这种排列称为乱层结构（Turbostratic Structure），见图 1-3。

活性炭基本微晶的相对方向是完全紊乱的。在微晶结构中，层片的间距为 3.7Å（通常炭黑大于3.4Å），最常见微晶的大小是：高度为 9～12Å，宽度（截面如为圆形则为直径）为 20～23Å。由此可见，一个基本微晶约由 3～4 个平行的石墨层片所组成，它的直径约为一个碳的六角体宽度的 9 倍。基本微晶的大小常由于活化（或炭化）温度的升高而增大，见图 1-4。活性炭的基本微晶结构的相对方向是完全紊乱的，从 X 射线小角度来推断，基本微晶之间的平均距离接近于 25Å。

第二种结构类型是由碳的六角体不规则的立体交叉联结而构成的空间格子，是由它们的石墨层片状体的偏斜而引起的。这种结构可能

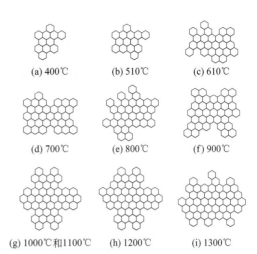

(a) 400℃　　(b) 510℃　　(c) 610℃

(d) 700℃　　(e) 800℃　　(f) 900℃

(g) 1000℃和1100℃　(h) 1200℃　(i) 1300℃

图 1-4　不同温度形成的微晶在单层平面内碳原子的排列

由于含有杂原子的存在导致性质发生改变，如由于氧原子的存在而变为稳定，由含氧量较高的原料制得的活性炭就属于这种情况。

活性炭的基本结构随原料、活化条件的不同而不同。在用重铬酸钾-磷酸对水蒸气活化炭和氯化锌法活化炭进行湿式氧化分解时，结果发现颗粒活性炭经过长时间的氧化分解，水蒸气活化炭的分解率只有 10%～15%，而氯化锌法活化炭的分解率高达 60%～70%。由此可以认为，氧化锌法活性炭的微晶是比较简单的链锁结合，氧化液容易在活性炭内扩散，故容易分解。而水蒸气法活性炭的微晶相互交叉成链锁结合，氧化液在活性炭内扩散缓慢，故不容易被氧化分解。

3. 活性炭的孔隙和密度

（1）活性炭的孔隙　活性炭的孔隙是在活化过程中，基本微晶空间清除了各种含碳化合物和非有机成分的碳，以及从基本微晶的结构中除去部分的碳所产生的孔隙。活性炭中的孔隙有些是毛细孔状，有些是两个平面之间的裂口、尖削的裂缝（V 形），有些孔隙具有缩小的进口墨水瓶形状以及其他形状。但是，为了计算方便，通常都是把它们当成直的、不交叉的圆柱形毛细管。

（2）活性炭的密度　单位体积的质量称为密度。由于活性炭具有很多微孔，它的密度可以分为三种。

a. 堆积密度 ρ_B：是指在规定条件下，单位体积的活性炭的质量。堆积密度又称为表观密度、松密度、充填密度等，是工程上常用的概念。

b. 颗粒密度 ρ_p：是指在一定条件下，单位体积的活性炭，除去颗粒间空隙体积的质量。

c. 真密度 ρ_z：是指在规定条件下，单位体积的活性炭不包括孔隙体积和颗粒间空隙体积的质量。

活性炭堆积密度一般为 $0.38～0.60t/m^3$；颗粒密度为 $0.55～0.90t/m^3$；真密度一般为

$1.90\sim2.20t/m^3$，接近石墨的密度（$2.26t/m^3$）。

4. 活性炭的比孔容积和孔隙率

（1）活性炭的比孔容积　每克活性炭颗粒内部孔隙的体积称为比孔容积，或称比孔容。比孔容可用下式计算：

$$V_R = \frac{1}{\rho_p} - \frac{1}{\rho_z} \tag{1-1}$$

（2）活性炭的孔隙率　活性炭颗粒内部的孔隙体积与它本身体积比值的百分率称为活性炭的孔隙率。

活性炭的比孔容积和孔隙率从宏观的角度表明活性炭内部的孔隙容量，它们是活性炭孔隙结构的重要指标。这两项指标越大，说明活性炭的孔隙越发达。它们也是活性炭生产厂家的一项重要的质量控制指标。

5. 毛细凝聚和开尔文方程式

活性炭内部的孔隙由于半径较小，通常把它看成毛细管。蒸汽被吸附在孔隙中，好像是蒸汽在毛细管内的凝聚作用。因此，毛细凝聚作用就成为测定孔径分布的理论之一。

液体在毛细管内的液面有两种情况：第一种是凹形液面，如图 1-5（a）所示，接触角 φ 为 $0\sim90°$，说明液体对固体是润湿的，活性炭的吸附就属于这种情况。第二种情况是凸形液面，如图 1-5（b）所示，接触角 φ 为 $90°\sim180°$，此种情况，液体对固体是不润湿的。

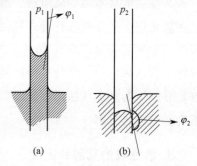

图 1-5　液体在毛细管中的两种情况

开尔文方程式表示了在毛细管内的液面上，蒸汽的平衡压力与毛细管的半径、物质饱和蒸气压以及物质表面张力的关系：

$$\ln\frac{p}{p_0} = -\frac{2\sigma V}{rRT}\cos\varphi \tag{1-2}$$

式中　p——毛细管内液面上的平衡压力，mmHg（1mmHg=133.322Pa，下同）；

$\quad\quad p_0$——在温度 T 时的饱和蒸气压，mmHg；

$\quad\quad \sigma$——吸附质的表面张力，dyn/cm（$1dyn/cm=10^{-5}N/cm$）；

$\quad\quad V$——吸附质在温度 T 时的摩尔体积，cm^3/mol；

$\quad\quad R$——气体常数；

$\quad\quad T$——绝对温度，K；

$\quad\quad \varphi$——吸附质和吸附剂的接触角，（°）。

在润湿的情况下，φ 为 $0\sim90°$，$\cos\varphi$ 值为 $0\sim1$，式中 $\ln p/p_0$ 为负值，此时 $p<p_0$，说明在毛细管内的蒸汽压力小于饱和蒸气压时，就可以发生凝聚，r 愈小，即毛细管的孔径越小，越容易发生凝聚。因此，在吸附操作中，蒸汽总是优先在孔径较小的毛细管中凝聚，随着压力的增大，蒸汽才逐渐在中孔、大孔中凝聚。

在不润湿的情况下，情况与上述情况正好相反。

6. 活性炭的孔隙大小和孔径分布

（1）孔隙的大小和作用　活性炭的孔隙大小可以从 0.5nm 到 10000nm 以上。根据国际纯粹与应用化学联合会（IUPAC）的规定：孔径大于 50nm 的为大孔；孔径 2～50nm 的为中孔；孔径小于 2nm 的为微孔。

（2）孔隙的作用

① 大孔：根据开尔文方程，只有在相对压力接近于 1 的时候，才会出现由于蒸汽的毛细凝聚发生大孔的容积充填，这在实际上是不可能实现的。因此，在实际上大孔只是起着输送的作用，只是负责把大分子的物质输送到活性炭内部小的孔隙中。

② 中孔：又称过渡孔。中孔的孔径为 2～50nm。中孔的线性尺寸比被吸附分子的直径要大得多，因此，在这种孔隙的表面上会产生蒸汽的单分子层吸附和多分子层吸附，即形成连续的吸附层。但是由于在活性炭中，这种孔隙占比很小，它的比表面积最多只能占到活性炭总比表面积的 5%，一般只有 20～70m²/g。但是，如果采用特殊的方法（如延长活化时间、减慢升温速度、用药品活化等），可以制得比表面积达 200～450m²/g 的中孔活性炭。这种活性炭对大分子的物质有很好的吸附作用。如用于油气回收的活性炭都是采用这种中孔活性炭。另外在进行混合废气（如包装印刷、喷漆涂装）处理时，可避免大分子有机物堵塞吸附剂微孔，也可以选择中孔活性炭作吸附剂。

③ 微孔：微孔的孔径在 2nm 以下。微孔所具有的比表面积一般都达 600～850m²/g，有些可以高达 1000m²/g，约占到活性炭总比表面积的 95% 以上。因此，它可以用来吸附大部分有机蒸气及一部分无机气体。因此，活性炭中微孔的多少，直接影响着活性炭的吸附能力。而且，微孔的内表面对壁面的吸附力场还会产生叠加作用。因此，决定活性炭吸附能力大小的主要是微孔。

二、活性炭的化学组成

活性炭的吸附性质不仅取决于它们的孔隙结构，而且也取决于它们的化学组成和结构。在经过活化处理的碳素表面上，吸附力主要取决于范德华力中的色散力及基本微晶结构的变化。例如，微晶中存在不完整的石墨层时，会显著地改变碳的骨架中的电子云排列。因此，化合价的不完全饱和或未成对电子的出现，会对活性炭的吸附性能产生影响，特别是对极性物质或可极化的物质。另外一种影响是，在碳的结构中存在非碳原子，会对活性炭的吸附性能有明显的影响。

阅读材料

范德华力包括三种力：取向力、诱导力和色散力。

取向力是指两个极性分子间的固定偶极之间的正负电吸引作用；诱导力指一个极性分子的固定偶极诱导一个非极性分子产生瞬时偶极而产生的力；而色散力是两个非极性分子间通过各自电子运动产生两个瞬时偶极后的吸引作用实现的。在分子化合物中，大多数分子间作用力是通过色散力实现的。

1. 活性炭的元素组成

活性炭中除了碳元素外，还包含有两类掺合物，一类是化学结合的元素，主要是氢和氧。这些元素是由于原料未完全炭化而残留在炭中；或者是在活化过程中，外来的非碳元素与碳表面的化学结合，如用水蒸气活化时，碳表面被氧化。另一类掺合物是灰分。

表 1-1 为活性炭的元素组成。

表 1-1　几种活性炭的元素组成

活化方法	活化温度/℃	C	H	Cl	O	灰分
水蒸气活化法	750	91.07	1.76		4.33	2.94
水蒸气活化法	800	93.03	1.17		3.72	2.08
水蒸气活化法	850	93.31	0.93		3.25	2.51
氯化锌活化法	600	92.72	1.39	0.60	5.05	0.24
氯化锌活化法	700	94.68	1.08	0.30	3.86	0.08
氯化锌活化法	900	95.31	0.55	0.13	3.86	0.20

2. 活性炭的有机官能团

活性炭中的氧和氢大部分是以化学键和碳原子相结合形成有机官能团，它是活性炭组成的有机部分。活性炭的氧含量和分布情况见表 1-2。

表 1-2　几种活性炭的氧含量及其分布情况

试样	(全氧含量/碳)/%	(氧含量/全氧含量)/%		
		—OH+—COOH	$\mid$ —C＝O	其他—O—
焦炭	0.89	11.2～27.0	8.88	无
炭黑 A	0.06	83.3～117.0	＞100	无
炭黑 B	0.14	50.0～57.2	＞100	无
松烟	8.22	26.0～36.6	15.3	38.1～58.7
水蒸气法炭 A	3.72	38.3～55.6	21.8	22.6～39.9
水蒸气法炭 B	3.25	45.5～56.6	23.1	20.3～31.4
氯化锌法炭 A	5.05	20.2～31.5	40.6	27.9～39.2
氯化锌法炭 B	4.86	22.8～25.7	42.9	31.4～38.3

从表 1-2 中可以看出，松烟和活性炭中的氧含量较多，而且含有各种形态结合的氧，而焦炭和炭黑中几乎不含以醚类形式结合的氧。在松烟和炭黑试样中，常含有挥发物质，这些物质能与重氮甲烷和格氏试剂发生反应，所以它的数值有偏大的情况。

活性炭中的氢含量及其分布情况见表 1-3。

表 1-3　几种活性炭的氢含量及其分布情况

试样	（活性氢含量/碳）/%	氢含量/%	
		活性氢/全氢	与碳原子结合的氢/全氢
焦炭	0.015	4.7	95.3
炭黑 A	0.004	3.6	96.4
炭黑 B	0.008	1.7	98.3
松烟	0.18	14.1	85.9
水蒸气法炭	0.13	11.1	88.9
水蒸气法炭	0.12	12.0	88.0
氯化锌法炭	0.10	7.3	92.7
氯化锌法炭	0.08	5.1	94.9

从表 1-3 可以看出，大部分的氢是同碳原子直接结合的。据研究，炭中的氧、氢及其他原子是和基本微晶的边缘或角上的碳原子相结合，因为这些碳原子的化合价没有被周围的碳原子所饱和，因此它们的反应性较大。同样，在晶格有缺陷的位置上的碳原子，例如在扭歪的或不完整的碳的六角环上的碳原子，也有更大的反应性，因而趋向于和氧、氢等元素结合。

活性炭中最常见的官能团有：羧基［图 1-6(a)］、酚羟基［图 1-6(b)］、醌型羰基［图 1-6(c)］。

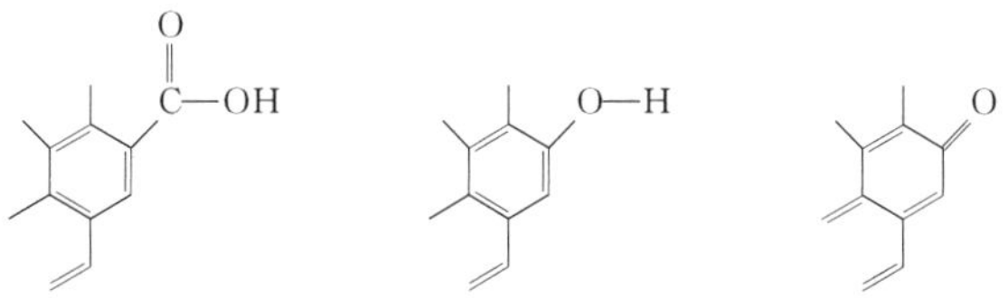

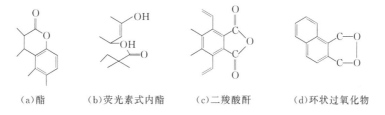

（a）羧基　　　　　　　（b）酚羟基　　　　　　（c）醌型羰基

图 1-6　活性炭常见官能团

此外，还发现有醚、过氧化物、酯［图 1-7(a)］、荧光素式内酯［图 1-7(b)］、二羧酸酐［图 1-7(c)］、环状过氧化物［图 1-7(d)］等。

（a）酯　　　　（b）荧光素式内酯　　　　（c）二羧酸酐　　　　（d）环状过氧化物

图 1-7　活性炭中存在的其他官能团

表面官能团可以通过与重氮甲烷的反应，与格氏试剂的反应，对酸、碱的吸附，红外线吸收光谱，极谱，核磁共振以及电子自旋共振等方法进行检验。

在活性炭中，除了结合的氧原子和氢原子外，还发现有结合的硫、氮和氯等。

阅读材料

格氏试剂是格利雅试剂的简称，以发现者 V. A. Grginard 名字命名。其性质很活泼，易与水、二氧化碳、醇、醛、酮、酯、胺以及环氧化合物等反应，生成各种类型的有机化合物，产率一般均较高，可由卤代烷烃与金属镁在无水乙醚溶剂中反应而制得。通式为 RMgX，R 是烷基、芳基或别的有机基，X 是氯、溴、碘，例如 CH_3MgI、C_2H_5MgBr 和 $C_6H_5MgCl(Br)$ 的醚溶液等。格氏试剂是有机合成化学中的重要试剂，在元素有机化合物合成中也有广泛应用。使用时要严格防止与湿空气接触，并注意着火的危险。

3. 表面氧化物

活性炭在活化时，随着温度的上升和活化的进程，炭中原来的氢、氧含量不断减少。此外，在活化过程中炭也会吸附一些外来的氧。用气体活化时，在 100～1000℃ 范围内，400℃时炭对氧的吸附量最大，在 400℃ 以上，随着活化温度的升高，氧含量逐渐减少。用氯化锌活化时，也有同样的情况，因此，可以认为活化和对氧的吸附是同时进行的。

活性炭吸附的氧，一部分是化学吸附，形成表面氧化物，当脱附时，氧是以二氧化碳或一氧化碳的形式释放出来，这是由于生成的表面氧化物发生热分解所致。表面氧化物对活性炭吸附酸或碱影响很大，把活性炭加入电解质溶液中，能引起溶液酸碱度的变化，这就是很好的说明。

4. 吸附过程中活性炭的膨胀

已有学者注意到，活性炭吸收了水蒸气，就膨胀了。这一现象已被看做是反对毛细管凝聚的证据，并且支持水蒸气是被活性炭所吸附这一观点。如果活性炭是由小片体构成的，则炭的膨胀就容易想像。因为活性炭里进入水分子，小片体会被顶起，这就像各种分子能顶开蒙脱土和其他黏土的平面一样。如果孔隙结构包含蜂窝状的圆筒体，则膨胀的可能性要受到很大限制。

第三节　活性炭的技术性能指标

一、为什么要了解活性炭的技术性能指标

活性炭的用途很广，它在废气、废水处理以及很多工业生产中，都有广泛的用途。正是因为用途不同，而分成各种不同的种类；而每个种类的活性炭，都有它们的技术性能指标，比如比表面积、碘值、四氯化碳值、亚甲蓝值、丁烷值等。所以在不同领域选择活性炭时，必须了解它们的种类和技术性能指标的意义，也就是要保证技术上适用，另外再考虑经济上合理及货源上有保证等因素。只有这样，才能准确选择所需要的活性炭。

二、活性炭的技术性能指标

活性炭的技术性能指标有很多种，但是大多数文献中都没有做过分类，本书试着将它们进行了分类。根据指标所表示的性能，大致将这些指标分为以下三类：

1. 表示吸附能力大小的指标

（1）比表面积　比表面积是指单位质量的活性炭所具有的总表面积，它是外表面积和内表面积的总和。一般吸附剂的表面积主要是内表面积。

根据 Langmuir 吸附理论，吸附剂的吸附容量是和它的比表面积成正比的。因此，在挥发性有机物的吸附工程设计中，比表面积是选择吸附剂的主要依据。

（2）碘值　碘值是指活性炭在一定浓度水溶液中吸附碘的量。碘值与直径大于 1nm 的孔隙表面积相关联，碘值可以理解为总孔容的一个指示器。碘吸附值用来表示活性炭对液体物质的吸附能力。这里表示了两个意思：

一是"碘值可以理解为总孔容的一个指示器"，说明它也可以作为治理 VOCs 选择活性炭吸附性能的一个重要依据；因此，在挥发性有机物的吸附工程设计中，碘吸附值也可以作为选择吸附剂的主要依据。

二是"碘吸附值用来表示活性炭对液体物质的吸附能力"，从这个意义上讲，它是用来表示活性炭对液体物质的吸附能力的。所以在液体吸附处理的设计中常常用到它。

另外，碘值也可以这样理解：表示活性炭的大于 1.0nm 微孔的发达程度，由于碘分子大小为 0.6nm 左右，再考虑到其他一些因素，所以碘吸附值表征了吸附剂 1.0nm 孔径的发达程度。因此，在挥发性有机物的吸附工程设计中，碘吸附值作为选择吸附剂的主要依据也是合情合理的。

（3）四氯化碳值（CTC）　四氯化碳值是总孔容的指示器，是用饱和的零摄氏度的 CCl_4 气流通过 25℃ 的炭床来测量的。在规定的时间间隔内，测量被吸附的 CCl_4 的质量直到样品的质量变化可以忽略不计为止。

苯和四氯化碳都可作为易吸附气体的代表，来被用作对粒状活性炭的吸附性能的评价指标，它是衡量颗粒活性炭对易吸附气体优劣的一把尺子。

阅读材料

四氯化碳值仅用于衡量颗粒活性炭对易吸附气体的吸附能力，在一般挥发性有机物吸附工程设计中，只能作为一个参考值。但是，如果处理的是易吸附气体，那么建议可以用四氯化碳值作为选择活性炭吸附能力的依据。不过哪些气体属于易吸附气体，并没有统一的指标。

由于四氯化碳值是用百分比来表示的，例如一个活性炭的四氯化碳值是 80%，那么就称这种活性炭为"80 炭"，这就是八〇炭的来历。不过有信息报道，国外尤其是欧美发达国家早已不采用该指标来评价气相吸附剂。

（4）丁烷值　丁烷值是饱和空气与丁烷在特定温度和特定的压力下通过炭床后，单位质量的活性炭吸附的丁烷的量。在《吸附法工业有机废气治理工程技术规范》（HJ 2026—2013）中，丁烷值作为选择煤质颗粒活性炭的重要指标。

欧美等发达国家从环保的角度考虑，采用丁烷工作容量来表征活性炭的气相吸附性能。实验表明，丁烷工作容量与活性炭样品的比表面积、孔容积和孔分布有着密切联系，孔径在 1.2～6.0nm 范围的高孔容积的活性炭，其工作容量高。我国于 2006 年发布了《活性炭丁烷工作容量测试方法》（GB/T 20449—2006）。

2. 表示特殊用途的指标

（1）亚甲蓝值 亚甲蓝值是指 1.0g 活性炭与 1.0mg/L 浓度的亚甲蓝溶液达到平衡状态时吸附的亚甲蓝的毫克数。亚甲蓝吸附值是用来表示活性炭脱色能力的，多用于表示粉状活性炭对液体的脱色能力。

（2）糖蜜值 糖蜜值是测量活性炭在沸腾糖蜜溶液的相对脱色能力的方法。糖蜜值被解读为孔直径大于 28Å 的表面积。因为糖蜜是多组分的混合物，所以必须严格按照说明测试本参数。糖蜜值是用活性炭标样和要测试的活性炭的样品处理糖蜜液，并通过计算过滤物的光学密度的比率而得。

3. 表示活性炭物理常规的指标

（1）堆积密度 堆积密度是测量特定量炭的质量的方法。通过逐渐把活性炭添加一个有刻度圆桶内至 100mL，并测量其质量来得出该值。该值被用于计算填充特定吸附装置所需活性炭数量。简单地说，堆积密度是活性炭单位体积的质量。

（2）真密度 即颗粒密度，颗粒密度是单位体积颗粒炭的质量，不包括颗粒以及大于 0.1mm 裂隙间的空间。颗粒密度是用水银置换来测定的。

（3）硬度 硬度是测量活性炭机械强度的指标。更确切地讲，硬度值是指颗粒活性炭在 RO-TAP（罗太普筛分机）仪器中对钢球衰变运动的阻力。在炭与钢球接触以后，通过利用筛子上的炭的质量来计算硬度值。

（4）磨损值 磨损值是测量活性炭的耐磨阻力的指标。该实验测量 MPD（磨损值）的变化，通过百分比来表示。颗粒活性炭的磨损值说明颗粒活性炭在处理过程中降低颗粒的阻力。它是通过在 RO-TAP 仪器中将炭样品和钢球接触，测定最终的颗粒平均直径与原始颗粒的平均直径的比率来计算的。

（5）灰分 活性炭中包含无机物，通常是铝和硅。灰分是研磨成粉状的碳在 954℃时燃烧 3h 的剩余残渣。从技术角度看，灰分是活性炭矿物氧化物的组分。通常定义为在一定量的样品被氧化后的质量分数。

（6）水分 水分是用来测量碳所含水的多少。可用 Dean-Stark trap 和冷凝器，在二甲苯溶液中煮沸活性炭来测量水分。为了测试水分，水被冷凝和截留在待测定臂状容器内。活性炭的含水量也可以通过在 150℃下烘干 3h 后活性炭质量的改变来测定。水分是活性炭中被吸附的水的质量分数。

在《吸附法工业有机废气治理工程技术规范》（HJ 2026—2013）中提到了关于丁烷值的问题。在吸附剂选择中提到，在选择降压或水蒸气脱附时，对煤质颗粒活性炭提出了丁烷值（丁烷工作容量）的要求。表 1-4 列出了各种活性炭的主要技术性能指标。

表 1-4 各种活性炭的主要技术性能指标

名称	分析项目	测试数据	名称	分析项目	测试数据
椰壳活性炭	比表面积		竹炭活性炭	比表面积	
	碘值	$>900mg/g$		碘值	$>600mg/g$
	容重	$0.45\sim0.55g/cm^3$		容重	$0.45\sim0.60g/cm^3$
	水分	$<5\%$		水分	$\leqslant10\%$
	CTC(四氯化碳吸附率)	$\geqslant80\%$		CTC	$\geqslant10\%$
	pH	≈7		pH	$5\sim7$
	强度	$>88\%$		强度	$\geqslant75\%$
果壳活性炭	比表面积		杏壳活性炭	比表面积	
	碘值	$>900mg/g$		碘值	$\geqslant1000mg/g$
	容重	$0.45\sim0.55g/cm^3$		容重	$0.40\sim0.45g/cm^3$
	水分	$<5\%$		水分	$\leqslant5\%$
	CTC	$\geqslant75\%$		CTC	$\geqslant70\%$
	pH	≈7		pH	$5\sim10$
	强度	$>88\%$		强度	$\leqslant90\%$
木质粉状活性炭	粒度(100目)/%	$\geqslant90$	煤质活性炭	比表面积	
	酸溶物含量/%	$\leqslant1.5$		碘值	$\geqslant900\sim950mg/g$
	氯化物含量/%	$\leqslant0.5$		容重	$0.45\sim0.60g/cm^3$
	水分/%	$\leqslant10$		水分	$\leqslant5\%$
	pH	$5\sim7$		CTC	$\geqslant70\%$
	CTC/%	$\geqslant25\%$		强度	$\geqslant90\%$

阅读材料

一、活性炭表观密度对丁烷吸附的影响

活性炭丁烷工作容量的计算公式如下式所示，从公式中可以看出，表观密度对丁烷工作容量值的影响很显著，表观密度越大，丁烷工作容量值越大：

$$C_{BWv}=[(m_3-m_4)/(m_2-m_1)]\rho\times0.01$$

式中　C_{BWv}——活性炭丁烷体积工作容量，g/dL；

ρ——活性炭试样的表观密度或装填密度，g/mL；

m_1——样品管连同塞子的质量，g；

m_2——吸附前样品管连同炭和塞子的质量，g；

m_3——饱和吸附后样品管连同炭、正丁烷及塞子的质量，g；

m_4——脱附后样品管连同炭、未被脱附掉的正丁烷及塞子的质量，g。

同一个活性炭样品由于采用的测量方法不同，所获得的表观密度不相同，进而活性炭的丁烷工作容量会有很大的差异。

GB/T 12496.1—1999 规定了活性炭表观密度的测量方法，但是由于存在着很大的操作误差，测量结果往往不够准确，很难达到美国标准 ASTM D2854—2009 中规定的使用表观密度测定仪进行测量的要求。同一个样品由于表观密度测量方法的不同，导致丁烷工作容量值相差很大。同时这也是国内生产的丁烷炭的丁烷工作容量值低于国外的原因之一。

　　表观密度越大，在固定体积的吸附管中填装的活性炭试样会越多，吸附的丁烷气体质量就会越多，但是单位质量的活性炭所吸附的丁烷气体质量是不受影响的。考虑到实际情况及试验结果的准确性，在理论分析评价活性炭丁烷工作容量时，建议采用活性炭丁烷质量工作容量进行表征，即采用下式。

$$C_{BWm}=(m_3-m_4)/(m_2-m_1)$$

式中　　C_{BWm}——活性炭丁烷质量工作容量，%；

　　　　m_1——样品管连同塞子的质量，g；

　　　　m_2——吸附前样品管连同炭和塞子的质量，g；

　　　　m_3——饱和吸附后样品管连同炭、正丁烷及塞子的质量，g；

　　　　m_4——脱附后样品管连同炭、未被脱附掉的正丁烷及塞子的质量，g。

　　活性炭工作容量与表观密度关系如表 1-5 所示。

表 1-5　活性炭工作容量与表观密度的关系

炭样编号	丁烷活性/(g/L)	丁烷工作容量		丁烷持附性		表观密度/(cm³/g)	
		体积容量/(g/L)	质量容量/%	体积持附性/(g/L)	质量持附性/%	国标	美国标准
1#	13.169	122.07	46.79	11.42	4.44		0.257
	12.349	112.78	46.79	10.71	4.44	0.241	
2#	13.073	120.85	41.67	9.88	3.41		0.290
	12.487	115.44	41.67	9.43	3.41	0.277	
3#	10.406	94.88	36.77	9.18	3.56	0.258	
4#	14.302	129.76	44.89	13.26	4.59	0.289	

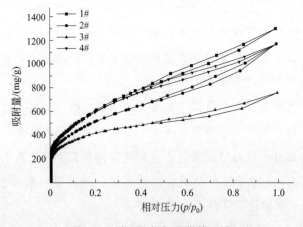

图 1-8　样品的氮气吸附等温线

二、孔结构对丁烷吸附的影响

　　活性炭吸附丁烷气体，是一种可逆的物理吸附过程。吸附性能的好坏受活性炭本身的孔结构，即孔容积和孔径的大小及分布的影响。

对 4 个样品进行了低温 N_2 吸附的研究，各样品的氮吸附等温线如图 1-8 所示。可以看出：不同样品具有不同的氮吸附等温线性质，吸附等温线显示了不同的孔结构特点。依据 IUPAC 的分类，这 4 个样品的吸附等温线均是典型的Ⅱ型吸附等温线，在低相对压力下，一开始吸附量随相对压力的增大急剧上升，吸附速率很快，表明起始部分主要发生微孔填充。当 p/p_0 大于 0.1 时，吸附量随着相对压力的增大仍继续增加，但上升趋势变缓，导致吸附平台并非呈水平状，而是有一定的斜率。当 p/p_0 接近 0.4 时，出现了比较明显的滞后回环，这是由于样品中含有一定量的中孔和大孔。相对压力增大时发生多层吸附，随后又在较高的分压下发生了毛细凝聚。样品的滞后环越大，表明其孔分布越宽。

表 1-6 为活性炭的丁烷吸附性能和孔结构的关系。

表 1-6　活性炭的丁烷吸附性能和孔结构的关系

炭样编号	比表面积/(m²/g)		总孔容积/(cm³/g)	微孔孔容积/(m³/g)	中孔孔容积/(cm³/g)	平均孔径/nm	丁烷活性/%	C_{BWm}/%	持附性/%
1#	2.22	2.833	2.013	0.735	1.278	3.62	51.23	46.79	4.44
2#	1.84	3.557	1.818	0.638	1.180	3.94	45.08	41.67	3.41
3#	1.38	0.419	1.174	0.537	0.637	3.40	40.33	36.77	3.56
4#	2.17	6.825	1.804	0.732	1.072	3.32	49.48	44.89	4.59

注：比表面积一列中，左侧一列是按照国家标准 GB/T 12496.1—1999 进行计算的，右侧一列是按照美国标准 ASTM D2854—2009 进行计算的。

可以看出活性炭的吸附性能与样品的比表面积、总孔容积直接相关。比表面积越大，总孔容积越大，活性炭的吸附量越大。1# 和 4# 的比表面积相近，但是 1# 的总孔容积要大于 4#，所以 4# 的丁烷活性要小于 1#。2# 和 4# 的总孔容积相差很小，但是 4# 的比表面积要大于 2#，所以 4# 的丁烷活性要大于 2#。3# 的比表面积和孔容积最小，所以其吸附性能是最差的。

根据 IUPAC（国际纯粹与应用化学联合会）的分类，微孔的孔隙直径小于 2nm，中孔的孔隙直径为 2～50nm。按照密度函数理论（DFT）计算出的样品孔径分布如图 1-9 所示，可以看出 4 个样品的孔体积主要集中在 14nm 以内，并且与样品的孔径分布图的形状类似。图 1-10 为样品在 0～14nm 范围的孔径分布图，由图可知，孔径分布呈现多峰分散，峰值出现在 1.2～1.4nm、2.73nm 处。微孔分布比较集中，1.2～2.0nm 的孔占的比例较大，其累积孔容积占微孔容积的百分比依次为 87.4%、78.4%、62.2%、79.9%。中孔分布比较宽，

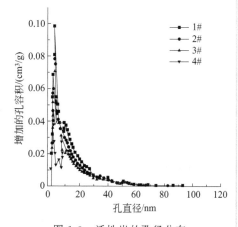

图 1-9　活性炭的孔径分布

6nm 以下的中孔比例较大，其累积孔容积占中孔容积的百分比依次为 67.3%、52.7%、

50.6%、66.2%，超过 6nm 后曲线间呈现缓慢下降趋势，在 7～8nm 出现了短暂的平台，超过 8nm 后又出现了小的峰值，但是曲线又迅速地下降直到趋向于 0。

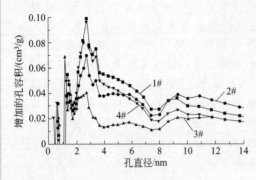

图 1-10 样品在 0～14nm 内的孔径分布

微孔对活性炭的吸附起着至关重要的作用。活性炭的比表面积 90% 以上是由微孔提供的，所以对气体的吸附主要靠微孔，而微孔主要集中在 1.2～2.0nm 范围内。从表 1-6 中可以看出丁烷工作容量顺序为 1#＞4#＞2#＞3#，这与 1.2～2.0nm 范围内的累积孔容积占微孔容积的比例高低顺序一致，这说明 1.2～2.0nm 内的孔显著影响活性炭丁烷工作容量。

与丁烷分子直径（$d \approx 0.5nm$）相比，中孔足够大且能够吸附丁烷分子，同时被吸附的丁烷分子也比较容易脱附，因此提高了丁烷工作容量。从图 1-9、图 1-10 中得出，中孔分布主要集中在 6nm 以下，其累计孔容积占中孔容积的比例大小顺序与丁烷工作容量的大小顺序相一致。1# 和 4# 的微孔分布图几乎重合，但是 1# 的中孔孔容积分布要优于 4# 的，所以 1# 的活性炭吸附性能优于 4#；3# 样品的孔径分布图和其他 3 个样品不同，其孔分布相对集中在微孔部分，而中孔孔容积又与其他 3 个样品的相差甚远，这就导致了样品的丁烷活性低、丁烷持附性相对较大，进而其丁烷工作容量最小。

丁烷工作容量提供了活性炭孔结构表征和变化的基本信息。在活性炭的微孔中，被吸附的丁烷会造成相邻孔壁的势能场过度重叠，尤其是当孔径稍大于丁烷分子直径时，导致吸附在微孔中的丁烷不易被解吸；但当孔径稍大于两倍丁烷分子直径时（即 1.0nm 时），这种势能场的影响就消失了。所以，0.5～1.0nm 内的孔吸附的丁烷分子难以被解吸，导致该范围的孔影响丁烷持附性，从而影响丁烷工作容量。活性炭中孔相对于丁烷分子直径能够充分地吸附，并且很容易地脱附丁烷分子，从而提高了活性炭的丁烷工作容量。所以，对于丁烷吸附来说，孔径在 1.2～6.0nm 范围、高孔容积的活性炭丁烷工作容量会比较高。

三、结论

表观密度对活性炭丁烷工作容量的影响很显著，为了能更准确地表征活性炭的气相吸附能力，建议使用活性炭丁烷质量工作容量进行表征。

活性炭对丁烷的吸附受活性炭比表面积和孔容积的影响，微孔孔容积和中孔孔容积主要影响丁烷的吸附，微孔同时也影响丁烷的脱附。

丁烷工作容量高的活性炭最终取决于其孔径在 1.2～6.0nm 的孔容积。孔径介于 1.2～6.0nm、高孔容积的活性炭，其丁烷工作容量高。

第四节　VOCs 治理工程中吸附剂的选择

一、根据活性炭的技术性能指标选择吸附剂

在编写 VOCs 治理方案中介绍吸附剂性能时，究竟用"比表面积"还是用"碘吸附值"？前述在介绍活性炭的吸附性能时提到"**比表面积是选择吸附剂的主要依据**"，同时又提到"**碘吸附值也可以作为选择吸附剂的主要依据**"，究竟选择哪个指标呢？

现在就作一下分析。在讲比表面积时曾经提到关于"有效比表面积"的概念，指出：由于活性炭的制备条件不同，造成了它里面的孔道不均匀，有些孔道的孔口过于狭窄，虽然孔道内的尺寸较大，但是由于孔口较小，使得吸附质分子无法进入，因此，在活性炭比表面积概念中就出现了有效比表面积的概念。在吸附时，只有吸附质分子能够进入的孔道，才能发生吸附。而由于不同的有机物，它们的分子动力学直径大小不同，因此，即使对于同一种活性炭，由于分子动力学直径千差万别，所测得的比表面积也是各不相同的。

已掌握的所有介绍吸附剂性能的资料中所给出的比表面积，均是以氮气为吸附介质而测定的比表面积。因此它也不能代表"有效比表面积"。在不少的技术资料中，当介绍到活性炭的技术指标时，比表面积信息大都是空的。这就是在活性炭技术性能指标的信息表中，无法给出比表面积参数的原因。所以，尽管从理论上说"**比表面积是选择吸附剂的主要依据**"，但是在实际选择时，因为无法查到它的有效比表面积，因此，在选择吸附剂时还不能用比表面积作为选择吸附剂的依据。因此，只能用碘吸附值或四氯化碳值（或者丁烷值）作为选择吸附剂的依据，这同样可以代表吸附剂的吸附能力。所以，在所编制的技术方案中，一般都采用"碘吸附值"来表明所选择的活性炭的吸附能力。当采用其他值作为指标判断吸附剂的吸附能力时，一定要考虑吸附质的性质。

当前，欧美等发达国家从环保的角度考虑，采用丁烷工作容量来表征活性炭的气相吸附性能。实验表明，丁烷工作容量与活性炭样品的比表面积、孔容积和孔分布有着密切联系。不过，在实际操作中，为了准确地选择吸附剂，建议最好对吸附剂的吸附能力进行实际测定，特别是科研中需要得出准确的结果时。

二、活性炭用于治理 VOCs 的选用规则

在 VOCs 治理的工程实践中经常会遇到吸附剂的选择问题。针对实际工程，希望选择一种吸附容量大、吸附能力强的吸附剂。

其实，吸附剂都要根据实际需要来选择。单纯地说哪种吸附剂好，是不科学的。如沸石分子筛，如果要处理的废气含湿量很高（如>85%）、温度比较高（如>80℃），尽管它的吸附容量比活性炭小得多，但是，由于普通活性炭不具有耐高温耐高湿的性能，所以最好选择沸石分子筛。如果工程上要求必须选择活性炭，那么必须对活性炭进行改性。否则，就必须

在废气进入吸附剂床层之前，采用除湿的方式（比如降低温度）将废气中的水分降下来。如果遇到高温气体，也必须先采用热交换的方式，把废气温度降到40℃以下。遇到这样的情况，如何选择吸附剂，那就要进行一下仔细的核算，选择一条既节省投资，又能够使运行费用更低的最佳方案。

1. 治理 VOCs 工程中常用的四类活性炭吸附剂

在治理 VOCs 的工程中，经常会用到以下四种类型的活性炭：

（1）普通颗粒活性炭 普通颗粒活性炭是在处理 VOCs 时使用最多的活性炭，它的孔径范围宽，其中绝大多数为微孔，孔径一般在 2nm 以下，除此之外，还有少量的中孔和大孔。在有机废气治理中，有着广泛的用途。

（2）中孔颗粒活性炭 这类活性炭以中孔（孔径 2~50nm）为主，它们可以用于一些大分子混合物 VOCs 的吸附处理。这类活性炭在处理汽油、石脑油等这些含有大分子的混合尾气中发挥出了它独特的优势，在油气回收、喷漆、涂装行业的废气治理中都在大量采用。

目前，我国的活性炭制造企业生产的中孔颗粒活性炭在油气回收行业已经得到了广泛的应用，取得了很好的效果。

（3）蜂窝活性炭 蜂窝活性炭的吸附性能基本上等同于颗粒活性炭，与普通的颗粒活性炭相比，它的优点是阻力小，适合处理大风量、低浓度的气体。

（4）活性炭纤维 活性炭纤维的微孔均开在细丝表面，因而孔道极短，与颗粒活性炭比相差 2~3 个数量级。同时，孔径均一，绝大多数为特别适合气体吸附的 2nm 左右的微孔，因而具有更大的有效比表面积。

2. 治理 VOCs 工程中四类活性炭吸附剂的选择

① 在处理混合的，而且成分比较复杂的有机气体时，比如大量的包装印刷行业、喷漆行业、涂布行业等产生的有机废气，在做好前处理的前提下，建议采用普通颗粒活性炭，因为它具有很宽的孔径，能够适应多种分子动力学直径的有机分子的吸附。

② 对于一些特大分子的混合物，如汽油、石脑油等，建议采用中孔活性炭作吸附材料。因为它的内部含有大量的中孔，可以适应大分子的吸附。

③ 对于大风量、低浓度的混合气体，为了降低床层的阻力，建议最好采用蜂窝活性设计，并尽可能地加大床层的面积，以降低气流的流通阻力，从而达到降低运行费用的目的。

④ 如果工程中所处理的有机物成分比较单一，确认不含分子动力学直径超过 2nm 的物质，建议最好选择活性炭纤维作吸附材料。因为它吸附容量大，吸附速度快，极易脱附，而且使用寿命长。在一些场合，采用水蒸气脱附后，可以不用干燥，直接转入吸附程序。尤其在中、高浓度废气的回收上，它表现出很大的优越性，并以节能方面最为突出，在采用水蒸气脱附时，它的蒸汽耗量只有普通颗粒活性炭的 20%~25%。

颗粒活性炭和活性炭纤维的主要差别见表 1-7。

表 1-7 颗粒活性炭和活性炭纤维的主要差别

活性炭种类	比表面积/(m²/g)	孔径分布	孔径大小	对乙醛吸附量/%	脱附后残留量
颗粒活性炭	800～1000	以微孔为主	大	13	较多,最多达20%
活性炭纤维	1200～2500	几乎全是微孔	小	52	少,一般小于1%

由表 1-7 可以看出,活性炭纤维的比表面积远大于颗粒活性炭,不仅如此,由于颗粒活性炭的孔径较大,加之孔径分布不均匀,可供利用的有效比表面积占总比表面积的比例更远低于活性炭纤维,因此,活性炭纤维的吸附容量远比颗粒活性炭大得多,且吸附时活性炭纤维在很短的时间即可达到吸附饱和,脱附速率快,脱附后残留量少,使得活性炭纤维的使用寿命是颗粒活性炭的 3～5 倍。由此可见,用活性炭纤维做吸附材料远优于颗粒活性炭。

需注意的是,活性炭纤维只适应于分子动力学直径小于 2nm 的气体的吸附。所以,采用活性炭纤维治理 VOCs 的工程中,必须进行严格的预处理。

第五节 活性炭在治理 VOCs 方面的优势

用吸附法分离气体混合物的原理,早在 1905 年迪瓦尔(Dewar)取得专利时已经为大家所熟知,但实际上这一原理仅在 1916 年之后,即利用氯化锌活化活性炭的方法问世后才得到应用。由于吸附法具有很大的优越性,回收溶剂效果极佳,其应用很快得到传播。特别在第一次世界大战期间,溶剂在工业中消耗量很大,造成溶剂极端缺乏,从而促使了这一工艺的传播。在战后时期,为了扩大活性炭的使用范围,这个方法又进一步得到发展。第二次世界大战中它又有新的进展,但世界各国发展仍不平衡,如日本仍采用豆油吸附溶剂。

吸附法回收溶剂,适用于低浓度(1～20g/m³)范围。但是,由于人们对活性炭的认识不那么普遍,当谈到关于活性炭类吸附剂用于 VOCs 处理时,常常有人说到:因为活性炭属于危险废弃物,所以在处理 VOCs 时不可采用活性炭作吸附剂。甚至有些环境管理部门还明确规定:在 VOCs 处理工程中严格禁止活性炭作为吸附剂使用。

这些说法和规定是否正确先不探讨。可以考查一下活性炭吸附剂在 VOCs 处理上与其他吸附剂相比有什么技术优势。

一、 VOCs 处理工程中常用的三类吸附剂

目前在 VOCs 治理工程中可供选择的吸附剂有活性炭类吸附剂、硅胶、沸石分子筛等。

1. 活性炭类吸附剂

活性炭是一种非极性吸附剂,具有疏水性和亲有机物的性质,它能吸附绝大部分有机气体,如苯类、醛酮类、醇类、烃类等以及恶臭物质,因此,活性炭常被用来吸附有机溶剂和处理恶臭物质。经过活化处理的活性炭,比表面积一般可达 500～1700m²/g,具有优异和广泛的吸附能力。用于 VOCs 处理的活性炭,大体上又分为颗粒活性炭、蜂窝活性炭和活性炭纤维。

（1）颗粒活性炭　颗粒活性炭是在处理 VOCs 时使用最多的活性炭，它的孔径范围宽，其中绝大多数为小孔，孔径一般在 2nm 以下，除此之外，还有少量的中孔和大孔。正是由于活性炭的孔径范围宽，它适用于几乎所有有机气体的吸附，即使对一些极性吸附质，仍然表现出了它的优良的吸附能力，如在 SO_2、NO_x、Cl_2、H_2S 等有害气体治理中有着广泛的用途。

为了适应一些大分子混合物的吸附处理，近些年又出现了以中孔为主的活性炭，这类活性炭在处理汽油、石脑油等这些含有大分子的混合尾气中发挥出了它独特的优势。

（2）蜂窝活性炭　蜂窝活性炭是把粉末状活性炭、水溶性黏合剂、润滑剂和水等经过配料、捏合后挤出成型，再经过干燥、炭化、活化后制成的蜂窝状吸附材料。

蜂窝活性炭的吸附性能基本上等同于颗粒活性炭，与普通的颗粒活性炭相比，它的优点是阻力小，适合处理大风量的气体。

（3）活性炭纤维　活性炭纤维是利用超细纤维如黏胶纤维丝、酚醛或腈纶纤维丝等制成毡状、布状或绳状，然后再经过高温（950℃以上）炭化-活化制成，比表面积达 1000～2500m^2/g 的纤维。

同时，由于微孔都开在纤维细丝表面，因而孔道极短，与颗粒活性炭比相差 2～3 个数量级。同时，孔径均一，绝大多数为特别适合气体吸附的 2nm 左右的微孔，因而具有更大的有效比表面积。

2. 硅胶

将水玻璃（硅酸钠）溶液用无机酸处理后所得凝胶，经老化、水洗去盐，于 115～125℃下干燥脱水，即得到坚硬多孔的固体颗粒硅胶。硅胶是一种无定形链状和网状结构的硅酸聚合物。硅胶的孔径分布均匀，亲水性强，吸水时放出大量的热，使其容易破碎。硅胶是一种极性吸附剂，可以用来吸附 SO_2、NO_x 等气体，经过疏水改性的硅胶，也可用来处理 VOCs。

3. 沸石分子筛

沸石分子筛具有多孔骨架结构，其化学通式为 $Me_{x/n}[(Al_2O_3)_x(SiO_2)_y] \cdot mH_2O$，其中 Me 主要是 K^+、Na^+、Ca^{2+} 等金属阳离子，x/n 为价数为 n 的可交换金属阳离子 Me 的个数，m 是结晶水的分子数。

分子筛在结构上有许多孔径均匀的孔道与排列整齐的洞穴，这些洞穴由孔道连接。洞穴不但提供了很大的比表面积，而且它只允许直径比其孔径小的分子进入，从而对大小及形状不同的分子进行筛分。根据孔径大小不同和 SiO_2 与 Al_2O_3 分子比不同，分子筛有不同的型号，如 3A（钾 A 型）、4A（钠 A 型）、5A（钙 A 型）、10X（钙 X 型）、13X（钠 X 型）、Y（钠 Y 型）、钠丝光沸石型等。

沸石分子筛的独特优势在于，它可以在废气湿度较大、温度较高下，仍然具有一定的吸附活性。

分子筛广泛用于基本有机化工、石油化工的生产上，在污染气体的治理上，也常用于含

SO_2、NO_x、CO、CO_2、NH_3、CCl_4 废气的净化。

二、三类吸附剂的性能比较

1. 三类吸附剂的吸附性能

表 1-8 为活性炭、沸石分子筛、硅胶的吸附性能比较。

表 1-8 活性炭、沸石分子筛、硅胶的吸附性能比较

项目	活性炭（煤质）	活性炭纤维[①]	沸石分子筛（ZSM-5）[②]	硅胶[③]
堆积密度/(kg/m³)	200～600	—	800	800
操作温度上限/K	423	423	873	673
比表面积/(m²/g)	700～1000	1100～2500	300～400	450～650
孔径范围/nm	1.5～100	1.5～3.0	0.5～1.2	4.5～7.0
平均孔径/nm	1.5～25	2	0.5	2.2
甲苯饱和吸附量/(mg/g)	240	491	59.8	35

①活性炭纤维采用黏胶基活性炭纤维。

②沸石分子筛采用吸附 VOCs 常用分子筛。

③硅胶为疏水改性硅胶。

2. 比表面积是判断吸附剂吸附容量的重要指标

根据 Langmuir 吸附理论，吸附剂的吸附容量是和它的比表面积成正比的，从表 1-8 可以看出，由于活性炭的比表面积比另外两种吸附剂的比表面积大得多，因此，活性炭对甲苯的吸附容量远远高于沸石分子筛和硅胶，而活性炭纤维则显示出更高的吸附容量。据相关文献介绍，活性炭纤维的吸附容量是普通颗粒活性炭的 1～40 倍（见表 1-9），吸附速率是颗粒活性炭的 10～100 倍。又加上孔道极短，使得活性炭纤维吸附和脱附速率高，同时可以大大减少脱附蒸气的用量。工程实践证明，它可以减少 2/3 蒸汽耗量，大大节省能源；另外还使得吸附床层内不易积水，因而，当采用活性炭纤维作吸附剂再生时，一般可以不进行干燥就直接转入吸附工序。另外，活性炭纤维使用寿命长，在同等条件下，是普通颗粒活性炭的 3～4 倍，大大延长了设备的使用寿命，相比之下，使设备的年均投资大为降低。因此，活性炭纤维在吸附 VOCs 工程中得到了广泛的应用。

表 1-9 活性炭纤维与颗粒活性炭对几种有机物平均吸附量的比较

有机物名称	丁硫醇	苯	甲苯	三氯乙烯	苯乙烯	乙醛
活性炭纤维平均吸附量质量分数/%	4300	49	47	135	58	52
颗粒活性炭平均吸附量质量分数/%	117	35	30	54	34	13

3. 用 TPO 曲线来考查吸附剂的吸附性能

TPO（temperature programmed oxidation），也称为 O_2-TPD，是指在通入氧的情况下，按一定升温程序升温，检测催化剂或吸附剂的表面吸附物或表面物氧化情况的方法。

从图 1-11 中可以清楚地看出，活性炭对甲苯吸附的 TPO 曲线在分子筛对甲苯吸附的 TPO 曲线的上方，说明活性炭对甲苯的吸附性能远远优于分子筛对甲苯的吸附性能。

从以上分析可见，在用于吸附 VOCs 方面，活性炭的吸附性能都远远优于其他类型的

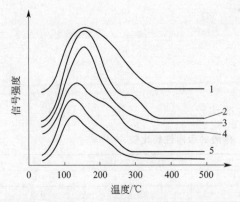

图 1-11　活性炭和分子筛吸附甲苯的 TPO 曲线图
1—AC；2—NaY；3—13X；4—Hβ₄；5—ZSM-5

吸附剂。因而在处理 VOCs 工程上，可尽可能地选择活性炭类的吸附材料。

根据国家环境保护部 2016 年 3 月 30 日发布的《国家危险废物名录》中 HW06 废有机溶剂与含有机溶剂废物，900-401-06 中所列废物再生处理过程中产生的废活性炭及其他过滤吸附介质，均属于危险废弃物。也就是说，在 VOCs 处理工程中所使用的废活性炭、废分子筛等所有吸附剂均属于危险废弃物。因此，认为活性炭是危险废弃物而选用其他吸附剂（如沸石分子筛）的作法，是完全没有道理的。

第六节　活性炭纤维

20 世纪 70 年代发展起来的活性炭纤维（ACF，Activated Carbon Fiber），以其独特、优越的性能大大增强了碳基吸附剂的功能，拓宽了活性炭吸附剂的应用领域，是一种新型、高效的吸附材料。

一、活性炭纤维制备工艺概述

活性炭纤维可以以各种不同的有机纤维原料为基材，不同的纤维原料所采用的制备方法各有特点。综合以上这几种原料制备各活性炭纤维的工艺流程主要为如下所示：原料纤维 $\xrightarrow{\text{预处理}}$ 可炭化纤维 $\xrightarrow{\text{炭化}}$ 炭化纤维 $\xrightarrow{\text{活化}}$ 活性炭纤维。下面简述由原料纤维到活性炭纤维的生产流程。

1. 预处理

原料纤维的预处理有两种类型，分别为：

（1）无机盐浸渍处理　在活性炭纤维制造时第一步是把原料纤维（如黏胶纤维无纺布）放入无机盐（如磷酸盐）溶液中进行浸渍处理，其目的是提高原料纤维的热氧稳定性和控制活化反应特性，以改善产品的性能并提高产品得率。

（2）预氧化处理　主要目的是使原料纤维形成梯型高聚物，使之在炭化过程中不融化、不变形。

2. 炭化

炭化是制备活性炭纤维的一个重要过程。炭化是在惰性气氛中加热升温，排除纤维中可挥发的组分，使残留碳重排生成类石墨微晶的过程。

炭化工艺过程的控制对后继的活化有明显的影响。主要从以下方面进行控制：

① 控制炭化过程的升温速度；

② 控制炭化的温度和时间；

③ 改变炭化时的气氛；

④ 控制纤维在炭化过程中的张力，以改善炭化纤维的结构和性能。

炭化过程对产品性能的影响很大，首先是影响活性炭的烧失率，进而影响活性炭的结构与吸附性能。

图 1-12 显示了 3 个 ACF 样品在炭化阶段的烧失率同产品吸苯率间的关系。从图中可以看到，随着样品烧失率的增大，所得产品的吸苯量也相应增大，意味着吸附性能变优。

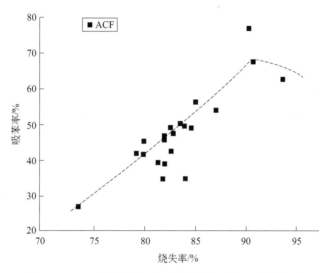

图 1-12　ACF 样品在炭化阶段的烧失率与吸苯率关系

为了进一步考查烧失率对 ACF 结构与性能的影响，从中选取了烧失率在 90% 附近的三个样品：ACF1303，ACF1305，ACF1310，测定了它们的吸苯量和 N_2 吸附等温线，得出各表面结构参数如表 1-10 所示。

表 1-10　样品表面结构参数与吸苯量

样品	烧失率	吸苯量/(mg/g)	BET 比表面积/(m²/g)	总孔容/(mL/g)	平均孔径/Å
ACF1303	94%	455.2	1375.6	0.7457	21.68
ACF1305	91%	701.5	1602.0	0.7888	19.70
ACF1310	82%	617.8	1285.3	0.6072	18.89

3. 活化

活化是为了在炭化纤维表面生成丰富微孔结构和高比表面积并形成一定数量含氧官能团的主要工艺过程，控制适当的活化工艺是关系到产品结构与性能的关键。在活化阶段，使用活化剂（水蒸气或二氧化碳）对纤维进行刻蚀，其结晶缺陷或无定形部分生成大量孔隙；活化剂在纤维高聚物碳的晶棱上发生氧化反应，又使其具有一系列的含氧官能团，从而赋予了活性炭纤维优异的吸附特性。活化过程中活化剂与纤维上的碳发生化学反应的过程如下：

$$C_x + H_2O \Longleftrightarrow CO + H_2 + C_{x-1} - 130kJ$$
$$CO + H_2O \Longleftrightarrow H_2 + CO_2 - 97kJ$$
$$C_x + CO_2 \Longleftrightarrow 2CO + C_{x-1} - 163kJ$$

研究表明：活化温度上升、活化剂浓度增加或延长活化时间，所得活性炭纤维比表面积上升，微孔增多，孔径增大，但活化得率下降。控制炭化活化工艺条件可调节活性炭纤维的结构，从而改善活性炭纤维的性能。活化条件对活性炭纤维质量、性能的影响见表 1-11。

表 1-11　不同活化条件所制得 ACF 的表面结构参数及吸苯量

ACF 编号	活化条件		得率/%	BET 比表面积/(m²/g)	微孔孔容/(mL/g)	吸苯量/(mg/g)
	温度	时间				
毡-34	850℃	12min	12	1595.1	0.695	700.2
毡-30	850℃	10min	19.1	964.7	0.474	463.8
毡-09	850℃	17min	7.9	1500.8	0.627	560.2
毡-24	600℃	30min	12	468.9	0.215	142.3
毡-31	900℃	8min	7.3	1413.3	0.598	552.1

由表中数据可知，活化条件对得率大小有很大的影响。同样 850℃ 的活化温度，改变活化时间即可得到不同性能的产品。活化时间与产品性能的关系如图 1-13 所示。由图 1-13 可以看出，延长活化时间，活化得率下降，而产品比表面积上升。随着活化时间从 10min 延长到 12min，得率大大下降，但比表面积增大了近一倍；而当活化时间继续延长至 15min，得率下降和比表面积上升的趋势都减缓。这是由于活化过程初期是水蒸气与无定形碳和微晶碳发生反应，随着反应产生气体的逸出，ACF 表面形成大量微孔，比表面积迅速增大。而

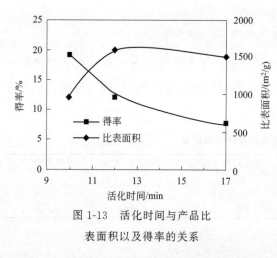

图 1-13　活化时间与产品比
表面积以及得率的关系

当活化时间进一步延长，随着活化剂对纤维表面刻蚀程度增加，微晶碳不断被烧蚀，新的微孔的形成会对已形成的微孔造成破坏，使孔径变大，因而比表面积的增加趋势变缓。对于工业化生产来说，产品得率大小直接影响生产成本，因此在保证产品性能的前提下，应尽可能缩短活化时间。由图 1-13 所示的关系来看，达到一定的活化时间后，继续延长时间会使得率下降而对增大比表面积的作用并不明显。

活化温度也是一个影响产品性能的至关重要的因素。由表 1-12 中所列的数据可以看到，当活化温度设为 600℃，虽然活化时间长达 30min，但产品的比表面积和孔容值却非常小，吸苯量甚至比普通的颗粒活性炭还低。而当活化温度提高到 900℃，虽然只用了 8min 的活化时间，但比表面积与孔容值却很高，这一结果与反应动力学结论相符合，活化过程中纤维与活化剂水蒸气发生的气固相反应是吸热反应，升高温度使反应能量增加，有利于反应向正方向进行。600℃ 的温度提供的能量达不到活化反应进行的阈值，因而基本上未

发生活化反应，形成的微孔数量极少，所以比表面积与孔容值非常小。当活化温度上升，有利于反应进行，也就使炭化纤维被氧化程度加深，微孔的大小和数量随之增加。但是在比表面积增加的同时，活化得率也随之降低。因此综合考虑产品性能指标与经济性，需确定一个最有利的活化温度。

表 1-12　活化温度与影响产品性能表

处理条件	炭化收率[①]/%	活化收率/%	比表面积/(m²/g)	苯吸附量[②]/%
黏胶丝（未处理）	18	14.3	1326	65.0
用 10%(NH₄)₂HPO₄ 处理后的黏胶丝	30	18.0	1560	66.1
用 5% ZnCl₂ 处理后的黏胶丝	36	22.0	1484	66.3

①炭化温度为 800℃。

②25℃下吸附饱和蒸汽 60min。

二、活性炭纤维的类型

目前，用于制造活性炭纤维（ACF）的原料主要有黏胶丝、PAN 纤维、酚醛纤维、沥青纤维和聚乙烯醇（PVA）纤维。前四种已实现工业化，而最后一种还处于研究和开发阶段。

1. 黏胶（纤维素）基活性炭纤维

日本东洋纺织公司是开发黏胶基活性炭纤维最早的单位之一，该公司从 1973 年开始研究，并在深加工开发二次产品方面取得成功。例如，用活性炭纤维毡为吸附剂制造的有机溶剂回收装置，可成功地回收多种有机溶剂，已应用遍及世界各地。在黏胶基活性炭纤维之后，又相继开发成功酚醛基、PAN 基和沥青基活性炭纤维。

黏胶基纤维的基本链节是纤维素二糖剩基，每个葡萄糖剩基含有三个羟基，即在炭化活化之前要进行脱水预处理，使羟基脱水，向耐热的梯型结构转化。

黏胶丝的炭化活化收率低，仅为 20% 左右，这意味着在炭化活化过程中大量非碳原子逸出，残留下孔洞，使比表面积增加，强度下降。吸附量随着比表面积的增大而增加，比表面积愈大，孔径也随之增大。但是，两者的孔径分布都比较窄，没有大孔。这是活性炭纤维的共性，与颗粒活性炭有很大差异，充分显示出孔径结构的优越性，这也是活性炭纤维具有吸脱速度快和吸附容量大的结构基础。

2. 酚醛树脂基活性炭纤维

酚醛纤维属于难石墨化树脂，但残炭量高。用酚醛纤维所制得的炭纤维，强度和模量都比较低，因而未工业化生产。由酚醛纤维制得的活性炭纤维比较柔软，且易制得大比表面积的活性炭纤维，已工业化。主要用途有：溶剂回收、有害气体吸附、除臭、卫生材料、空气净化、创伤绷带、电极材料、隔膜分离器、电敏元件防护、特殊防护服等。

3. 聚丙烯腈（PAN）基活性炭纤维

聚丙烯腈（PAN）基活性炭纤维同样是由 PAN 原丝经炭化-活化制得。

PAN 基活性炭纤维的比表面积一般在 1500m²/g 以下，最适宜制取范围是 700～

$1200\text{m}^2/\text{g}$。因此，如何制取大比表面积的 PAN 基活性炭纤维仍是当前研究的重要课题。这些研究内容主要包括 PAN 纤维的组成和活化工艺参数的最佳选择等。

近年来，人们研究制取活性炭纤维的特种 PAN 原丝取得了一定进展。聚丙烯腈基活性炭纤维除具有其他活性炭纤维的共性外，还有其固有的特性：

（1）结构中含有氮　这是其一大特点。由于结构中含有氮，对硫系化合物和氮系化合物具有特殊的吸附能力，是任何原料基所制活性炭纤维无法与其比拟的。对黏胶基、酚醛基、沥青基活性炭纤维以及颗粒活性炭，为了使其含有氮，需进行氨化处理。氨化处理温度约为350℃左右，处理数小时。

PAN 基活性炭纤维对 SO_2 的吸附量是颗粒活性炭的 12 倍左右，对 NO_2 吸附量是颗粒活性炭的 20 倍左右。颗粒活性炭用三聚氰胺在 850℃左右处理后，也可得到含氮活性炭，也可用来有效消除烟道气中的 SO_2。

（2）耐热性　PAN 基活性炭纤维的碳含量一般在 85%～95% 之间，因而赋予它优异的耐热性能。

4. 沥青基活性炭纤维

沥青基活性炭纤维由各向同性的沥青原丝经稳定化、碳化与活化而得，用途是溶剂回收、有害气体吸附材料、合成氨纯化滤材、纯水制造、催化剂载体、人工脏器及电极材料等。

三、活性炭纤维的吸附模型

一般来说，活性炭对有机废气的吸附量与其比表面积之间有一定的对应关系，这就使人们对于活性炭纤维性能优劣的评价，往往只注重于比表面积的大小，而忽略其孔容的影响。事实上，根据古尔维希（Gurvitsch）规律，对于给定的一种吸附质，吸附量的大小与吸附剂孔容积大小关系也非常密切，实验证实，对于给定的一种吸附质，吸附量的大小与吸附剂孔容积成正比关系。同样的，D-R 理论（即微孔容积填充理论）适用于以微孔为主的活性炭纤维的最佳吸附模式场，而 BET 理论（多分子层吸附理论）并不是最适合描述活性炭纤维吸附行为的理论模式。但目前通用的商业指标仍是 BET 比表面积。可认为孔容的大小是更能直接反映活性炭纤维吸附性能好坏的一个指标。

活性炭纤维由于它具有比普通的颗粒活性炭更大的比表面积、孔容，所以它对有机物的吸附量较大。表 1-13 为各活性炭材料的表面结构参数。

表 1-13　各活性炭材料的表面结构参数

活性炭	平均孔径/nm	孔容/(cm^3/g)	比表面积/(m^2/g)
黏胶基 ACF	1.97	0.7888	1602
沥青基 ACF	0.62	0.6302	1164
PAN 基 ACF	2.51	0.577	1216
GAC	43.0	0.4350	768.7

表 1-14 为各活性炭材对有机蒸气的饱和吸附量。

表 1-14　活性炭对有机蒸气的饱和吸附量　　　　　　　　　　单位：mg/g

有机蒸气	四氯化碳	苯	丙酮	甲醇
黏胶基 ACF	1099	566.8	615.0	522.1
沥青基 ACF	304.5	255.1	380.7	231.4
PAN 基 ACF	930.5	422.7	495.8	420.0
GAC	619.2	300.6	349.3	288.2

由表中数据可知，活性炭纤维对有机蒸气具有良好的吸附性能（除沥青基 ACF 之外），饱和吸附量比颗粒活性炭高出许多。由于活性炭纤维是由结构规整的有机前驱体制成的，其孔径分布比较均匀，通常以呈单分散型分布的微孔（小于 2nm）为主，孔径分布集中在 1～2nm 左右，几乎都是有效吸附孔，因而使得活性炭纤维具有大的比表面积和吸附容量。表1-15 也说明，活性炭纤维的吸附性能远远超过颗粒活性炭。

表 1-15　活性炭纤维与颗粒活性炭对几种有机物平衡吸附量的比较

有机物名称	丁硫醇	苯	甲苯	三氯乙烯	苯乙烯	乙醛
活性炭纤维质量分数/%	4300	49	47	135	58	52
颗粒活性炭质量分数/%	117	35	30	54	34	13

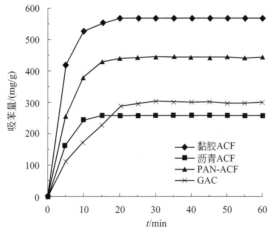

图 1-14　各活性炭材料对苯吸附量随时间变化的曲线

由图 1-14 和表 1-13 中数据可以看出，四种活性炭样品吸苯量测定结果基本上符合吸附量与孔容大小成正比这一规律。但实验中所用的沥青基活性炭纤维其孔容略大于 PAN 基活性炭纤维，而吸苯量却远远低于其他吸附剂，只相当于 PAN 基活性炭纤维的一半左右，甚至比 GAC 还低。这是因为对吸附剂来说，影响其吸附特性的因素有很多，与比表面积、孔容、孔径大小、孔径分布等表面结构密切相关。

活性炭吸附剂的孔结构，按 IUPAC 分为三类：孔径小于 2nm 的微孔，2～50nm 的中孔，大于 50nm 的大孔。大孔是被吸附分子到达吸附点的通路分割，控制吸附速率；中孔和大孔一样支配吸附速率，高浓度下发生毛细凝聚，吸附量大，微孔大分子无法进入，使其与吸附点分割。一方面微孔毛细管壁赋予吸附剂大的表面积和吸附容量；另外，其大表面的利用，允许较小直径分子进入，出现分子筛效应，赋予吸附的选择性。

按照分子尺寸和孔径之间的关系所划分的吸附状态如图 1-15 所示，吸附状态主要有：

① 分子尺寸>孔径，吸附剂起分子筛作用，不吸附，如图 1-15(a)；

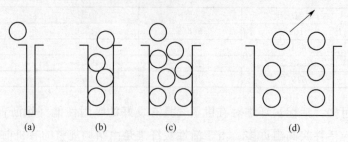

图 1-15　分子尺寸和孔径的关系——吸附模型

② 分子尺寸≈孔径，分子直径与孔径相当时，吸附剂的捕捉能力非常强，适于极低浓度下的吸附，适应于微孔充填理论模式，如图 1-15(b)；

③ 分子尺寸<孔径，在孔内发生毛细凝聚，吸附量大，如图 1-15(c)；

④ 分子尺寸远小于孔径，吸附的分子容易发生脱附，脱附速率快，但低浓度下的吸附量小，如图 1-15(d)。

将表 1-13 中所列出的三种活性炭纤维的平均孔径与苯分子的分子尺寸进行比较。苯分子是平面状分子结构，其分子大小为 0.37nm×0.61nm。实验所用的黏胶基活性炭纤维和 PAN 基活性炭纤维的平均孔径分别为 1.97nm 和 2.51nm，与苯分子尺寸相比，属于图 1-15(c) 所示情况，故吸附量较大。而沥青基活性炭纤维的孔径为 0.62nm，与苯分子的最大尺寸非常接近，属于图 1-15(b) 所示情况，由于吸附剂孔径与吸附质分子尺寸相当，吸附能力强，但不发生毛细管凝聚，故吸附量并不大。由图 1-14 可知，沥青基活性炭纤维的吸附速率要优于颗粒活性炭，达到吸附平衡的时间较短，但它的饱和吸苯量却低于比表面积比它小的颗粒活性炭，这就是受了孔径的限制。由此也证明，比表面积并不是决定吸附量大小的唯一因素，孔径的影响也至关重要。

四、活性炭纤维对有机蒸气的吸附性能

研究发现，活性炭纤维对有机蒸气的吸附，不仅与其孔结构密切相关，同时还与吸附质的分子尺寸与形状有关。当分子尺寸小于活性炭纤维的孔径时，吸附量较大，而当分子尺寸与活性炭纤维的孔径非常接近时，其吸附捕捉能力强但吸附量较小。

活性炭纤维对四氯化碳蒸气的饱和吸附量反映了吸附剂孔径与吸附质分子之间的关系。室温下，CCl_4 的密度约为苯的 1.8 倍，而且 CCl_4 的分子直径为 0.608nm（键长计算结果），与苯分子的最大分子尺寸相近。所以一般来讲，同一吸附剂对这两种有机蒸气的饱和吸附量应该与密度比值比较接近。将实验所得结果计算两者之间的比值，列于表 1-16 中。

表 1-16　活性炭对 CCl_4 和苯蒸气饱和吸附量的比较

吸附剂	黏胶基 ACF	沥青基 ACF	PAN 基 ACF	颗粒活性炭
CCl_4 吸附量/(mg/g)	1099	304.5	930.5	619.2
苯吸附量/(mg/g)	566.8	255.1	442.7	300.6
CCl_4/苯	1.94	1.19	2.10	2.06

　　由表中数据可以看出，黏胶基 ACF、PAN 基 ACF 和颗粒活性炭 CCl₄ 与苯比值都基本接近 1.8，而沥青基 ACF 的 CCl₄ 吸附量只有苯的 1.19 倍。即如果按体积计算，沥青基 ACF 对四氯化碳的吸附容量远低于对苯的吸附容量。吸附剂孔径与吸附质分子形状差异是造成这种结果的主要原因。因为沥青基 ACF 的孔径为 0.62nm，CCl_4 的分子尺寸虽与苯分子的最大直径接近，但苯分子是平面状分子结构，吸附时吸附剂优先吸附平面分子；而 CCl_4 具有四面体子结构，没有优先吸附面，各方向阻力相同。因而孔径与其分子直径相近的沥青基 ACF 对 CCl_4 的吸附容量就相对较小。

五、黏胶基活性炭纤维用于处理 VOCs 的优势

　　在采用活性炭纤维处理 VOCs 时，一般都选择了黏胶基活性炭纤维，而不选择其他类型的活性炭纤维。这一点，从前面分析中可以清楚地看出，不论从比表面积还是从表面结构来看，黏胶基活性炭纤维比其他类型的活性炭纤维都优越得多。这一点从表 1-13、表 1-14 中就很清楚地看到，黏胶基活性炭纤维对有机气体吸附都比其他类型的活性炭纤维优越得多。为此，在采用吸附法处理 VOCs 的工程中，均采用黏胶基活性炭纤维作吸附剂。

六、活性炭纤维的 10 大优势

　　活性炭纤维（ACF）与颗粒活性炭（GAC）比较有以下特点。

　　① 纤维直径细，与被吸附物质的接触面积大，增加了吸附概率，且可均匀接触。

　　② 外表面积大，吸脱速度快，约是 GAC 的 10～100 倍；吸附容量大，约是 GAC 的 1.5～10 倍，且吸附效率高。

　　③ 孔径分布窄，绝大多数孔径在 10nm 以下，这是吸脱速度快的又一重要原因；通过特殊的制造方法，也可制得孔径在 100nm 左右的 ACF（用于特殊物质的吸附）。

　　④ 滤阻小，约是 GAC 的 1/3，可拓宽其应用范围。

　　⑤ 漏损小，吸附层薄，易制作轻而小型化的设备。

　　⑥ 强度较高，不易粉化，不会造成二次污染；纯度高，杂质少，可用于高档食品工业和医疗卫生工业。

　　⑦ 形态多样，可作纤维、布、毡和纸等，可制成多种制品。

　　⑧ 节能，经济。因吸脱速度快和设备体积小，因而配套工程规模小，经济效益高，同时使用寿命长，再生容易。

　　⑨ 操作安全。因吸附层薄和体密度小，蓄热少，不易发生事故。同时，吸脱速度快，操作简单，易实现自动化。

　　⑩ 应用面广。除用于环保工程外，还可用于电子工业等领域，特别是近几年来，在高新技术方面的应用与日俱增。

第七节　废旧活性炭的处理和处置

一、废旧活性炭的定义

虽然活性炭具有较强的吸附能力，为企业解决了工业生产过程中的废水废气处理等问题，但是活性炭经过多次吸附反应后，内部产生的化学变化和结构变化会导致活性炭活性降低，比表面积下降，吸附能力无法满足生产需要而成为废旧活性炭。

废旧活性炭至今没有确切的定义。按照作者的理解，应该是指已经失去部分的吸附能力，无法满足生产需要的活性炭。至于失去吸附能力的比例，那要根据活性炭在具体应用地方的要求来确定。

二、国家对废旧活性炭的法律规定

《国家危险废物名录》规定，沾染危险废物的废活性炭属于危险废物。即活性炭吸附了VOCs、甲醛、含苯废气、重金属等危险废物名录中规定的有毒有害物质，便属于危险废物。如何处置成为企业面临的新问题。

2019 年发布的《国家危险废物名录》中的相关条款节录：

第二条　具有下列情形之一的固体废物（包括液态废物），列入本名录：

（一）具有腐蚀性、毒性、易燃性、反应性或者感染性一种或几种危险特性的。

（二）不排除具有危险特性，可能对环境或者人体健康造成有害影响，需要按照危险废物进行管理的。

……

第四条　列入《危险化学品目录》的化学品废弃后属于危险废物。

……

第六条　危险废物与其他固体废物的混合物，以及危险废物处理后的废物的属性判定，按照国家规定的危险废物鉴别标准执行。

第七条　本名录中有关术语的含义如下：

（一）废物类别，是在《控制危险废物越境转移及其处置巴塞尔公约》划定的类别基础上，结合我国实际情况对危险废物进行的分类。

（二）行业来源，是指危险废物的产生行业。

（三）废物代码，是指危险废物的唯一代码，为 8 位数字。其中第 1~3 位为危险废物产生行业代码［依据《国民经济行业分类（GB/T 4754—2011）》确定］，第 4~6 位为危险废物顺序代码，第 7~8 位为危险废物类别代码。

（四）危险特性，包括腐蚀性（corrosivity, C）、毒性（toxicity, T）、易燃性（ignitability, I）、反应性（reactivity, R）和感染性（infectivity, IN）。

第八条　对不明确是否具有危险特性的固体废物，应当按照国家规定的危险废物鉴别标准和鉴别方法予以认定。

经鉴别具有危险特性的，属于危险废物，应当根据其主要有害成分和危险特性确定所属废物类别，并按代码"900-000-××"（××为危险废物类别代码）进行归类管理。

经鉴别不具有危险特性的，不属于危险废物。

第九条　本名录自 2016 年 8 月 1 日起施行。2008 年 6 月 6 日环境保护部、国家发展和改革委员会发布的《国家危险废物名录》（环境保护部、国家发展和改革委员会令第 1 号）同时废止。

附表：国家危险废物名录

（附表略）

从附表中查到的结果看，与 VOCs 治理有关的废旧活性炭种类虽然不多，但是使用面很广。加之危险废物具有毒性、腐蚀性、易燃性、爆炸性、感染性等特点，处置不当将对环境保护及人体健康产生不可预测的影响。所以国家对危险废弃物的管理十分严格，出台了一系列的管控法律和政策。明确提出危险废物污染防治是打赢污染防治攻坚战的重要内容，受到了高度重视。

2020 年 4 月 29 日，第十三届全国人大常委会第十七次会议审议通过了修订后的《中华人民共和国固体废物污染环境防治法》，自 2020 年 9 月 1 日起施行。该法完善了危险废物污染环境防治制度，明确污染担责，细化了治理相关制度，并严格了法律责任。

据悉，国家为强化危险废物的管理，遏制非法排放、倾倒、处置危险废物，各地生态环境工作将陆续搭上高分一号、高分二号卫星这根"天线"，开启打击危险废物违法倾倒监管工作的天眼，只要地块出现变化，"天上"就能看得清清楚楚。在办公室内，智慧环境卫星平台的屏幕上即可显示出城市施工裸地、无序堆放垃圾渣土、城镇绿地变化等现状，并分别呈现出不同颜色。这个智慧平台，通过遥感卫星影像光谱筛选出裸地，再结合前期的土地功能规划，运用 AI 技术对数据、光谱、图像图层变化进行比对分析，锁定存在倾倒固体废物和危险废物违法行为线索和地域风险点。综合分析后，会派出无人机到现场进一步勘查，实现天地一体"扫盲"。一旦发现倾倒固废的痕迹，将固定证据，并实时反馈给环境执法人员。执法人员则进一步对相关责任者进行法律的制裁。

可见国家对危险废弃物的管控非常严格，力度空前之大，是前所未有的。

三、废旧活性炭的处理和处置方法

1. 处理和处置的区别

在《中华人民共和国固体废物污染环境防治法》中对处置作了明确定义，处置是指将固体废物焚烧和用其他改变固体废物的物理、化学、生物特性的方法，达到减少已产生的固体废物数量、缩小固体废物体积、减少或消除其危险成分的活动，或者将固体废物最终置于符合环境保护规定要求的填埋场的活动。

而处理则更多是强调过程和方法，按照个人理解，处理的结果应该是再利用。

2. 废旧活性炭的处理方法

废活性炭再生利用应符合《中华人民共和国循环经济促进法》对资源循环再利用的要求，它不仅可以解决废活性炭的环境污染问题，实现资源循环再利用，避免资源浪费，同时可将废活性炭的处置成本由每吨上万元降至几千元，使企业的危废处置成本大大降低。当再生活性炭的理化指标可以达到或接近新活性炭水平，其又具备了利用价值，但是成本却只有新活性炭的 40%～60%，降低了企业的活性炭购买成本。

本书总结归纳了 3 种废活性炭的处理方案。

(1) 废活性炭活化再生利用　通过回转炉高温加热，能使饱和活性炭在炉膛内滚动均匀，活化透彻，再生活性炭吸附性能可恢复到新活性炭技术指标的 95% 以上，甚至优于新活性炭，而且所有再生活性炭经过检测认证，质量性能有保障。根据不同类别，废活性炭处置价格在 5500～6000 元/t，涉及的危险废物类别有 HW04、HW05、HW06、HW13、HW18、HW39、HW45、HW49。

(2) 废活性炭回收处理加新活性炭购买一条龙服务　活性炭作为吸附剂，吸附饱和后，企业不仅要处理废活性炭，同时要购买新活性炭。废活性炭回收厂根据企业需求，通过正规并有相应处置资质的回收利用单位，结合其废活性炭处置能力和新活性炭生产能力，提出设计了废活性炭回收处理加新活性炭购买一条龙服务。废活性炭回收厂是一家活性炭回收利用单位，再生活性炭能力 5000t/a，生产活性炭 3000t 左右，再生活性炭全部进行检测认证，质量有保障。一条龙服务，不仅可以解决企业废活性炭的处置需求和新活性炭的购买需求，而且价格更有优势，主要针对煤质活性炭和椰壳活性炭，价格在 8500～10000 元/t。

(3) 废活性炭跨省转移　当企业产生的废活性炭达 10t 以上，在产生地无法回收再用时，废活性炭回收厂建议企业通过电话联系作跨省转移处理，处置费用为 6000～7000 元/t，不仅为资源再生做了贡献，而且也为企业降低了处置成本。跨省转移必须按照规定，办理好各种手续，严格控制在跨省运输中对环境的污染。

3. 废旧活性炭的焚烧处置

当废活性炭完全失去吸附能力时，如经过多次反复吸附-脱附，活性炭中的微孔大部分被堵塞，比表面积下降很多，无法进行恢复时，一般会采用焚烧的方式加以处置。采用焚烧方式处置废旧活性炭，要严格处置工艺，避免产生二次污染。最好由专业处理厂家进行统一收集，集中进行处置。

第二章

活性炭的吸附理论

　　首先，应认真地把吸附与吸收区别开来。吸收的特点是物质不仅保持在表面，而且通过表面分散到整个相。吸附则不同，指物质仅在吸附剂表面浓缩富集成一层吸附层（或称吸附膜），并不深入到吸附剂内部。由于吸附是一种固体表面现象，只有那些具有较大内表面积的固体才具有较强的吸附能力。例如相对密度为 5 的氧化铁圆粒，半径为 5mm，其表面积只有 $12m^2/g$，并不具有实用价值的吸附能力。而一般工业用的吸附剂平均比表面积为 $600m^2/g$ 左右，有些吸附剂的比表面积甚至高达 $2500m^2/g$ 以上。

　　当前，相较于对吸收的研究，对于吸附的研究尚不充分。研究认为，吸附作用是由于固体表面力作用的结果，但对于这种表面力的性质，至今尚未能充分了解，所以对吸附过程的本质也未能很好地从理论上进行解释。即使已提出了若干理论，但都只能解释一种或几种吸附现象，有很大的局限性，都不能认为是令人满意的。本章所介绍的吸附理论也只能解释一部分吸附现象。

第一节　活性炭的吸附特性

一、吸附原理

1. 固体表面的吸附现象

　　打扫卫生时会发现，除在桌面上落满了灰尘外，在桌子的侧面甚至桌子的底面也有很多灰尘，桌子的侧面和底面的灰尘是怎么落上去的？这是因为固体表面上的分子力处于不平衡或不饱和状态，这时候，固体会把与其接触的气体或液体溶质吸引到自己的表面上，从而使其残余力得到平衡。这是固体物质固有的性质。

2. 活性炭的吸附原理

　　活性炭和其他固体一样，由于在活性炭表面上的分子力同样处于不平衡或不饱和状态，活性炭会把与其接触的气体或液体溶质吸引到自己的表面上，从而使其残余力得到平衡。这种在固体表面进行物质浓缩的现象称为吸附。也就是说，吸附作用是由于固体表面力作用的结果，但对于这种表面力的性质，至今尚未有充分了解，所以对吸附过程的本质也未能很好地从理论上进行解释。即使已提出若干理论，但都只能解释一种或几种吸附现象，有很大的局限性，所以，对这些吸附现象的解释仍需进一步的突破。

二、吸附的分类

根据吸附作用力的不同，可把吸附分为物理吸附和化学吸附。

1. 物理吸附

产生物理吸附的力是分子间引力，或称范德华力。固体吸附剂与气体分子之间普遍存在着分子间引力，当固体和气体的分子间引力大于气体和气体分子之间的引力时，即使气体的压力低于操作温度相对应的饱和蒸气压，气体分子也会冷凝在固体表面上，此种吸附即称为物理吸附。这种吸附的速度极快，有时候可以接近化学反应的速率。

物理吸附具有如下特点：

① 吸附热较低。因为吸附过程不发生化学反应，因此物理吸附的吸附热较低，一般只有 20kJ/mol 左右，只与相应气体的液化热相当。

② 吸附的选择性极低。也正是由于物理吸附不发生化学反应，因此它吸附的选择性极低，或者说没有选择性，它的选择性只取决于气体的性质和吸附剂的特性。

③ 物理吸附只在低温下才较显著。实验证实，吸附质在吸附剂上的吸附量随温度的升高而迅速减少，且与吸附剂表面的大小成比例。因此，在工程上采用物理吸附时，要求的进气温度要有个限制。例如，当采用碳基吸附剂时，要求进入吸附层的废气温度控制在 40℃ 以下。

④ 吸附过程有很大可逆性。由于这种吸附属纯分子间引力，所以有很大的可逆性，当改变吸附条件，如降低被吸附气体的分压或升高系统的温度，被吸附的气体很容易从固体表面上逸出，这种现象称为"脱附"或"脱吸"。工业上的吸附操作就是根据这一特性进行吸附剂的再生，同时回收被吸附的物质。

⑤ 物理吸附可以产生多分子层吸附。由于物理吸附是靠分子间引力产生的，当吸附质的分压升高时，可以产生多分子层吸附。这是与化学吸附不同的。

2. 化学吸附

化学吸附亦称活性吸附。它是由固体表面与吸附气体分子间的化学键的相互作用所造成的，是固体吸附剂与吸附质之间化学作用的结果，有时它并不生成平常含义中可鉴别的化合物。化学吸附的作用力大大超过物理吸附的范德华力。

化学吸附有如下特点：

① 吸附热比较大。在化学吸附中由于有化学作用发生，因此它所放出的吸附热比物理吸附所放出的热大得多，甚至可达到化学反应热的数量级，一般为 80～400kJ/mol。

② 化学吸附有很高的选择性。化学性质决定化学吸附具有很高的选择性，例如氢可以

被钨或镍化学吸附，而不能被铝和铜化学吸附。

③ 化学吸附是不可逆的，而且脱附以后，脱附的物质往往与原来的物质不一样，而是发生了化学变化。

④ 由于化学吸附中伴有化学反应发生，因此，化学吸附宜在较高温度下操作，且吸附速度随着温度的升高而增加。

⑤ 与物理吸附不同，化学吸附是单分子或单原子层吸附。

⑥ 同一物质在较低温度下可能发生的是物理吸附，而在较高温度下所发生的往往是化学吸附。即物理吸附常发生在化学吸附之前，到吸附剂逐渐具备足够高的活性（比如温升），才发生化学吸附。例如，在工程实践中就遇到了这种情况：当采用热氮气对甲基异丁酮进行脱附时，由于该物质的饱和蒸气压比较低（20℃时为 2.13kPa），一开始使温度升至 100℃，结果脱附率仅 63.10%，把温度升至 170℃（超过其沸点）时，脱附率达到 76.50%，于是又把温度降到 110℃，发现脱附率反而升至 99.20%。后经分析，推断可能是在高温（170℃）时，甲基异丁酮在活性炭吸附剂上转化成了化学吸附的缘故。有时候，亦可能同时发生物理吸附和化学吸附。

三、应特别重视化学吸附现象

在工程实践中发现，有时候吸附床层会超过设计温度，有时候甚至会烧毁吸附床层。分析原因可能有以下几种：

① 活性炭表面具有催化作用。在活性炭的表面往往会存在着各种官能团和表面氧化物，这些物质中有些可能就能够使被吸附分子的结构发生变化，活性显著升高，使其所需的反应活化能比自由分子低，从而加快了反应速率。由此可用化学吸附来解释活性炭表面的催化作用。

在处理挥发性有机物时也常常遇到这种情况。比如，对于难以从活性炭上脱附的物质，如甲醛，就是因为甲醛在活性炭表面被催化聚合成了聚甲醛；另外，硫化氢在活性炭表面被催化氧化成单质硫；在采用活性炭脱硫中，二氧化硫被氧化成三氧化硫等，都是化学吸附的例子。

② 当活性炭表面或气体成分中混有铁离子、锰离子时，用于挥发性有机物吸附时会造成吸附层温度异常升高，这也是由于这些铁离子、锰离子的存在，催化了吸附过程向化学吸附的方向转化的结果。因此，在采用活性炭吸附处理挥发性有机物时，在工程上不宜使用碳钢管作为输气管道。

③ 在采用活性炭吸附法处理挥发性有机物时，要特别关注有些物质可能会发生化学吸附，从而导致床层温度异常升高，有时候甚至会把床层烧毁。2002 年，某环保公司在利用活性炭纤维吸附装置回收环己烷时，曾经连续两次发生活性炭纤维吸附床被烧毁的现象。后经过分析发现，在环己烷废气中含有 5% 左右的环己酮，正是这些环己酮在活性炭纤维上积累并发生了化学吸附，从而导致了床层的异常温升。

以上前面所讲的均是变温吸附概念，变温吸附（temperature swing adsorption）指在常压下，利用吸附剂的平衡吸附量随温度升高而降低的特性，采用常温吸附、升温脱附的操作方法。这种方法是平时常用的方法，在这里顺便介绍一下变压吸附。

变压吸附（pressure swing adsorption）指在一定温度下，采用较高压力（高压或常压）完成吸附，而采用较低的压力（常压或负压）完成脱附的操作方法。变压吸附所使用的也是固定床吸附器，采用的吸附剂主要有沸石分子筛、碳分子筛、活性氧化铝及一些专用吸附剂等。

阅读材料

1. 变压吸附技术的优势

变压吸附（PSA）技术是近 40 多年来迅速发展起来的一项新型气体分离与净化技术，其装置见图 2-1。

变压吸附操作在等温的情况下，吸附量随压力的升高而增加，随压力的降低而减少，同时在减压（降至常压或抽真空）过程中，放出被吸附的气体，使吸附剂再生，外界不需要供给热量便可进行吸附剂的再生。

变压吸附是基于吸附剂的降压再生而产生的。它是以吸附剂在不同压力条件下对混合物中不同组分平衡吸附量的差异为基础，在（相对）高压下进行吸附，在（相对）低压下脱附，从而实现混合物分离目的的操作过程。

由于变压吸附技术投资少、运行费用低、产品纯度高、操作简单、灵活、环境污染小、原料气源适应范围宽，因此，进入 20 世纪 70 年代后，这项技术被广泛应用于石油化工、冶金、轻工及环保等领域。

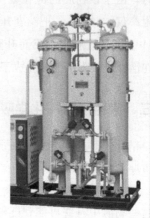

图 2-1　变压吸附装置

2. 变压吸附分离的基本原理

变压吸附分离的基本原理可用图 2-2 来说明。各气体组分在某种确定的吸附剂上的吸附量是温度和压力的函数，通常可用图 2-2 所示的吸附等温线表示。

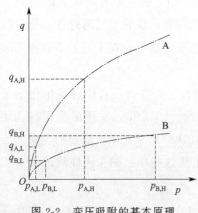

图 2-2　变压吸附的基本原理

图中给出 A、B 两种气体在同一温度下在某种吸附剂上的吸附等温线，显然，相同压力下 A 比 B 更容易被该吸附剂吸附。若将 A 与 B 的混合物通过填充该吸附剂的吸附柱，在（相对）高压 p_H 下进行吸附，在相对低的压力 p_L 下解吸。易吸附组分 A 的分压分别为 $p_{A,H}$ 和 $p_{A,L}$，而难吸附组分 B 的分压分别为 $p_{B,H}$ 和 $p_{B,L}$。由图可见，在（相对）高压下，由于组分 A 的平衡吸附量 $q_{A,H}$ 远高于组分 B 的平衡吸附量 $q_{B,H}$，故被优先吸附，而组分 B 则在流出气流中富集。为使吸附剂再生，将床层压力降低到 p_L，两组分的平衡吸附量分别为 $q_{A,L}$ 和

$q_{B,L}$。在达到新吸附平衡过程中，脱附的量分别是 $q_{A,H}-q_{A,L}$ 和 $q_{B,H}-q_{B,L}$。这样周期性地变化床层压力，即可达到将 A、B 的混合物进行分离的目的。

3. 变压吸附的工艺特点

与其他挥发性有机污染物治理技术相比，变压吸附技术具有自己的独特优势：

① 低能耗，PSA 工艺适应的压力范围较广，一些有压力的气源可以省去再次加压的能耗。PSA 在常温下操作，可以省去加热或冷却的能耗。

② 产品纯度高且可灵活调节，如 PSA 制氢，产品纯度可达 99.999%，并可根据工艺条件的变化，在较大范围内随意调节产品氢的纯度。

③ 工艺流程简单，可实现多种气体的分离，对水、硫化物、氨、烃类等杂质有较强的承受能力，无需复杂的预处理工序。

④ 装置可由计算机控制，自动化程度高，装置可以实现全自动操作，操作方便，每班只需稍加巡视即可。开停车简单迅速，通常开车半小时左右就可得到合格产品，数分钟就可完成停车。

⑤ 装置调节能力强，操作弹性大，PSA 装置稍加调节就可以改变生产负荷，而且在不同负荷下生产时产品质量可以保持不变，仅回收率稍有变化。变压吸附装置对原料气中杂质含量和压力等条件改变也有很强的适应能力，调节范围很宽。

⑥ 投资小，操作费用低，维护简单，检修时间少，开工率高。

⑦ 吸附剂使用周期长，一般可以使用十年以上。

⑧ 装置可靠性高。变压吸附装置通常只有程序控制阀是运动部件，而目前国内外的程序控制阀经过多年研究改进后，使用寿命长，故障率低，装置可靠性很高，而且由于计算机专家诊断系统的开发应用，具有故障自动诊断、吸附塔自动切换等功能，使装置的可靠性进一步提高。

⑨ 环境效益好，除因原料气的特性外，PSA 装置的运行不会造成新的环境污染，几乎无"三废"产生。

4. 国外变压吸附技术应用于挥发性有机物净化与回收的情况

（1）氯氟烃回收　Gililend 等应用 PSA 工艺从通风空调气流中回收全氟烃等（PFCs）。该工艺采用 4 个吸附塔（2 塔吸附，2 塔再生），吸附压力为 0.195MPa。PFCs（CF4、CZF6、NF3、SF6 及 CHF3）被吸附而从气体中除去，脱附压力为常压，吹扫气将 PFCs 从 5A 沸石吸附剂内吹扫出，捕集效率大于 99%。

（2）酮类回收　德国 Bayer 公司 Börger 等用 PSA 法常温分离分散在空气中的丙酮蒸气，采用 D47/4 活性炭和活性炭纤维，丙酮回收率达 95% 以上。

（3）芳香类有机物回收　法国石油研究所的 Rojey 和 Alexandre（2003）采用 Y 型分子筛为吸附剂，对聚酯生产过程中的二甲苯尾气进行回收。德国 Bochum 大学 Röhm 提出采用活性炭 C40/4、Wessalith/DAY 分离甲苯-空气混合物中的甲苯以及二甲苯-空气混合物中的二甲苯，常温常压下吸附，真空脱附，甲苯、二甲苯回收率 95％以上。Liu 等使用活性炭，从苯-氮混合气中分离回收苯，采用高压吸附-逆吹扫-逆降压、轻组分吹扫-逆低压脱附工艺，整个周期为 20min，苯的回收率可达 99％。

（4）醇类回收　日本 Bell 公司采用变压吸附分离净化乙醇-水双组分体系取得良好的效果，将水与乙醇分压分别为 44676Pa 和 1679Pa 的双组分与混合气送入活性炭吸附床，在加压、常温条件下吸附，然后经第一次减压，脱附水蒸气；再经第二次减压，脱附高纯度乙醇蒸气，将第二次解吸气体冷却到 −20℃，就可回收到纯度达 98％的乙醇产品。

除以上一些例子，变压吸附处理有机气体的应用还有很多，例如：PSA 分离甲醇尾气，PSA 技术净化回收氯乙烯尾气，苯乙烯生产中含氢尾气的回收和利用等。同时也可以把 PSA 技术与其他 VOCs 治理方法相结合来处理有机气体。例如现在城市垃圾量急剧增加，目前主要采用空气燃烧的方式处理，每天因此产生的大量含 VOCs 有毒废气给环境造成极大的污染。如采用 PSA 技术从空气富集氧气（氧纯度可达 99％）替代空气处理城市垃圾，可大大降低有毒废气的排放量。

5. 变压吸附技术在我国的应用情况

该技术在我国目前主要应用于石油炼气等小分子有机化合物以及一些无机化合物的吸附分离。这种吸附法是西南化工研究院开发成功的，过去仅在小分子物质如 CO_2、H_2、N_2、CH_4 等分离时使用。近年来，西南化工研究院又成功开发出了两段式变压吸附法从炼油干气中回收乙烯资源，并在中石化的燕山石化成功地实现了工业化。该项目获得了国家科技部的大奖，目前正在石化行业进一步推广。

第二节　吸附平衡

一、吸附过程是一个动态过程

和吸收过程一样，吸附过程也是一个动态过程。在这一过程中，吸附质分子不断从气相往吸附剂表面凝聚，同时又有分子从固体表面返回气相主体。当单位时间内被固体表面吸附的分子数量与逸出的分子数量相等时，就称吸附过程达到了平衡。虽然已经达到了平衡，但吸附质分子还是不停地在吸附剂表面和气相主体之间来回运动，因此，称这种平衡是动态平衡。当外界条件发生变化时，这个平衡会被打破，则这个平衡就会在新的条件下建立新的平衡。

达到平衡后，吸附质在气相中的浓度称为平衡浓度，吸附质在吸附剂表面的浓度称为平衡吸附量。平衡吸附量是吸附剂对吸附质吸附数量的极限，其数值对吸附设计、操作和过程控制有着重要的意义。

平衡吸附量也称静吸附量或静活性，是指当吸附达到平衡时，单位体积（质量）吸附剂上所吸附的吸附质的量。与静吸附量（静活性）相对应的还有动吸附量（动活性），是指吸附操作中，当吸附床层被穿透时，单位体积（质量）的吸附剂所吸附的吸附质的量。显然，动活性小于静活性。在相关手册上所查到的数据一般都是物质的静活性。对于活性炭吸附剂，一般情况下，其动活性相当于静活性的35%左右。

二、平衡关系的表示

和其他平衡一样，吸附平衡也是有条件的。对于一定的吸附剂，它的平衡吸附量 y 受温度 T 和压力 p 的影响，因此，y 是温度和压力的函数：

$$y = f(p, T) \tag{2-1}$$

在实际研究工作中，往往选取一个变量作为参数，只考虑另外两个变量的关系：

① 如果保持温度 T 不变，则平衡吸附量 y 只是压力 p 的函数，即

$$y = f(p) \tag{2-2}$$

式（2-2）称等温吸附方程。

② 如果保持压力 p 不变，则平衡吸附量 y 只是温度 T 的函数，即

$$y = f(T) \tag{2-3}$$

式（2-3）为等压吸附方程。同样，若保持平衡吸附量 y 不变，则会出现一个等量吸附方程。

依据上述变化关系，可分别绘出相应的关系曲线，即吸附等温线（图 2-3）、吸附等压线（图 2-4）和吸附等量线（图 2-5）。由于吸附过程中吸附温度一般变化不大，因此，吸附等温线最常用。

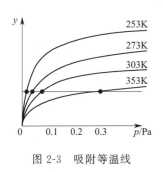 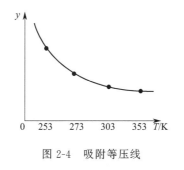 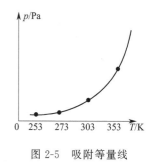

图 2-3　吸附等温线　　　　　图 2-4　吸附等压线　　　　　图 2-5　吸附等量线

三、吸附等温线

平衡吸附量是吸附量的极限，它是设计和生产中十分重要的数据。在实际应用中，平衡吸附量的数值一般是用吸附等温线来表示的。吸附等温线描述的是在吸附温度不变的情况下，吸附达到平衡时，吸附剂的吸附量随气相中组分压力的不同而变化的情况。图 2-6 和图 2-7 表示的是 NH_3 在活性炭上的吸附等温线和 SO_2 在硅胶上的吸附等温线。

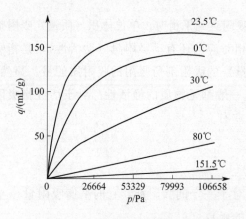

图 2-6　NH$_3$ 在活性炭上的吸附等温线　　　　图 2-7　SO$_2$ 在硅胶上的吸附等温线

根据大量的实验数据，绘出了已观测到的单一气体（或蒸汽）在固体上吸附的六种吸附等温线，如图 2-8 所示。化学吸附只有 1 型吸附等温线，物理吸附则 1～6 型六种都有。

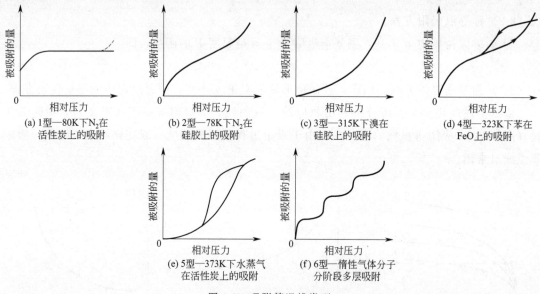

(a) 1型—80K下N$_2$在　　(b) 2型—78K下N$_2$在　　(c) 3型—315K下溴在　　(d) 4型—323K下苯在
　　活性炭上的吸附　　　　　硅胶上的吸附　　　　　硅胶上的吸附　　　　　FeO上的吸附

(e) 5型—373K下水蒸气　　(f) 6型—惰性气体分子
　　在活性炭上的吸附　　　　分阶段多层吸附

图 2-8　吸附等温线类型

1 型等温线表明，低压时，吸附量随组分分压的增大而迅速增大，当分压达到某一点后，增量变小，甚至趋于水平。一般认为这是单分子层吸附的特征曲线，也有人认为它是由微孔充填形成的曲线。

2 型等温线是在无孔或中间孔的粉末上吸附测绘出来的，是多层吸附的表现。

3 型等温线表示吸附剂与吸附质之间的作用力较弱。

4 型等温线具有明显的滞后回线，一般解释为因为吸附中的毛细管现象，使凝聚的气体不易蒸发所致。

5 型等温线与 4 类线相似，只是吸附质与吸附剂相互作用较弱。

6 型等温线可能表明惰性气体分子在均匀吸附质上分阶段多层吸附的情况。

无论是吸附等温线、吸附等压线还是吸附等量线，它们所描述的都是当吸附达到平衡状态时，在吸附剂表面所吸附的吸附质的量。即各种吸附线所描述的都是"平衡状态"，而不是吸附过程。由于吸附过程中吸附温度一般变化不大（主要指物理吸附），因此吸附等温线对吸附过程的研究是最有实际意义的。

四、吸附等温线方程

相关学者采用不同的方法对所测得的等温线进行了深入的研究，推导出一些等温线方程。下面介绍几种等温线方程。

1. 弗罗德里希（Freundlich）方程

此方程是根据大量实验得出的：

$$y = kp^{\frac{1}{n}} \tag{2-4}$$

式中　y——单位体积或质量的吸附剂所吸附的吸附质的量；

　　　p——平衡压力；

　　k，n——与吸附剂或吸附质以及温度相关的常数，通常 n 取 1，k、n 的值可由实验确定。

将式（2-4）两边取对数，则：

$$\lg y = \lg k + \frac{1}{n} \times \lg p \tag{2-5}$$

显然，$\lg y$ 与 $\lg p$ 为直线关系，实验可求出一系列的 y 值，即可作出一条斜率为 $1/n$、截距为 $\lg k$ 的直线，从而即可求出 n 与 k 的值。

弗罗德里希方程只适用于 1 型等温线的中压部分。

2. 朗缪尔（Langmuir）方程

朗缪尔对 1 型等温线进行了深入的理论分析，根据分子运动理论提出了单分子层吸附的理论，即朗缪尔假设，它也被称作著名的吸附理论。其要点是：

① 固体表面均匀分布着大量具有剩余价力的原子，此种剩余价力的作用范围大约在分子大小的范围内，因此，吸附是单分子层的；

② 吸附质分子之间不存在相互作用力；

③ 吸附剂表面具有均匀的吸附能力；

④ 在一定条件下，吸附和脱附可以建立动态平衡。

根据以上假设，朗缪尔认为，当吸附刚开始时，与固体表面碰撞的每一个分子都能在它上面凝聚。但当吸附继续进行时，只有那些碰撞到还未被吸附质分子覆盖的那一部分表面的分子有可能被吸附。其结果是，分子在吸附剂表面的初始吸附速率高，随着可用于吸附的表面面积减少，吸附速率不断下降。另一方面，被吸附在吸附剂表面的分子，通过热搅动可以从表面逸出，即发生解吸现象。解吸速率也取决于被分子覆盖的表面面积，当表面面积越少即表面越饱和时，解吸速率也就越高。令 θ 为任一瞬间被吸附质分子所覆盖的总表面分率，则未被覆盖的表面分率为 $(1-\theta)$，即可用于吸附的表面分率。根据分子运动理论，由于分子碰撞单位表面的速率与气体的压力成正比，所以分子的吸附（凝聚）速率与压力和未被覆盖的表面分率成正比：

$$v_{吸}=k_1(1-\theta)p$$

而吸附质分子从表面的解吸速率应与表面被覆盖的速率成正比：

$$v_{解}=k_2\theta$$

在一定条件下，吸附与解吸达到平衡时，则有：

$$k_1(1-\theta)p=k_2\theta$$

解出

$$\theta=\frac{k_1p}{k_2+k_1p}$$

令 $b=k_1/k_2$，则上式可变为：

$$\theta=\frac{bp}{1+bp} \tag{2-6}$$

显然，单位体积（或质量）的吸附剂所吸附的气体（或蒸汽）的量 y 必然与被覆盖的表面分率成正比：

$$y=k\theta=\frac{kbp}{1+bp}$$

令 $kb=a$，则上式变为：

$$y=\frac{ap}{1+bp} \tag{2-7}$$

式（2-7）即为朗缪尔的吸附等温线方程。式中 a、b 均为考虑系统特性由实验数据估算出来的常数，其大小取决于温度。

由式（2-7）可以看出，当 p 很小（低浓度）时，分母近似为 1，吸附量与压强成正比，可以认为符合亨利定律。而当吸附质的分压很大时，分母近似地等于 p，则吸附量趋近于极限值 a。由于 a 随温度升高而减小，可见吸附剂吸附气体的量随温度升高而减少。而对低浓度气体，提高压强有利于吸附。

式（2-7）中的 a、b 是常数，可由实验求出。对式（2-7）两边除以 p，再取倒数，得：

$$\frac{p}{y}=\frac{1}{a}+\frac{b}{a}p \tag{2-8}$$

实验测出一系列 p 和 y，即可作出一条斜率为 b/a、截距为 $1/a$ 的直线，从而求出 a、b 的值。

朗缪尔方程可以很好地解释气体在低压和高压吸附时的特点，在中压时则有偏差，因此它有局限性，但还是比弗罗德里希方程前进了一步。

朗缪尔方程还有另一种表示形式。若以 y 及 V_m 分别表示吸附质的实际吸附量和全部固体表面覆盖满一个单分子层的气体吸附量，显然 $\theta = y/V_m$，将此关系代入式（2-6），即得：

$$y = \frac{V_m bp}{1 + bp} \tag{2-9}$$

由式（2-9）可知，当吸附质的分压很低时，bp 远小于1，式中分母的 bp 项可以忽略不计，则式（2-9）变为 $y = V_m bp$，说明吸附量与吸附质在气相中的分压成正比。当吸附质的分压很大时，bp 远大于1，则式（2-9）又可变为 $y = V_m$，吸附量趋于一定的极限值。所以，朗缪尔方程较弗罗德里希方程更能符合实验结果。

在式（2-9）中，可以把 b 看作是吸附平衡常数，b 值大小反映了气体分子的吸附强弱，b 值越大，表示吸附能力越强。

3. BET 方程

为了解释 1、2 型等温线，1938 年布鲁诺（Brunauer）、埃米特（Emmett）和泰勒（Teller）三人提出了新的假设：①固体表面是均匀的，所有毛细管具有相同的直径；②吸附质分子间无相互作用力；③可以有多分子层吸附，层间分子力为范德华力；④第一层的吸附热为物理吸附热，第二层以上的为液化热，总吸附量为各层吸附量之和。根据以上假设，导出了 BET 吸附等温线方程，称为二常数 BET 吸附等温式：

$$\frac{p}{V(p^0 - p)} = \frac{1}{CV_m} + \left(\frac{C-1}{CV_m}\right)\frac{p}{p^0} \tag{2-10}$$

式中　p——平衡压力，Pa；

　　　V——在 p 压力下的吸附体积，mL；

　　　V_m——第一层全部覆盖满时所吸附的体积，mL；

　　　p^0——实验温度下吸附质的饱和蒸气压，Pa；

　　　C——与吸附热有关的常数，可近似地用下式表示：

$$C = e^{\frac{E_1 - E_L}{RT}} \tag{2-11}$$

式中　E_1——第一吸附层的吸附热；

　　　E_L——气体的液化热。

当 $E_1 > E_L$，也就是被吸附气体与吸附剂间的引力大于液化状态时气体分子之间的引力时，等温线为 2 型。当 $E_1 < E_L$，也就是吸附剂与吸附质之间的引力较小时，等温线为 3 型。

可以利用 BET 方程测定吸附剂和催化剂的表面积。具体作法是，在给定温度下测得不同分压 p 下某种气体的吸附体积，以 $\frac{p}{V(p^0 - p)}$ 对 $\frac{p}{p_0}$ 作图，如图 2-9。该直线的斜

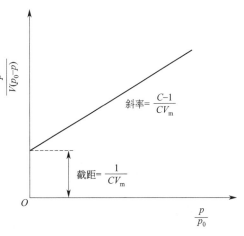

图 2-9　恒温下吸附气体体积与其在气相中分压的关系

率应为 $\dfrac{C-1}{CV_m}$，截距为 $\dfrac{1}{CV_m}$，从而求得 C 和 V_m 的值。若每个气体分子在吸附剂的表面所占的面积已知，就可求出所用吸附剂的表面积。这就是著名的测定吸附剂和催化剂表面积的 BET 法。

目前多使用 ASAP2400 型比表面积测定仪测定固体吸附剂（催化剂）的比表面积。测定时一般用 N_2 作吸附气体。

BET 方程的应用范围较广，它适用于 1、2、3 型三种等温线。但是在推导 BET 方程时作了一系列的假设，因此它的使用也有一定局限性。例如推导时假设所有毛细管具有相同的直径，这样，BET 方程就不适用于活性炭的吸附，因为活性炭的孔隙大小非常不均匀。

对于 4～6 型等温线，有人已提出，呈现这样的吸附特性的物质，不仅受到多层吸附，而且气体吸附剂的微孔和毛细管里也进行凝聚。布鲁诺、埃米特和泰勒已导出了令人满意的适用 4 型和 5 型等温线的等温线方程。

吸附等温线方程种类有多种，这里介绍了常用的三个。这些公式的应用范围和使用对象各不相同，只能对具体情况具体分析。至今，还没有一个普遍适用的方程来解释所有的吸附等温线。

还应指出，吸附等温线的形状与吸附剂和吸附质的性质有关。即使同一个化学组成的吸附剂，由于制造方法和条件不同，吸附剂的性能亦会有所不同，因此吸附平衡数据亦不完全相同，必须针对每个具体情况进行综合测定。

第三节　气体在活性炭表面的吸附

一、气体在活性炭表面的吸附过程

吸附速率是动力学问题，吸附动力学是一个复杂的问题。吸附平衡只是表达了吸附过程进行的极限，但要达到平衡，往往两相要经过长时间的接触才能建立，这在实际生产中是不允许的。在实际中，两相接触的时间是有限的，因此吸附量由吸附速率所决定。而吸附速率又因吸附剂和吸附质性质的不同而有很大差异。所以，工业上所需的吸附速率数据往往从理论上很难推导。目前吸附器的设计或凭经验，或利用模拟装置实验求得。

一个气体吸附过程通常由下列步骤组成，如图 2-10 所示。

① 外扩散：吸附质分子由气相主体到吸附剂颗粒外表面的扩散；

② 内扩散：吸附质分子沿着吸附剂的孔道深入到吸附剂内表面的扩散；

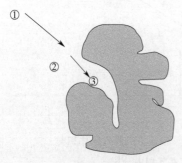

图 2-10　吸附过程示意图

③ 吸附：已经进到微孔表面的吸附质分子被固体所吸附。

因此，吸附速率的大小将取决于外扩散速率、内扩散速率及吸附本身的速率。这里可以把外扩散和内扩散过程称为是物理过程，而把吸附过程称作动力学过程。对一般的物理吸附，吸附本身的速度是很快的，即动力学过程的阻力可以忽略；而对化学吸附，或称动力学控制的吸附，吸附阻力不可忽略。

二、吸附速率方程

吸附过程的传质速率与气固两相的物质性质和吸附质在气相中的浓度有关，而要测量气固两相中吸附质的瞬时浓度是困难的，因此只能用拟稳态方式来处理吸附过程。

1. 物理吸附的速率方程

由于物理吸附中动力学过程的影响可以忽略不计，因此可以仿照物理吸收方法写出物理吸附的传质速率方程：

$$N_A = k_G a_s (y - y_s) = k_s a_s (x_s - x) \tag{2-12}$$

式中　N_A——吸附传质速率，$kg/(m^2 \cdot s)$；

k_G，k_s——气相和固相传质分系数，$kg/(m^2 \cdot s)$；

a_s——吸附剂比表面积，m^2/g；

y_s——吸附剂外表面气相吸附质浓度；

y——气相主体吸附质浓度；

x——固相主体吸附质浓度；

x_s——吸附剂外表面固相中吸附质浓度。

与处理物理吸收一样，吸附速率方程也可以用总吸附速率方程表示：

$$N_A = K_G a_s (y - y^*) = K_s a_s (x^* - x) \tag{2-13}$$

式中　y^*，x^*——气相和固相的平衡浓度；

K_G——气相传质总系数；

K_s——固相传质总系数。

对于低浓度体系，可假定平衡关系为 $y^* = mx^*$，则：

$$\frac{1}{K_G a_s} = \frac{1}{k_G a_s} + \frac{m}{k_s a_s} \tag{2-14}$$

$$\frac{1}{K_s a_s} = \frac{1}{k_s a_s} + \frac{1}{m k_G a_s} \tag{2-15}$$

由式（2-14）可知，当 k_G 远大于 k_s/m 时，则 $K_G \approx k_s/m$，即外扩散阻力可以忽略，过程受内扩散控制；当 k_G 远小于 k_s/m 时，$K_G \approx k_G$，即内扩散阻力可以忽略，过程受外扩散控制。

气相传质总系数可由下面的经验公式求取：

$$K_G a_s = 1.6 \frac{D}{d_s^{1.46}} \left(\frac{u}{\mu} \right)^{0.54} \tag{2-16}$$

式中 D——吸附质扩散系数，m^2/s；

  u——气体流速，m/s；

  μ——气体运动黏度，m^2/s；

  d_s——吸附剂颗粒直径，m。

2. 动力学过程控制的吸附速率方程

动力学过程控制时，吸附速率方程为：

$$N_A = K\left[y(q_s - q_A) - \frac{q_A}{m}\right] \qquad (2\text{-}17)$$

式中 K——化学平衡常数；

  q_s——最终吸附容量，kg；

  q_A——单位时间内吸附质从气相主体扩散到吸附剂外表面的质量，kg。

三、吸附剂的脱附与劣化现象

研究吸附剂的脱附是延长吸附剂使用寿命和增大吸附装置的处理能力的很重要的一个方面。

1. 滞后现象

在恒定的温度下，一定的平衡压力对应于一定的吸附量。理论上应是在相同的压力下进行吸附时的吸附量应等于脱附时的吸附量，即吸附等温线与脱附等温线应互相重合。但实际上，在等温线的中间一段压力范围内常常不重合，即在相同的压力下吸附时的吸附量常大于脱附时的吸附量，这种现象称为滞后现象，如图 2-11 所示。由于滞后现象的存在，使解吸的平衡分压总是低于吸附的平衡分压。这就反映出有一部分吸附质未能全部被解吸，而存在着残留吸附量。滞后现象的存在，必然降低吸附剂的循环使用寿命。为了尽可能地减少滞后造成的影响，应正确地选择脱附再生方法。

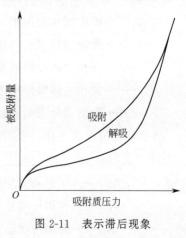

图 2-11　表示滞后现象的吸附等温线

2. 吸附剂的脱附再生方法

（1）升温脱附　升高温度，可增大吸附质分子的动能，使吸附质由固体吸附剂上逸出而脱附，这也就是吸附剂的吸附容量在等压下随温度升高而降低的原因。要根据吸附质和吸附剂的性质选择适当的脱附温度并严格控制，既能保证吸附质脱附比较完全，达到较低的残余负荷，又能防止吸附剂失活或晶体结构破坏。升温脱附经常采用过热蒸汽、电感加热或微波加热。

（2）降压脱附　降低压强也就是降低吸附质分子在气相中的分压，从而使吸附质分子从固相转入气相，达到脱附的目的。吸附剂的吸附容量在等温下随压力降低而降低的原因就在于此。因此，工程上采用降压或真空脱附。采用降压脱附要考虑系统的安全性和经济性（需使用压力容器）。因此，降压脱附一般工程上很少采用。

（3）置换脱附　采用在脱附条件下与吸附剂亲合能力比原吸附质更强的物质，将原吸附质置换下来的方法，称为置换脱附。置换脱附特别适用于对热敏感性强的吸附质，能使吸附质的残留负荷达到很低水平。采用置换脱附时要考虑脱附后的原吸附物质和置换剂的分离。经过置换脱附后，吸附床层要把置换剂脱附下来而使吸附剂再生。

（4）吹扫脱附　吹扫脱附的原理与降压脱附相类似，也是降低吸附质在气相中的分压，使吸附质脱附。采用的吹扫气体必须是不被该吸附剂吸附的气体，比如用惰性气体吹扫吸附床层中的水蒸气等。

（5）化学转化脱附　向吸附床层中加入可与吸附质进行化学反应的物质，使生成的产物不易被吸附，从而使吸附质脱附，这种方法多用于吸附量不太大的有机物，可以使之转化成 CO_2 而脱附下来。

实际应用中，往往是几种脱附方法相结合，例如用水蒸气脱附，就同时具有加热、置换和吹扫的作用。

在脱附时多选用水蒸气作脱附剂，尤其是在大多数有机溶剂中脱附时。水蒸气作脱附剂具有许多优点，一是它的饱和温度适中，不会破坏有回收价值的溶剂；二是载热量大，尤其是潜热大，实际上是在恒定和适中的温度下把大量的热迅速地传给吸附剂；三是许多有机溶剂不溶于水，冷凝后便于分离回收，水蒸气与大多数溶剂不起反应，因而用水蒸气脱附十分安全。但是，如果污染物溶于水且有回收价值（包括回收热量），则可考虑采用热空气或热的惰性气体（如氮气）进行脱附。

3. 吸附剂的劣化现象

由于吸附剂的反复吸附-再生的循环使用，使吸附剂的吸附容量逐渐下降的现象，称为吸附剂的劣化现象。由于劣化现象的产生，使吸附剂的使用寿命缩短。吸附剂的劣化现象是由滞后现象和吸附剂再生造成的。由于吸附剂的毛细管孔洞和微孔的形状复杂或固体被吸附质润湿的情况复杂，有时发生化学反应，使再生后的吸附剂中总会有一些吸附质残留在里面，并随着循环次数的增多而逐渐积累，这些残留积累将会覆盖在吸附剂的表面，从而造成吸附容量不断下降；另外，吸附剂再生时，如加热再生，会使吸附剂成为半熔融状态，使部分细孔堵塞或消失，引起吸附表面积的减少。如硅、铝类吸附剂在 320℃ 左右就会产生半熔现象。化学反应也会破坏吸附剂细孔的结晶，如气体或溶液中的稀酸或稀碱就会使合成沸石、活性氧化铝的结晶或无定形物质破坏，从而导致吸附性能下降。

吸附剂的劣化现象用劣化率或劣化度来表示，对于长期使用的吸附剂，在设计时其劣化度至少应为初始吸附量的 10%～30%。吸附剂的劣化度可由实验求得或由生产过程测量出来，当吸附剂劣化度超过设计值时，应考虑更换或部分更换吸附剂。

活性炭吸附剂的劣化主要是由于废气在进入吸附床之前预处理不彻底，没有把在活性炭吸附剂上难以脱附的成分除去而造成的。下面列出了难以从活性炭表面除去的溶剂。

丙烯酸	丙烯酸乙酯	丙烯酸异癸酯	皮考啉
丙烯酸丁酯	2-乙基己醇	异佛尔酮	丙酸
丁酸	丙烯酸-2-乙基己酯	甲基乙基吡啶	二异氰酸甲苯酯
二丁胺	谷氨醛	甲基丙烯酸甲酯	三亚乙基四胺
二乙烯三胺	丙烯酸异丁酯	苯酚	戊酸

第四节　影响气体吸附的因素及活性炭的表面改性

一、影响气体吸附的因素

影响气体吸附的因素很多,这其中既有热力学问题,也有动力学问题。研究一种气体能否在某种吸附剂上吸附,这是热力学上的问题;研究气体在吸附剂上吸附的快慢,则是动力学问题。影响因素主要有吸附剂的性质、吸附质的性质与浓度、吸附器的设计和吸附的操作条件。除此之外,还包括一些其他的因素,诸如吸附剂浸渍、吸附剂表面改性以及其他气体的存在、吸附剂的脱附情况等等。

1. 吸附剂性质的影响

这是热力学的问题。这里要研究什么样的吸附剂具有对某种气体吸附的可能性。比如,从理论上讲活性炭吸附剂作为物理吸附,它对任何气体都有吸附的可能性,但实际上,由于有其他因素的制约,它就不可能对所有气体都能够吸附。尤其是讲到化学吸附,问题就更复杂了。

另外,就是究竟能够吸附多少,即吸附量有多大,这也是热力学要回答的问题。根据Langmuir吸附理论,吸附剂的吸附容量是和它的比表面积成正比的。也就是说,随着吸附剂表面积的增加,吸附容量也会随着增加,吸附剂的比表面积越大,为吸附容量的增加提供了可能性。这一点,也已被实践所证明。

当然,这其中还有"有效比表面积"的概念,即吸附质分子能进入的表面。根据微孔尺寸分布数据,主要起吸附作用的是直径与被吸附分子大小相当的微孔。通常假设,由于位阻效应,一个分子不易渗入比某一最小直径还要小的微孔,这个最小直径即所谓临界直径,它代表了吸附质的特性且与吸附质分子的直径有关。表 2-1 列出了某些常见分子的临界直径。

表 2-1　某些常见分子临界直径

分子	临界直径/Å	分子	临界直径/Å
氦	2.0	二氧化碳	2.8
氢	2.4	氮	3.0
乙炔	2.4	水	3.15
氧	2.8	氩	3.8
一氧化碳	2.8	氩	3.84

分子	临界直径/Å	分子	临界直径/Å
甲烷	4.0	噻吩	5.3
乙烯	4.25	异丁烷—异二十二烷	5.58
环氧乙烷	4.2	二氟二氯甲烷(F12)	5.93
乙烷	4.2	环己烷	6.1
甲醇	4.4	甲苯	6.7
乙醇	4.4	对二甲苯	6.7
环丙烷	4.75	苯	6.8
丙烷	4.89	四氯化碳	6.9
正丁烷—正二十二烷	4.9	氯仿	6.9
丙烯	5.0	新戊烷	6.9
1-丁烯	5.1	间二甲苯	7.1
2-反丁烯	5.1	邻二甲苯	7.4
1,3-丁二烯	5.2	三乙胺	8.4
二氟一氯甲烷(F22)	5.3		

注：$1\text{Å}=10^{-10}\text{m}=0.1\text{nm}$

因此，吸附剂的有效表面只存在于吸附分子能够进入的微孔中。

由于活性炭的孔径分布很宽，可以从 $0.5\sim100\text{nm}$，所以，它既能吸附直径小的有机物分子，也能吸附直径较大的有机物分子。在选择吸附剂时，应使其孔径分布与吸附质分子的大小相适应。

吸附剂的极性对吸附过程影响也很大。因为活性炭是非极性吸附剂，所以它能够大量吸附非极性的有机分子。

阅读材料

研究表明，活性炭对 VOCs 的吸附性能，首先应该关联活性炭的比表面积。活性炭的比表面积越大，对 VOCs 的吸附能力越强，对 VOCs 的饱和吸附量越大。这里所指的是有效比表面积。另外，对于同样比表面积的活性炭而言，活性炭的吸附性能很大程度上取决于它的孔结构。根据 IUPAC 的规定：孔径大于 50nm 的为大孔，其比表面积仅 $0.5\sim2\text{m}^2/\text{g}$，占比很小；孔径 $2\sim50\text{nm}$ 的为中孔，比表面积 $20\sim70\text{m}^2/\text{g}$，占有一定的比例；孔径小于 2nm 的为微孔，其比表面积高达 $800\sim1000\text{m}^2/\text{g}$，约占总表面的 $90\%\sim95\%$。而且，微孔的内表面对壁面的吸附力场还会产生叠加作用。因此，决定活性炭吸附能力的主要是微孔。

2. 吸附质性质和浓度的影响

吸附质性质和浓度的影响也属于热力学的范畴。吸附质的性质和浓度也是客观存在的，同样，它也是影响吸附过程和吸附容量的可能因素。除上述吸附分子的临界直径外，吸附质的分子量、沸点和饱和性，都会影响吸附量。当用同一种活性炭作吸附剂时，对于结构类似的有机物，其分子量愈大、沸点愈高，则被吸附的愈多。对结构和分子量都相近的有机物，不饱和性愈大，则愈易被吸附。

吸附质在气相中的浓度愈大，则吸附量愈大。但浓度增加必然使同样的吸附剂较早达到饱和，则需较多的吸附剂，并且再生频繁，操作麻烦。因而吸附法不宜用于净化吸附质浓度高的气体。对于浓度高的气体，一般先采取其他净化方法，如吸收法、冷凝法等。当其他方法不能满足排放标准的要求时，再在其他方法之后加设吸附装置。所以，吸附法较为适宜处理污染物浓度低、排放标准要求很严的废气。

以上所讨论的都是影响吸附因素中的热力学及可能性问题。

3. 吸附操作条件的影响

这是动力学方面的问题，也是可行性问题。

吸附是一种放热过程，因此操作时首先要考虑温度的影响。对物理吸附，低温是有利的，所以总希望在低温下进行。对于化学吸附，由于提高温度会增大化学反应的速率，因而希望适当提高系统的温度，以增大吸附速率和吸附量。

其次要考虑的是操作压力，增大气相主体的压力，从而增大吸附质的分压，对吸附有利。但增大压力不仅会增加能耗，而且还会给吸附设备和吸附操作带来特殊要求，同时还可能增加操作时的安全隐患。因此一般不为此而设增压设备。

吸附操作中气流的速度对气体吸附影响也很大。气流速度要保持适中，若速度太大，不仅增大了压力损失，而且会使气体分子与吸附剂接触时间过短，不利于气体的吸附，因而降低吸附效率。气体流速过低，又会使设备增大。因此，吸附器的气流速度要控制在一定的范围内。

4. 吸附器设计的影响

为了进行有效吸附，对吸附器的设计提出以下基本要求：

① 要具有足够的气体流通面积和停留时间，它们都是设计吸附器尺寸的因素；

② 要保证气流分布均匀，以致所有的过气断面都能得到充分利用；

③ 对于影响吸附过程的其他物质如粉尘、水蒸气等要设置处理装置，以除去入口气体中能污染吸附剂的杂质；

④ 采用其他较为经济有效的工艺，预先除去入口气体中的部分组分，以减轻吸附系统的负荷，这一点主要是对处理污染物浓度较高的气体而言；

⑤ 要能够有效地控制和调节吸附操作温度；

⑥ 要易于更换吸附剂。

5. 其他因素的影响

（1）吸附剂表面改性（包括浸渍）的影响 有些吸附操作不能达到要求，往往采取对吸附剂表面进行改性处理，以提高吸附剂的选择性和增大吸附容量。

（2）脱附的影响 脱附是回收吸附质使吸附剂获得再生的过程，因此希望吸附质脱附越干净越好。但由于工艺条件和吸附剂本身的限制，往往不能使吸附质从吸附剂上完全脱附出来，因而也就相应地影响了下一步的吸附操作。

二、吸附剂浸渍与改性

利用物理或化学方法去改变吸附剂表面状态，对改善吸附剂的吸附性能有很大帮助。

1. 吸附剂浸渍

将吸附剂预先在某些特定物质的溶液中进行浸渍，再把吸附了这些特定物质的吸附剂进行干燥，然后再去吸附某些气态物质，使这些气态物质与预先吸附在吸附剂表面上的特定物质发生化学反应，从而可以增加吸附剂的饱和吸附量。对于同一种吸附剂，可根据吸附处理有害气体中污染物的种类，选择浸渍一些特定物质，进而提高吸附的选择性。吸附剂浸渍的相关实例如表 2-2 所示。

表 2-2 吸附剂浸渍举例

吸附剂	浸渍物	可吸附污染物	吸附生成物
活性炭	Br_2	乙烯，其他烯烃	双溴化物
	Cl_2、I_2、S	汞	$HgCl_2$、HgI_2、HgS
	醋酸铅溶液	H_2S	PbS
	硅酸钠溶液	HF	Na_2SiF_6
	H_3PO_4 溶液	NH_3、胺类、碱雾	磷酸盐
	NaOH 溶液	Cl_2、SO_2	$NaClO$、$NaHSO_3$、Na_2SO_3
	Na_2CO_3 溶液	酸雾及酸性气体	盐类
	$CuSO_4$ 溶液	H_2S	CuS
	H_2SO_4、HCl 溶液	NH_3、碱雾	盐类
活性氧化铝	$AgNO_3$ 溶液	汞	Ag-Hg 齐
	$KMnO_4$ 溶液	甲醛	甲酸
	NaOH、Na_2CO_3 溶液	酸雾	盐类
泥煤、褐煤	氨水	NO_x	硝基腐殖酸铵

2. 活性炭吸附剂表面改性

实际上，活性炭浸渍也属于改性，只不过浸渍本身的工艺一般比较简单。下面从理论上深入地探讨一下活性炭表面改性的问题。

一般控制活性炭吸附剂的性能主要集中在孔隙结构和表面化学结构两大方面。虽然吸附容量主要取决于结构特性，即孔隙结构和孔隙容积，但许多情况下表面性质可决定其在气相和液相中的吸附行为。这意味着活性炭的吸附行为不能只根据结构特性（比表面积和孔隙大小、分布），还必须考虑表面的化学性质。然而，目前人们所关注的大多数是描述孔隙结构、比表面积对吸附的影响，有关表面化学性质对吸附性能影响的关注度相对较少。

（1）**活性炭的表面化学结构**　由于固体表面碳原子不饱和性的存在，它们将以化学形式结合碳成分以外的原子和原子基团，形成各种表面功能基团，因而使活性炭产生了各种各样的吸附特性。研究发现，对活性炭吸附性能产生重要影响的化学基团主要是含氧官能团和含氮官能团。

Boehm 等认为，活性炭表面可能存在的以下几种含氧官能团：①羧基；②并排的羧基，有可能脱水形成酸酐；③单独位于"芳香"层边缘的单个羟基，具有酚的特性；④羰基；⑤有可能单独存在或形成醌基；⑥如与羟基或羧基相邻，羰基有可能形成内酯基或乳醇基；⑦氧原子有可能简单地替换边缘的碳原子而形成醚基。官能团①②③⑥表现出不同的酸性。

一般来说，活性炭的氧含量越高，其酸性也越强。具有酸性表面基团的活性炭具有阳离子交换特性，因此，具有酸性表面基团的活性炭可以对有机废气分子进行氧化处理；具有氧含量低的活性炭表面表现出碱性特征以及阴离子交换特征，因此，具有氧含量低的活性炭对有机废气分子表现出还原性。除了含氧基团外，含氮官能团也对活性炭的性能产生显著影响。

活性炭表面可能存在的含氮官能团有两类：①酰胺基，酰亚胺基等；②含氮基团，经高温处理后可生成的吡咯基和吡啶基。

（2）**活性炭的表面改性**　通过研究活性炭表面化学基团性质可了解影响活性炭吸附的化学因素。而表面基团的形成与活性炭经历的过程条件有关。所以通过一些物理、化学处理，可以在活性炭表面引入不同化学基团，使活性炭材料表面改性。常用的方法包括热处理、湿（干）氧化、胺化和浸渍一些无机化合物等。另外，采用不同活化法或不同的活化剂及其不同的用量，在制备不同孔径分布及不同表面化学特性的活性炭方面也灵活有效。

活性炭表面含氧基团的性质和数量与活性炭处理的温度有一定关系，一般认为低于 100 ℃时氧与活性炭表面反应生成氧的络合物；在 300～500℃形成的表面氧化物，能与水反应生成酸性基团；800～1000℃在真空或惰性气体中热处理，在空气中冷却形成表面碱性基团。目前为了使活性炭具有特殊吸附性能，采取在活性炭制备的炭化、活化工程中加入催化剂，催化活性炭与水蒸气的活化反应，改变活化成孔机理。

对活性炭的表面氧化改性主要通过活性炭与氧化性气体（如 O_3、NO_x 等）或氧化性溶液（如 HNO_3、$KClO_3$ 或 H_2O_2）进行反应产生酸性基团，使表面酸性度增加，从而降低对酸性有机物的吸附，改善对水分的吸附。然而，有时这样处理会引起原来活性炭孔隙结构特性的改变。采用氧等离子体处理，既可引入含氧基团，又保持了表面积和孔隙网络不变。另外，在活性炭表面增加羧基等酸性基团的含量，而这些基团也可通过高温处理去除且不影响由氧化引起的微孔变化。

活性炭的碱性主要是由于酸性的含氧基团缺失，因此也可通过高温（800℃以上）处理或经氢化处理去除表面氧而获得碱性特征。表面氧的脱除使其亲水性减小，进一步疏水化，可提高对含湿量较高的有机物的吸附。

在活性炭上添加一些过渡金属如铜、铁、锰等的盐类或氧化物，通过催化转化来有效地除去 NH_3 和 H_2S 的混合臭气；在活性炭纤维上负载酚类化合物，具有仿酶化作用，可对硫醇、吲哚、醛、硫化氢等进行酶氧化脱除。这是研究具有除臭功能活性炭的途径。金属添加剂的加入可直接与待吸附的气体组分发生化学反应，或者改善活性炭的催化性能，或者添加物本身对被吸附物质的反应就有催化作用。活性炭表面存在金属成分，还可以降低再生温度和提高再生效率。

活性炭对极性和非极性化合物的吸附是一种非选择过程。不同吸附质在活性炭上的吸附机理不同，它们与吸附质的性质（主要指吸附质所具有官能团的类型）、吸附剂的活性吸附点（表面化学基团）及微孔结构直接相关。而活性炭上的化学基团（酸性基团、碱性基团或中性基团）也是影响吸附过程的重要因素。因此，可通过改变其表面化学结构的方法，使其吸附变得更具选择性。

3. 活性炭对水蒸气的吸附

实验观察到，活性炭的表面是电中性的，它的吸附作用主要取决于与水分子之间相互作用的弥散力，水蒸气在活性炭表面的吸附等温线是"S"形的，如图 2-12 所示。在水蒸气相对压力较小时，活性炭对水蒸气的吸附量较小；但当水蒸气的相对压力达到一定值时（$p/p_0 = 0.5 \sim 0.6$），水蒸气在活性炭上的平衡吸附量则急剧增加。这是因为水分子与活性炭表面的相互弥散力很小。于是，吸附等温线开始出现凹进段，即产生化学吸附过程。在此过程中，水分子与活性炭微孔表面的碳原子结合，生成了很强的含氧基团，这些含氧基团被称作表面氧化物。这种表面氧化物

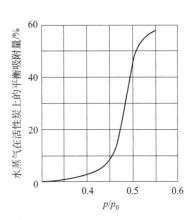

图 2-12　水蒸气在活性炭上的吸附等温线

本身是吸附中心，它通过氢键去结合其他的水分子，随着压力的增高，吸附中心也随之增加，最后导致活性炭的全部微孔被吸附水所填充。

因此，在活性炭制备特别是氧化过程中，所产生的氧化基团，是促进水分子在活性炭表面吸附的关键。实验也证实，减少氧化基团的数量，可使活性炭表面由亲水性向疏水性转变，由此找到了对活性炭进行疏水性转变的路线。

第五节　利用影响气体吸附的因素指导吸附设计

一、与活性炭固定床吸附的设计直接相关的因素

很多影响气体吸附的因素与活性炭固定床吸附的设计直接相关。

1. 吸附剂性质对吸附设计的指导作用

能够表明吸附剂性质的最重要指标是吸附剂的比表面积、孔结构和孔径分布。根据 Langmuir 吸附理论，吸附剂的吸附容量是和它的比表面积成正比的。活性炭的比表面积大小，是判定其吸附能力的最重要的依据。

理论上，当在活性炭固定床吸附器设计中选择活性炭吸附剂时，首先应选择比表面积大的活性炭，但是决定活性炭吸附容量的因素还应该包括活性炭的孔结构和孔径分布，即有效比表面积。也就是说，应该考虑活性炭的有效比表面积。而活性炭的有效比表面积尚无有关资料供查询。因为对于同一种活性炭来说，它的有效比表面积对于不同的吸附质是不同的。因此，在遇到具体工程时，只能通过实验的手段去选择合适的吸附剂。这种方法是选择活性炭吸附剂最基础最有效的方法。

其次，选择吸附剂所依据的活性炭的性质还有：

(1) 碘吸附值　表示活性炭大于 1.0nm 微孔的发达程度，由于碘分子大小为 0.6nm 左右，再考虑到其他一些因素，所以碘吸附值表征了吸附剂 1.0nm 孔径的发达程度。因此，在挥发性有机物的吸附工程设计中，碘吸附值作为选择吸附剂的主要依据也是合情合理的。

(2) 四氯化碳吸附值（CTC）　它是活性炭总孔容的指示器。苯和四氯化碳都是作为易吸附气体的代表，它被用于对粒状活性炭的吸附性能进行评价，是衡量颗粒活性炭对易吸附气体优劣的一把尺子。因此，当处理易吸附气体时，可以用活性炭的四氯化碳吸附值作为选择吸附剂的依据。但是，对于什么样的有机气体属于易吸附气体，并没有一个统一的标准。

(3) 丁烷工作容量　是饱和的空气和丁烷的混合气体在特定温度和特定的压力下通过炭床后，单位质量的活性炭吸附的丁烷的量。欧美等发达国家从环保的角度考虑，采用丁烷工作容量来表征活性炭的气相吸附性能。实验表明，丁烷工作容量与活性炭样品的比表面积、孔容积和孔分布有密切联系，孔径在 1.2~6.0nm 范围的高孔容积的活性炭，其工作容量也最高。

在工程实践中，究竟采用哪一种性能作为选择吸附剂的标准，这要根据具体情况进行确定。但是，在要求特别准确的情况下（比如科研时），为了准确地获得工程（实验）数据，建议还是对选择的活性炭吸附剂，按照《吸附法工业有机废气治理工程技术规范》（HJ 2026—2013）中所规定的方法进行认真的选择。

2. 吸附质的性质和浓度对吸附设计的指导作用

(1) 吸附质的性质对吸附设计的指导作用　吸附质的性质主要包括吸附质的分子量、沸点和饱和度。这是关于气体在活性炭表面的吸附竞争力的关键。一般来说，气体分子量越大、沸点越高、越饱和，越容易被吸附。在工程上，采用劣质活性炭对混合废气进行预处理，就是利用吸附质这个性质，将大分子、不易脱附的成分除去。

这里面有一个问题需要说明一下，那就是当活性炭表面已被沸点低、分子量小、不饱和的气体分子占领时并已吸附饱和后，如果再向吸附层通入比现床层中所吸附的废气的分子量大、沸点高、饱和度较高的废气，仍然可以把吸附在活性炭表面的较轻的废气分子置换出来。在工程实践中发现，项目最后超标的气体成分中，绝大多数都是小分子、低沸点、饱和度很低的气体，这时候要想做到超低排放，可在活性炭固定床设计时，在吸附器出口，采用吸附性能更好的活性炭，比如可以加装一层活性炭纤维，但是必须注意，加装后不能使床层

第二章　活性炭的吸附理论

阻力增加过多。

（2）吸附质浓度对吸附设计的指导作用　一般来说，吸附质浓度越高，吸附时有效工作时间越短，这样会造成吸附时切换频繁。因此，吸附法一般不适合处理高浓度的 VOCs。此时可以先采用其他方法，比如吸收、冷凝等，预先除去高浓度成分，使之降低到适当浓度，随后再采用吸附法进行最后的达标处理。

3. 吸附操作条件对吸附器设计的指导作用

吸附操作条件主要是进入吸附层的气体温度、压力和气流速度。

（1）进气温度对吸附器设计的要求　吸附器设计时要充分考虑温度的影响。

首先应该搞清吸附是属于哪种类型的吸附。如果属于化学吸附，则可以考虑适当提高进气温度，因为提高温度有利于化学吸附。但要考虑到吸附过程中还会放热，二者有叠加效应，因而需要适当控制温度，以保证运行的安全。

如果吸附属于物理吸附，则降低温度有利于吸附。所以相关规范规定，进入吸附层的温度要控制在 40℃以下，因为不少 VOCs 在超过 40℃时，比如达到 60℃时，活性炭吸附剂的吸附容量就会显著下降。由于吸附是放热过程，随着吸附操作的进行，吸附器床层温度会逐渐升高。因此，在吸附器设计中，要考虑床层的散热问题。比如，在二十世纪八十年代采用活性炭固定床回收氯乙烯的设计中，在活性炭固定床中都设有专门用来降温的盘管，盘管中通入低温水，用于降低吸附层的温度。

除此之外，还应考虑床层过热时的应急处理措施。在吸附器的吸附过程中，有时候会出现床层异常升温的现象，使床层局部过热，严重时可能会出现床层被烧毁的事故。造成此种现象的原因有以下几种：

① 当气体中混有可以催化 VOCs 反应的 Fe^{3+}、Mn^{2+} 等离子时，由于这些离子可以起到催化剂的作用，因此可以使 VOCs 在吸附过程中产生化学反应，放出大量的热。为此，在吸附操作中除对废气进行严格的预处理外，在吸附系统设计中，严格禁止使用普通钢铁材料制作吸附器外壳及输气管道，提倡采用不锈钢、PVC、PP 或玻璃钢等。

② 有些酮类物质，最典型的是环己酮，这些物质在吸附层中会逐渐积累并发生化学反应，从而使得床层温度迅速升高而将床层烧毁。此类事故在石化行业都有所发生。为此，在吸附设计时，除了严格控制进入床层的废气温度在 40℃以下外，还必须设置事故应急处理系统，要求在吸附层内设置温度探头、床层过热报警装置和紧急降温装置（如喷水或冷气等）。

（2）进气压力对吸附器设计的要求　压力对吸附的影响主要表现在，气体的压力越大，对吸附越有利。对于混合气体，压力越大，则各组分的分压也都相对较高，这样等于提高了吸附质的浓度。所以说，压力越大，越有利于吸附。但是，在进行吸附器设计时，尽量采用常压设备，如果提高进气压力，还需要按照压力容器进行设计。另外，若运行时压力大，也存在安全隐患。这在设计上是应该尽量避免的。

（3）气体流速对吸附器设计的要求　进入床层的气体流速对设计的要求分为两个方面。

① 选择适当的气流速度，有利于控制床层的压降，这一点主要作用是为选择合适的风机。再者，准确地选择风机，还可适当解决能耗方面的问题。因为气体通过床层的压力是与气流速度的平方成正比的，因此控制气体流速至关重要。吸附层的气流风速是固定床吸附器设计的主要参数。由于不同类型吸附剂的吸附能力、吸附速率和吸附层的阻力差别很大，气流风速应根据吸附速度和吸附层的阻力综合选择。在《吸附法工业有机废气治理工程技术规范》（HJ 2026—2013）中规定：

颗粒活性炭，当床层阻力为 2kPa 左右时，气流风速一般为 0.20～0.60m/s；活性炭纤维，在床层阻力低于 2.5kPa 时，气流风速一般应低于 0.12m/s；蜂窝活性炭，当床层阻力为 2kPa 左右时，气流风速一般在 0.80～1.00m/s 之间，有时可以提高到 1.20m/s。

② 选择合适的风速，还与床层的厚度有关，也就是与吸附剂的用量有关。为了将床层阻力控制在可以接受的范围，必须控制合理的风速，而合理的风速是由吸附剂床层的厚度决定的。也就是说，对于不同的吸附剂，其通过一定厚度床层的风速是相对应的，据此就可以计算出吸附剂的用量。为此，要求气流速度要保持适中，若速度太大，不仅增大了压力损失，而且会使气体分子与吸附剂接触时间过短，不利于气体的吸附，从而降低吸附效率。气体流速过低，又会使设备增大。因此，吸附器的气流速度要控制在一定的范围内。

吸附器设计的影响因素除以上因素外，还需考虑是否易于更换吸附剂。

二、有机废气的吸附热

研究表明，活性炭吸附有机废气时，会放出一定的热，因而会导致吸附床层温度的升高，进而会导致活性炭吸附能力的下降。吸附剂的吸附热可以用带吸附装置的量热计直接测量。

当 1mol 的不同气体被同一种吸附剂吸附时，其吸附热与该气体在常压下的沸点的平方根之比是一个常数。即：

$$\frac{q}{\sqrt{T_K}}=常数$$

式中　T_K——常压下吸附质的沸点，K；

　　　q——吸附热，cal/mol（1cal＝4.1868J）。

对有机蒸气在活性炭上的吸附热有：

$$\frac{q}{\sqrt{T_K}}=520 \tag{2-18}$$

当缺乏实验数据时，只要知道某吸附质在常压下的沸点，即可根据式（2-18）估算出该吸附质在活性炭上的吸附热。

计算有机蒸气在活性炭上的吸附热，可以估算由于吸附过程造成的床层温升，这一点对于存在爆炸极限的有机蒸气的吸附计算非常重要。

第三章

活性炭固定床吸附器设计

关于活性炭固定床吸附器的设计，很多教科书和设计手册中都有所介绍。但是，过去由于条件的限制，人们研究吸附时，大都以普通的颗粒活性炭作为吸附剂，因此，得出的结论已经不能完全满足现代吸附中使用不同的吸附材料所得出的结果，这些过去的数据难以指导现在的工程设计。如关于废气通过吸附床层的风速，直到现在，相关设计手册中还仍然规定为 0.2～0.6m/s。为什么这么规定？那是因为过去在使用普通颗粒活性炭作吸附剂时所得出的结论。如果改用活性炭纤维作吸附材料后，还要用这么大的风速，恐怕床层阻力会成数倍地增加。相应地，处理 VOCs 的能耗也将成数倍甚至数十倍地增加，这样的设计是无法接受的。

所以，本章所讲内容中，凡是给出的与使用的吸附剂有关的数据，均有吸附材料说明。

第一节 固定床吸附器吸附过程的描述

一、活性炭固定床吸附器的吸附过程

在固定床吸附器的吸附操作中，一般是混合气体从床层的一端进入，净化了的气体从床层的另一端排出。因此，首先吸附饱和的应是靠近进气口一端的吸附剂床层。随着吸附的进行，整个床层会逐渐被吸附质饱和，床层末端流出污染物时吸附应该停止。于是，完成了一个吸附周期。

二、与吸附过程相关的概念

1. 吸附负荷曲线和透过曲线

（1）吸附负荷曲线　在实际操作中，对于一个固定床吸附器，气体以等速进入床层，气体中的吸附质就会按某种规律被吸附剂所吸附。吸附一定时间后，吸附质在吸附剂上就会有一定的浓度，把该浓度称为该时刻的吸附负荷。如果把这一瞬间床层内不同截面上的吸附负荷对床层的长度（高度）作一条曲线，即得吸附负荷曲线。也就是说，吸附负荷曲线是吸附床层内吸附质浓度 x 随床层长度 z 变化的曲线。

在理想状态下，若床层完全没有阻力，吸附会在瞬间达到平衡，即吸附速率无穷大，则在床层内所有断面上的吸附负荷均为一个相同的值，吸附负荷曲线将是一个直角形的折线，如图 3-1 所示，但实际上是不可能的。在实际操作中由于床层中存在着阻力，在某一瞬间床层内各个截面上的吸附负荷会有差异，这时所绘制的曲线将是图 3-2 所示的曲线，此曲线被称为吸附负荷曲线。

图 3-2 中把曲线分成了三个区域：饱和区（所有吸附剂已经达到了饱和）、传质区（有一部分吸附剂还正在吸附）和未用区（所有吸附剂上均未有吸附质）。如果经过一段时间的吸附，绘制另一时刻的吸附负荷曲线时，会发现曲线前进到了Ⅱ线的位置，所以又形象地把吸附负荷曲线称为吸附波或吸附前沿。当吸附波的下端到达床层末端时，说明已有吸附质漏出，这时床层被穿透，床层被穿透的这个时刻称为破点。此时流出气体中吸附质的浓度称为破点浓度。

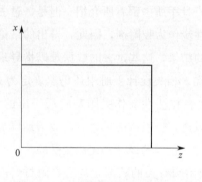

图 3-1　理想吸附负荷曲线

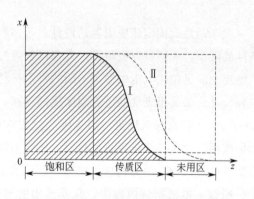

图 3-2　吸附负荷曲线

在实际工作中，由于吸附剂中吸附质的浓度（即吸附负荷）不易测定，故目前许多场合，曲线的纵坐标都以床层中混合气体的浓度 c 来表示。因此，吸附负荷曲线又可定义为在稳定吸附状态下，床层中气相中吸附质的浓度随床层高度（长度）变化的曲线。

由于床层的阻力不同，吸附负荷曲线会有不同的形状。床层阻力愈大，某一时刻床层内各截面上浓度差别越大，吸附负荷曲线也就变得越平缓，这当然是不希望出现的情况。

（2）透过曲线　吸附负荷曲线表达了床层中浓度分布的情况，可直观地了解床层内操作的状况。但要从床层中各部位采出吸附剂样品进行分析是相当困难的，这样易破坏床层的稳定。因此通常改用在一定的时间间隔内，分析床层流出物中吸附质浓度的变化，以流出物中吸附质浓度 y 为纵坐标，时间 τ 为横坐标，则随时间的推移可画出两者曲线关系，如图 3-3 所示。开始时流出物中吸附质浓度为 y_B，它是与吸附剂中的 x_B 浓度相平衡的（x_B 为破点时床层出口端的吸附负荷）。流出物中吸附质浓度开始上升，到 τ_E 时升到 y_E，即接近床层进口浓度，这时床层已完全没有吸附能力，吸附波的末端也离开床层。于是从 τ_B 到 τ_E 呈现 S 形曲线，这条曲线称透过曲线。它的形状与吸附负荷曲线是完全相似的，只是方向相反。由于它与吸附负荷曲线呈镜面对称相似，所以也称吸附负荷曲线为"吸附波"或"传质前沿"。

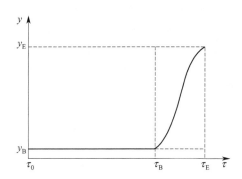

图 3-3　吸附床吸附过程中流出物分析曲线——透过曲线

由于透过曲线易于测定和标绘出来，因此也用它来反映床层内吸附负荷曲线的形状，而且也能准确地求出破点。如果透过曲线比较陡，说明吸附过程比较快，反之则比较慢。如果透过曲线是一条竖直的直线，则说明吸附过程是飞快的，是理想的吸附波。

吸附波的生成过程反映出了吸附质从进口到出口的一个完整的吸附过程。也就是说，在吸附层中，一个吸附波完成之后，才能开始生成下一个吸附波。这样就等于在床层内，吸附波在不停地向前移动，直到完全移出床层。所以，可以认为，一个稳定的吸附过程，是由若干个吸附波组成的吸附系统。把每个吸附波所占据的距离，称为一个吸附波的长度，也可以称作形成一个吸附波所经历的时间。

对于一个吸附过程，如果吸附床阻力很小，则吸附波长度就很短；若吸附床阻力很大，则吸附波的长度就会很长。结合具体工程上来理解，如果吸附剂的吸附性能比较优越，比如活性炭纤维作吸附剂，则吸附过程就会很快完成；如果吸附剂的吸附性能比较差，比如颗粒活性炭作吸附剂，要完成同样的吸附任务，吸附过程所经历的时间就会比较长。这就是在实际工程中一定要选择优质吸附剂的原因。

2. 保护作用时间

保护作用时间是指固定床吸附器的有效工作时间。它定义为从吸附操作开始到床层被穿透所经历的时间，称为保护作用时间，图 3-3 中的由 τ_0 到 τ_B 所经历的时间，到达 τ_B 时，床层内吸附剂还没有完全饱和。图中的 $y_B>0$，它是根据排放标准规定出的一个值。对于一个实际工程项目，要求的 y_B 值越小，说明工程项目要求排出的污染物浓度越低，即要求越严格，这样工程实施起来难度就大。比如目前推广的污染物超低排放项目，就是要求的 y_B 值很小，几乎趋近于 0，所以项目实施的难度非常大。

图 3-3 还出现一个点——τ_E，时间到达 τ_E 时，吸附波整个移出床层，说明床层内的吸附剂已完全饱和，完全失去了吸附能力，这一点称为耗竭点或干点。到达干点时，床层内流出的气体中，吸附质浓度基本恢复到进口浓度。在实际操作中，一旦达到了破点，就应停止操作，切换到另一吸附床，穿透了的吸附床即转入脱附再生阶段。

3. 传质区高度

把一个吸附波所占据的床层高度称为传质区高度，也就是所说的吸附波的长度，用 Z_a

表示。从理论上讲，传质区高度应是流出气体中溶质浓度从 0 变到床层进口时废气的原始浓度 y_0 这个区间内吸附波在 Z 轴上占据的长度，但实际上再生后的吸附剂中还残留一定量的吸附质（一般为初始浓度 y_0 的 5%~10%），而吸附剂完全达到饱和的时间又太长，所以一般把由破点时间 τ_B 对应的气体浓度 y_B 到干点时间 τ_E 对应的气体浓度 y_E 这段时间内吸附波在 Z 轴上所占据的长度称为传质区高度。可见，实际工程中的吸附波长度一般会略大于传质区高度。

为了使吸附操作比较可靠，就必须使床层有足够的长度，起码要包含一个稳定的传质区。而形成一个稳定的传质区需要一定时间。如果吸附器床层长度比传质区长度还短，那就不能出现一个稳定的传质区，操作不稳定，出现破点的时间会比计算的提前，为避免此情况，吸附器床层长度一定要比传质区长度长。例如实验室内所用吸附柱高度就规定应至少是传质区长度的两倍，而吸附柱直径最少应是最大吸附剂颗粒直径的 10 倍。这一点可以作为平时工程设计时参考。

4. 传质区吸附饱和率（度）和剩余饱和能力分率

这两个概念可用下式表示：

吸附饱和率(度)＝Z_a 内吸附剂实际的吸附量/Z_a 内吸附剂饱和的吸附量

剩余饱和吸附能力分率＝Z_a 内吸附剂仍具有的吸附能力/Z_a 内吸附剂达到饱和时的吸附能力

这也是量度固定吸附床操作性能的两个指标，吸附饱和率越大，剩余饱和吸附能力分率越小，说明吸附床的操作性能越好。

第二节　活性炭固定床吸附器的设计计算及选型

一、废气吸附净化设计中的假设条件

固定床吸附器结构虽然简单，但由于气体吸附过程是气-固传质过程，对任一时间或任一颗粒来说，这个传质过程都是一个不稳定过程，因此固定床吸附器的吸附操作是非稳态的，计算过程非常复杂，一般要涉及物料衡算方程、吸附等温线方程、传热速率方程及热量衡算。为了避开一些没有必要的烦琐计算，可根据废气净化系统的特点，提出一些合理的假设：

① 气相中吸附质浓度低；
② 吸附操作在等温下进行；
③ 传质区通过整个床层时长度保持不变；
④ 床层长度比传质区长度大得多。

这些简化限制条件对目前工业上应用的吸附器来说，一般是符合的。

固定床吸附过程的设计计算一般包括：吸附剂及吸附设备的选择；吸附效率确定。当以

上任务完成后，才能进行以下参数的设计计算：吸附器的床层直径和高度；吸附剂的用量；吸附器的一次循环工作时间；床层压降等。

二、活性炭固定床吸附剂的选择

活性炭吸附剂的选择应根据吸附剂的比表面积（或碘吸附值、四氯化碳值、丁烷工作容量）、废气的组分及处理要求，依据吸附剂的选择性、再生性、化学稳定性、机械强度、价格等因素，进行综合考虑。

1. 选择原则——工业上对常用吸附剂的要求

① 要有巨大的内表面积（有效表面）和孔隙率；

② 选择性要强，对需要去除的气体组分有选择地吸附；

③ 吸附容量要大，与比表面积和孔隙率大小以及孔径分布的合理性、分子的极性以及吸附剂分子上官能团的性质有关；

④ 要有足够的机械强度、热稳定性和化学稳定性；

⑤ 颗粒度要适中而且均匀；

⑥ 易于再生和活化；

⑦ 原料来源广泛，制造简便，价廉易得。

2. 吸附剂的选择步骤

吸附剂的性质直接影响吸附效率，因此，在吸附设计中必须根据吸附质的性质以及处理要求选择合适的吸附剂。

下面所介绍的是标准的选择程序，按照这个程序操作，可以比较精准地选择出所希望的吸附剂，但是过程比较烦琐。因此，一般是根据实际经验选择。

在吸附设计中，选择吸附剂的标准程序如下：

（1）初选　根据吸附质的性质、浓度和净化要求以及吸附剂的来源等因素，初步选出几种吸附剂。

① 根据吸附质的性质选择。吸附质的性质包括极性和分子的大小。活性炭吸附剂一般是吸附非极性物质，因而，处理 VOCs 必首选活性炭作吸附剂。

② 根据气体的浓度和净化要求选择。对于浓度高但要求净化效率不高的场合，就应尽可能地采用廉价的吸附剂，以降低处理成本。比如在预处理时，采用劣质活性炭，将一些会堵塞活性炭微孔的物质，以及在活性炭上不易被脱附的物质，提前处理掉。

对于浓度较低但净化要求高的场合，就应该考虑用吸附能力比较强的吸附剂。对于浓度高且净化效率要求也高的场合，应考虑先采用吸收、冷凝或采用廉价吸附剂处理，先除去一部分高浓度成分，然后再采用吸附力强的吸附剂处理的方法，或应用吸附剂浸渍、吸附剂表面改性的方法进行处理。

③ 根据吸附剂的来源选择。在综合考虑以上诸因素的基础上，尽量选择一些价廉、易

得、近距离能解决的吸附剂。

（2）活性实验　利用小型装置，对初选的几种吸附剂进行活性实验，实验所用吸附质气体应是任务规定的待净化的气体。通过实验，再筛选出其中几种活性较好的吸附剂，再进一步进行实验。这是关键的一步，可以利用测定活性炭透过曲线的方法，来选择两种或两种以上的活性炭，进一步做寿命实验。

（3）寿命实验　在中型装置中，对几种活性较好的吸附剂进行寿命和脱附性能的实验。实验气体仍必须是待处理的气体，实验条件应是生产时的操作条件，所用的脱附方式也必须是生产中选定的。这样经过吸附-脱附-再生反复多次循环，确定每种吸附剂的使用寿命，选出吸附性能最好的吸附剂。

（4）全面评估　对初选的几种吸附剂，综合活性、寿命等实验，再结合价格、运费等指标进行全面评估，最后选出一种既较适用、又价格相对便宜的吸附剂。

总之，吸附剂的选择是一项复杂烦琐的工作，需要仔细认真地进行。以上所述是对一般吸附剂的标准选择方法，不过，在实践中往往采用简便的选择方法，如可根据经验选择出吸附性能好的吸附剂。

3. 通过测定透过曲线判定吸附剂的吸附性能

吸附负荷曲线和透过曲线同样表示了吸附床层中的吸附状况，但吸附负荷曲线测定比较困难，而测定透过曲线就比较容易。

透过曲线的测定方法是：自床层被穿透开始，测定流出物浓度随时间的变化曲线，直至流出气体的浓度与原始浓度相等时为止，此时即可绘出吸附剂的透过曲线。图 3-4 中的三条透过曲线表示了三种吸附剂的吸附情况。

图 3-4（a）中，曲线几乎直立，表示吸附剂性能优越，吸附几乎没有阻力，吸附剂利用率很高；图 3-4（b）中，曲线斜率较大，表示吸附剂性能较好，吸附阻力较小，吸附剂利用率较高；图 3-4（c）中，曲线斜率很小，表示吸附剂性能很差，吸附阻力很大，吸附剂利用率很低。

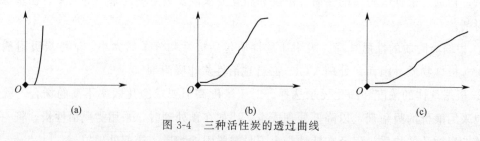

(a)　　　　　　　　　　(b)　　　　　　　　　　(c)

图 3-4　三种活性炭的透过曲线

从曲线可以直观地看出：斜率越大，相对应的活性炭吸附性能越好。

三、活性炭固定床吸附装置的选型

1. 吸附装置选型的基本要求

在进行吸附装置的选型时，必须考虑以下基本要求：

（1）设备出口排气必须达到排放标准　各类挥发性有机物的排放浓度必须达到《大气污染物综合排放标准》（GB 16297—1996）的规定，如果地方政府还有更严格的规定，就必须执行地方标准。今后，随着可持续发展战略的实施，国家将会对大气污染物排放标准进行更严格的要求，因此在设计吸附装置时应及时注意排放标准的要求，要特别关注国家及各地政府的各类超低排放标准的发布信息。

（2）设备选型要具有针对性　设备选型要考虑实际生产中的规模、排气量、排污方式（如连续或间歇，均匀排放还是非均匀排放）、污染物的物化特性、回收或再处理等因素，正确选择吸附装置和吸附工艺系统，尤其对一些特殊污染物或特殊要求的场合。在这里需要提醒的是，在工艺设计中，活性炭吸附装置设计时，要考虑吸附处理后的接续处理工艺，要为接续处理创造合适的条件。比如一些后续处理易产生二次污染的，如含卤素、硫、磷等成分的污染气体，一般都会采取燃烧或催化燃烧的方式与吸附工艺相连接。为了少产生或不产生二次污染，应该考虑尽可能地在吸附工艺中采取更加严格的处理工艺，使污染物降低到很低的水平，以降低产生二次污染的风险。选择工艺系统时还应考虑生产的发展，留有适当的余地。

（3）设备选型要根据项目的实际需要　尽可能地选择结构先进、设计合理的设计，通过改进设备结构实现技术升级，使吸附装置能保持在最佳状态下运行，使所设计的吸附系统处理能力大、效率高、收益大。结合现代技术的发展，可尽可能考虑自动化技术的应用，向智能化方向发展。

（4）经济合理　所设计的吸附装置和系统尽可能简化，易于安装、维修，使用寿命长，同时要使系统操作简便，易于管理，以节省投资及运行费用。整体设计要遵循"年均投资最小"的概念，即"建设总投资/设备使用年限"的值达到最小。

2. 活性炭固定床吸附装置的选择

装置的分类　工业上将固定床吸附器分为立式、卧式和环式三类。

① 立式固定床吸附器。立式固定床吸附器如图 3-5 所示。立式固定床吸附器吸附剂装填高度一般取 0.5～2.0m。床层截面积以满足气体流量和阻力要求、气流分布均匀为原则进行设计。处理腐蚀性气体时应采取防腐措施，一般是采用不锈钢制作或加装防腐内衬。

立式固定床吸附器适合处理污染物浓度较高的气体，因为立式固定床中吸附剂的装填高度一般较高，这样就可以保证气体在床层内有足够的停留时间，以保证处理效果。图 3-6 为一圆形立式固定床吸附器。

② 卧式固定床吸附器。卧式固定床吸附器适合处理气量大、浓度低的气体，其结构如图 3-7 所示。卧式固定床吸附器为一水平摆放的圆柱形装置，吸附剂装填高度为 0.5～1.0m，一般情况下，待净化废气由吸附层上部入床。

卧式固定床吸附器的优点是处理气量大、压降小，缺点是由于床层截面积大，容易造成气流分布不均，因此在设计时需特别注意气流均布的问题。

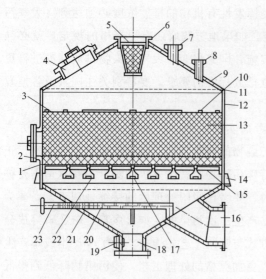

图 3-5　立式固定床吸附器　　　　　　　　图 3-6　圆形立式固定床吸附器

1—砾石；2—卸料孔；3、6—网；4—装料机；
5—废气及空气入口；7—脱附气排出；8—安全阀接管；
9—顶盖；10—重物；11—刚性环；12—外壳；
13—吸附剂；14—支撑环；15—栅板；16—净气出口；
17—梁；18—视镜；19—冷凝排放及供水；20—扩散器；
21—吸附器底；22—梁支架；23—扩散器水蒸气接管

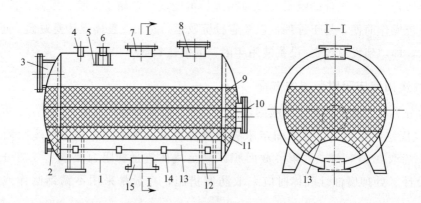

图 3-7　卧式固定床吸附器示意图

1—壳体；2—供水；3—人孔；4—安全阀接管；5—挡板；6—蒸汽进口；7—净化气体出口；8—装料口；
9—吸附剂；10—卸料口；11—砾石层；12—支脚；13—填料底座；14—支架；15—蒸汽及热空气出入口

　　卧式固定床之所以适合处理气量大、浓度相对较低的气体，是因为卧式固定床一般都设计有较大的气体流通截面积和较薄的床层，有利于调整气速，同时又不至于有大的床层阻力。图 3-8 为一卧式固定床吸附器结构图，图 3-9 为其实物图。

　　③ 环式固定床吸附器。环式固定床吸附器又称径向固定床吸附器，其结构比立式和卧式复杂，如图 3-10 所示。吸附剂填充在两个同心多孔圆筒之间，吸附气体由外壳进入，沿径向通过吸附层，汇集到中心筒后排出。

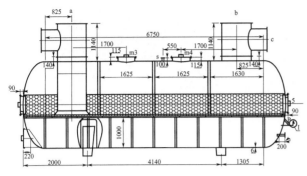

图 3-8 卧式固定床吸附器结构图　　　　　　图 3-9 卧式固定床吸附器实物图

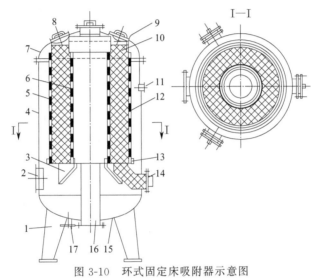

图 3-10 环式固定床吸附器示意图

1—支脚；2—废气及冷空气入口；3—吸附剂筒底支座；4—壳体；5，6—多孔外筒和内筒；7—顶盖；

8—视孔；9—装料口；10—补偿料；11—安全阀接管；12—吸附剂；13—吸附剂筒底座；14—卸料口；15—器底；

16—净化气出口及脱附水蒸气入口；17—脱附时排气口

环式固定床吸附器结构紧凑，吸附截面积大，阻力小，处理能力大，在气态污染物的净化方面具有独特的优势。目前使用的环式吸附器多使用活性炭纤维作吸附材料，以净化、回收有机蒸气。使用时多采用 3、4、6 个吸附器（俗称吸附芯）组合在一起，并联组成一个吸附单元（俗称吸附罐或吸附箱），然后根据实际项目情况，再组合成一个吸附系统。

图 3-11 所示为吸附芯的实物图，图 3-11（a）是不锈钢材质的吸附芯骨架，图 3-11（b）为缠绕了活性炭纤维毡的已制作完成的吸附芯。

3. 采用两个或两个以上吸附器组成一个吸附系统

在实际工程中，如果间歇操作和分批操作切实可行，则简单的单床层吸附就足够，这时吸附阶段和再生阶段可交替进行。然而，由于大多数工业应用要求连续操作，因此经常采用双吸附床或三吸附床系统，其中一个或两个吸附床分别进行再生，其余的进行吸附。目前工业上所用的大都是三床层连续吸附系统的设计，操作采用 PLC 自动控制系统，实现无人值

(a)　　　　　　　　　　　　　　　　(b)

图 3-11　环式吸附器吸附芯实物图

守，如图 3-12～图 3-15 所示。

图 3-12　三床层颗粒活性炭自动化回收装置

图 3-13　三床层（圆形）活性炭纤维自动化回收装置

4. 固定床吸附器存在的缺点

（1）间歇操作　为使气流连续，操作需不断地周期性更换。为此必须配置较多的进出口阀门，操作十分麻烦。即使实现了自动化操作，控制程序也是比较复杂的。

（2）需设有备用设备　即当一部分吸附器进行吸附时，要有一部分吸附床进行再生，这些吸附床中的吸附剂即处于非生产状态。即使处于生产中的设备中，为了保证吸附区的高度有一定富余，也需要放置多于实际需要的吸附剂，因而总吸附剂用量增多。

图 3-14　三床层（方形）活性炭纤维自动化回收装置

图 3-15　三床层（方形）带内循环活性炭纤维自动化回收装置

（3）吸附剂层导热性差　吸附时产生的吸附热不易导出，操作时容易出现局部床层过热。另外，再生时加热升温和冷却降温都很不容易，因而延长了再生的时间。

（4）热量利用率低　对于采用厚床层，压力损失也较大，因此会导致能耗增加。

四、吸附效率的计算及选择

从理论上讲，要求吸附器的净化效率愈高愈好。然而，要想达到理想的净化效率，一方面需要庞大的吸附设备和很长的气、固接触时间，另一方面需要采用高强吸附能力的吸附剂。这将使设备投资和运行费用大大增加。在实际生产中往往是不可行的，而且对于大部分场合也并不是完全必要的。

吸附器净化效率是由吸附器的入口气体浓度，即污染气体的初始浓度和吸附器的穿透浓度决定的，设污染气体的初始浓度为 y_0，污染物穿透吸附床时的浓度为 y_B，则吸附器的吸附效率 η 可由下式计算：

$$\eta = \frac{y_0 - y_B}{y_0} \tag{3-1}$$

对于一定的处理任务，y_0 是已经确定了的，而净化效率的高低就取决于 y_B 的选择。对于一定的吸附器，y_B 愈低，净化效率会越高，但是吸附剂的利用率就会降低。为了充分利用吸附剂，尽可能地延长吸附床的吸附时间，往往希望确定出较高的 y_B。但 y_B 的选定是受环境保护法规等规定的该污染物排放浓度限制的。因此，在实际进行吸附器设计时，一般是在满足环保法规要求的前提下，尽可能地提高 y_B 的值，以达到充分利用吸附剂的目的，从而降低处理成本。

五、吸附剂用量的计算

固定床吸附器吸附剂用量的计算，可采用以下五种方法。

1. 经典计算法——透过曲线计算法

透过曲线计算法是比较复杂的一种计算方法。假定吸附体系是一个很简单的恒温体系，混合气体中只有一种可被吸附的吸附质，该体系得到的仅有一个吸附波或传质区。此时固定床吸附器计算的主要内容为传质区高度 Z_a，保护作用时间 τ_B 和全床饱和度 S。

（1）传质区高度的确定　图 3-16 为一理想的透过曲线。气体的初始浓度为 y_0（kg 溶质/kg 无溶质气体），气体流过床层的质量流速为 G_s（kg/m² · h），经过一段时间后流出物总量为 W（kg 无溶质气体/m³）。透过曲线是比较陡的，流出物中溶质的浓度从基本上为零迅速上升到进口浓度。以 y_B 作为破点浓度，并认为流出物浓度升到接近 y_0 某一浓度值 y_E 时，吸附剂的吸附能力基本上已耗竭。在破点处流出物量为 W_B，而到吸附剂耗竭时，流出物的量为 W_E。这样，在透过曲线出现期间所积累的流出物量 $W_a = W_E - W_B$。把浓度由 y_B 变化为 y_E 这部分的床层高度称为一个吸附区或称传质区高度。

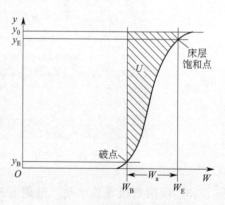

图 3-16　理想的透过曲线

当吸附波形成后，随着混合气体的不断通入，传质区沿床层不断移动，令 τ_a 为吸附波移动一个传质区高度所需的时间，则：

$$\tau_a = \frac{(W_E - W_B)}{G_S} = \frac{W_a}{G_S} \tag{3-2}$$

又令 τ_E 为由通气开始至床层耗竭所需要的时间，即传质区形成和移出床层所需的时间之和，则：

$$\tau_E = \frac{W_E}{G_S} \tag{3-3}$$

设传质区形成的时间为 τ_F，则 $\tau_E - \tau_F$ 应是自吸附波形成开始到移出床层的时间。在稳定操作时，当吸附波形成后，其前进的距离和所需要的时间之比（即吸附波前进的速度）应是一个常数。设吸附床高度为 Z，传质区高度为 Z_a，则：

$$\frac{Z_a}{\tau_a} = \frac{Z}{\tau_E - \tau_F}$$

得出传质区高度为：

$$Z_a = \frac{Z\tau_a}{\tau_E - \tau_F} \tag{3-4}$$

设气体在传质区中，从破点到床层完全耗竭所吸附的吸附质的量为 U（kg/m^2），为图 3-16 中阴影的面积：

$$U = \int_{W_B}^{W_E} (y_0 - y) dW \tag{3-5}$$

若传质区中所有的吸附剂均为吸附质所饱和，则其吸附容量应为 $y_0 W_a$（kg/m^2）。但实际情况是，当达到破点时，传质区内仍旧具有一部分吸附容量，其值为 U，如式（3-5）所示。若以 E 代表到达破点时传质区内仍具有的吸附能力与该区内吸附剂总的吸附能力之比，即前述剩余吸附能力分率，则

$$E = \frac{U}{y_0 W_a} = \frac{\int_{W_B}^{W_E} (y_0 - y) dW}{y_0 W_a} \tag{3-6}$$

很显然，$1-E$ 即代表了吸附区的饱和程度，E 愈大，说明吸附区的饱和程度愈低；若 E 愈小，说明吸附区的饱和程度愈高，形成传质区所需的时间愈短；当 $E=0$ 时，说明吸附波形成后，吸附区内的吸附剂已全部达到饱和，此情况下，吸附形成的时间应与移动一个吸附波长度的距离所需时间相等，即：

$$\tau_F = \tau_a$$

若 $E=1$，即传质区内吸附剂基本上不含吸附质，则传质区形成的时间基本上等于零。据此两种极端情况，应有：

$$\tau_F = (1-E)\tau_a \tag{3-7}$$

将式（3-7）代入式（3-4）得：

$$Z_a = \frac{Z\tau_a}{\tau_E - (1-E)\tau_a} \tag{3-8}$$

因为 $\tau_a = W_a/G_S$，$\tau_E = W_E/G_S$，代入上式即得：

$$Z_a = \frac{ZW_a}{W_E - (1-E)W_a} \tag{3-9}$$

由式（3-9）可知，要确定传质区的高度 Z_a，必须通过实验得出透过曲线的形状，从而确定 W_a、W_E 和 E 的值。在实际吸附计算中，E 一般取 $0.4\sim0.6$。

（2）吸附床饱和度　设吸附床横截面积为 A，吸附床高度为 Z，其中吸附剂的堆积密度为 ρ_B，则吸附剂的总量应为 $ZA\rho_B$。

若床层全部被饱和，吸附剂与污染物进口浓度 y_0 成平衡的静活性为 x_T，则此时吸附剂所吸附的污染物的量为：

$$Q = ZA\rho_B x_T \tag{3-10}$$

实际操作中，达到破点时，总会有一部分吸附剂未达饱和，此时吸附床中实际吸附量应为饱和区的吸附量与传质区的吸附量之和。其中：

饱和区吸附污染物的量＝ $(Z-Z_a) A\rho_B x_T$

传质区吸附污染物的量＝ $Z_a (1-E) A\rho_B x_T$

于是整个吸附床的饱和度 S 为：

$$S = \frac{(Z-Z_a)A\rho_B x_T + Z_a(1-E)A\rho_B x_t}{ZA\rho_B x_T}$$

$$S = \frac{Z-Z_a E}{Z}$$

（3）传质区中传质单元数和传质单元高度的计算　吸附操作过程中，随着吸附的进行，床层内的传质区沿气流方向移动，移动的速度会远比气流通过的速度小。为了分析问题的方便，假定传质区移动方向与气流方向相反，则可把传质区认为是固定在某一高度，如图 3-17 所示。

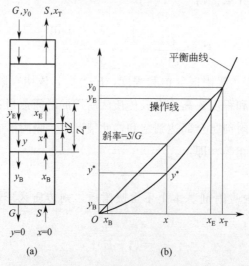

图 3-17　吸附操作过程分析

假设床层高度 $Z\to\infty$，则在床层顶面气固相达到平衡状态。可对整个床层作物料衡算：

$$G_s(y_0-0) = S(x_T-0) \tag{3-11}$$

式中，S 为假想的吸附剂流量。即

$$y_0 = \frac{S}{G_S} x_T \tag{3-12}$$

上式可以看作是操作线方程，$\frac{S}{G_S}$ 为操作线斜率（图 3-17）。对于床层任一截面，则可有如下关系：

$$G_S y = Sx \tag{3-13}$$

设床层截面积为 1，则对床层中微元高度 dz 作物料衡算，得：

$$G_S \mathrm{d}y = K_y a_p (y - y^*) \mathrm{d}z \tag{3-14}$$

式中　G_S——气体流量（无溶质气体），$\mathrm{kg/m^2 \cdot h}$；

　　　K_y——气相体积传质总系数，$\mathrm{kg/m^3 \cdot h}$；

　　　y^*——与 x 成平衡的气相浓度，$\mathrm{kg/kg}$。

此物料衡算式表示的是单位时间单位面积的 dz 高度内，气体中溶质的减少量等于吸附剂固体中吸附的吸附质的量。

将式（3-14）整理并在传质区内积分，即得传质区高度：

$$Z_a = \frac{G_S}{K_y a_p} \int_{y_B}^{y_E} \frac{1}{y - y^*} \mathrm{d}y = H_{OG} N_{OG} \tag{3-15}$$

式中，H_{OG}、N_{OG} 分别为传质区内的传质单元高度和传质单元数。

与处理吸收计算相类似，传质单元数可用图解积分法求取。当平衡线接近直线时，也可用下式近似计算：

$$N_{OG} = \frac{y_1 - y_2}{\Delta y_m} \tag{3-16}$$

式中　Δy_m——对数平均推动力。

$$\Delta y_m = \frac{(y_1 - y_1^*) - (y_2 - y_2^*)}{\ln \dfrac{y_1 - y_1^*}{y_2 - y_2^*}} \tag{3-17}$$

$$G_S \mathrm{d}y = K_y a_p (y - y^*) \mathrm{d}z$$

对于低浓度气体，有时也可以用算术平均推动力来计算。下面通过例题讲解有关计算。

【例 3-1】　用活性炭固定吸附床净化含苯废气。废气初始浓度为 $y_0 = 0.025\mathrm{kg}$ 苯/kg 空气，操作温度为 $T = 298\mathrm{K}$，$p = 202.7\mathrm{kPa}$，混合气体密度 $\rho_V = 2.38\mathrm{kg/m^3}$，动力黏度 $\mu_V = 1.8 \times 10^{-5}\mathrm{kg/(m \cdot s)}$。气流速度为 $1\mathrm{m/s}$，吸附周期为 $90\mathrm{min}$，破点浓度 $y_B = 0.0025\mathrm{kg}$ 苯/kg 空气，排放浓度 $y_E = 0.020\mathrm{kg}$ 苯/kg 空气。活性炭堆积密度 $\rho_B = 650\mathrm{kg/m^3}$，平均粒径 $d_p = 6\mathrm{mm}$，比表面积 $a_p = 600\mathrm{m^2/m^3}$。给定条件下的平衡关系为 $y^* = 0.167 x^{1.5}$，传质单元高度为

$$H_{OG} = \frac{1.42}{a_p} \times \left(\frac{d_p G_S}{\mu_V} \right)^{0.51}，\text{试计算床层高度。}$$

解：设床层截面积为 $1m^2$，废气流量

$$G_S = u_g A \rho_V = 1 \times 1 \times 2.38 kg/s = 2.38 kg/s$$

传质单元高度 $H_{OG} = \dfrac{1.42}{a_p} \times \left(\dfrac{d_p G_s}{\mu_V}\right)^{0.51} = \dfrac{1.42}{600} \times \left(\dfrac{0.006 \times 2.38}{1.8 \times 10^{-5}}\right)^{0.51} = 0.071(m)$

根据平衡关系式 $y^* = 0.671x^{1.5}$ 绘出吸附等温线［如图 3-18（a）］。由平衡关系可知，当 $y_0 = 0.025$ 时，$x_T = 0.282$，过平衡线上该点 B 作操作线，并按表 3-1 所列逐项计算列出。表中第 1 列为 y_B 和 y_E 之间选取的 y 值；第 2 列是自操作线上各点的 y 所对应的平衡线上 y^* 的值。依次计算出之后，用 y 值作横坐标，以 $1/(y-y^*)$ 作纵坐标，绘出曲线，并在 y_B 与 y_E 之间进行图解积分，即可得到第 5 列的值，即传质单元数 N_{OG} 的值。据此可得到对应于 y_E 的 $N_{OG} = 5.925$。于是得到传质区高度 Z_a：

$$Z_a = H_{OG} N_{OG} = 0.071m \times 5.925 = 0.42m$$

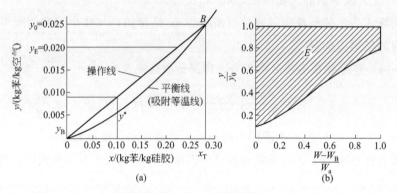

图 3-18　例 3-1 相关曲线图

表 3-1　计算结果表

y	y^*	$y-y^*$	$\dfrac{1}{y-y^*}$	$\displaystyle\int_{y_B}^{y_E} \dfrac{\mathrm{d}y}{y-y^*}$	$\dfrac{W-W_B}{W_A}$	$\dfrac{y}{y_0}$
$y_B = 0.0025$	0.0009	0.0016	625	0	0	0.1
0.0050	0.0022	0.0028	358	1.1375	0.192	0.2
0.0075	0.0042	0.0033	304	1.9000	0.321	0.3
0.0100	0.0063	0.0037	270	2.6125	0.441	0.4
0.0125	0.0089	0.0036	278	3.3000	0.556	0.5
0.0150	0.0116	0.0034	294	4.0125	0.676	0.6
0.0175	0.0148	0.0027	370	4.8375	0.815	0.7
$y_E = 0.02$	0.0180	0.0020	500	5.9250	1.000	0.8

下面根据剩余吸附能力分率 E 的概念，计算吸附床层高度 Z。

将式（3-6）变换：

$$E = \frac{\displaystyle\int_{W_B}^{W_E}(y_0-y)\mathrm{d}W}{y_0 W_a} = \int_0^1 \left(1-\frac{y}{y_0}\right)\mathrm{d}\left(\frac{W-W_B}{W_a}\right)$$

按照上式，若以 y/y_0 为纵坐标，以 $\dfrac{W-W_B}{W_a}$ 为横坐标，绘出曲线，得出曲线与 $y/y_0 = 1$ 水平

线、$(W-W_B)/W_a=1$ 的垂线之间的面积 [图 3-18 (b)]，即为 E。图解积分可得：$E=0.55$。

根据物料衡算关系式：

$$Z\rho_B S x_T = G_S \tau_B y_0 \tag{3-18}$$

将 $S=\dfrac{Z-Z_a E}{Z}$ 代入上式，得：

$$Z\rho_B \frac{Z-Z_a E}{Z} x_T = G_S \tau_B y_0 \tag{3-19}$$

将已知数代入上式，得：

$$Z=2.0(\text{m})$$

进而可知全床饱和度 S：

$$S=\frac{Z-Z_a E}{Z}=\frac{2.0-0.42\times0.55}{2.0}=0.8845$$

可见，全床饱和度接近 90%，说明设计基本合理。

2. 希洛夫近似计算法

（1）希洛夫公式　在理想状态下，在理想保护作用时间 τ'_B 内通过吸附床的吸附质将全部被吸附，即通过床层的吸附质的量一定等于床层内所吸附的量，即：

$$G_S \tau'_B A c_0 = ZA\rho_B x_T \tag{3-20}$$

式中　G_S——气体通过床层的速率，$kg/(m^2 \cdot s)$；

　　　A——吸附床层截面积，m^2；

　　　x_T——吸附剂的静活性（平衡吸附量），kg/kg；

　　　τ'_B——理想保护作用时间，min；

　　　c_0——气体中污染物初始浓度，kg/m^3；

　　　ρ_B——吸附剂堆积密度，kg/m^3；

　　　Z——床层长度，m。

由上式可得：

$$\tau'_B=\frac{\rho_B x_T}{G_S c_0}Z \tag{3-21}$$

对于一定的吸附系统和操作条件，ρ_B、x_T、G_S、c_0 均已确定，因此可令

$$\frac{\rho_B x_T}{G_S c_0}=K \tag{3-22}$$

则式（3-21）可变成：

$$\tau'_B=KZ \tag{3-23}$$

但对一个实际的操作过程，由于床层存在阻力，因此实际上的保护作用时间 τ_B 要比理想保护作用时间 τ'_B 短，把被缩短的这段时间称为保护作用时间损失，用 τ_0 来表示，阻力越大，τ_0 越大。三个时间的关系可表示如下：

$$\tau_B=\tau'_B-\tau_0 \tag{3-24}$$

将式（3-23）代入式（3-24），则得

$$\tau_B = KZ - \tau_0 \tag{3-25}$$

式中 τ_B——保护作用时间，min；

   Z——床层长度，m；

   τ_0——保护作用时间损失，min；

   K——系数。

此式即希洛夫公式。

（2）利用希洛夫公式的简化计算   在吸附净化的设计中，常利用希洛夫公式进行简化计算。简化计算还是以实验为基础，利用希洛夫公式求出 K 与 τ_0，再根据生产要求的操作周期求出吸附床层长度，并根据气体流速，求出所需床层半径或截面积。具体步骤简述如下：

① 选择吸附剂，确定操作条件，包括温度、压力和流速；

② 规定出合适的破点浓度；

③ 在一定气速 u 下，测不同床层长度 Z 的保护作用时间 τ_B，作出 τ_B-Z 直线，求出 K 和 τ_0；

④ 定出操作周期 τ_B，将之化为 min；

⑤ 将 K、τ_0、τ_B 代入希洛夫公式，求出 Z，若 Z 过长可以分层。

⑥ 用下式计算床层直径：

$$D = \sqrt{\frac{4V}{\pi u}} \tag{3-26}$$

式中 D——床层直径，m；

   V——废气流量，m^3/h；

   u——废气流速，m/h。

⑦ 求吸附剂用量 W：

$$W = AZ\rho_B \tag{3-27}$$

式中 ρ_B——吸附剂堆积密度，kg/m^3。为避免装填损失，可多取 10% 装填量。

【例 3-2】   用活性炭固定床吸附器吸附净化废气。常温常压下废气流量为 $1000m^3/h$，废气中四氯化碳初始浓度为 $2000mg/m^3$，选定空床气速为 20m/min。活性炭平均粒径为 3mm，堆积密度为 $450kg/m^3$，操作周期为 40h。在上述条件下，进行动态吸附实验取得如表 3-2 所示数据：

表 3-2 例 3-2 动态吸附实验数据

床层高度 Z/m	0.1	0.15	0.2	0.25	0.3	0.35
透过时间 τ_B/min	109	231	310	462	550	650

请计算固定床吸附器的直径、高度和吸附剂用量。

解：以 Z 为横坐标，τ_B 为纵坐标将上述实验数据描绘在坐标图上得一直线（图 3-19）。依据图求出直线的斜率即为 K，截距即为 $-\tau_0$，得

$$K = 2143 \text{min/m} \quad \tau_0 = 95 (\text{min})$$

将 K、τ_0、τ_B 代入希洛夫公式得：

$$Z = \frac{\tau_B + \tau_0}{K} = \frac{40 \times 60 + 95}{2143} \text{m} = 1.164 (\text{m})$$

取 $Z = 1.20\text{m}$，采用立式圆柱床进行吸附，计算出吸附床直径：

$$D = \sqrt{\frac{4Q}{\pi u}} = \sqrt{\frac{4 \times 1000}{\pi \times 20 \times 60}} \text{m} = 1.03 (\text{m})$$

可取 $D = 1\text{m}$。

$$W = AZ\rho_B = 1.2 \times \frac{\pi}{4} \times 1^2 \times 450 \text{kg} = 424.1 (\text{kg})$$

考虑装填损失，所需吸附剂实际用量 W 为：$W = 424.1 \times 1.1\text{kg} = 466.51\text{kg}$

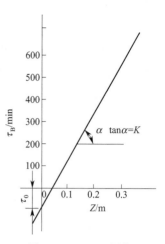

图 3-19 τ_B—Z 图像

3. 经验估算法

用吸附法净化气态污染物时会碰到多种情况，有时会缺乏前述理论计算时所需要的数据，此时可由生产中或实验测得吸附剂的吸附容量值，用来估算吸附剂的用量，然后根据操作周期和经验气体流速，即可计算出吸附床高度。

【例 3-3】 拟用活性炭吸附器回收废气中所含的三氯乙烯。已知废气排放条件为 294K、$1.38 \times 10^5 \text{Pa}$，废气中含三氯乙烯的体积分数为 2.0×10^{-3}，流量为 $12700\text{m}^3/\text{h}$，要求三氯乙烯的回收率为 99.5%。测得所要采用的活性炭对三氯乙烯的吸附容量为 0.28kg 三氯乙烯蒸气/kg 活性炭，活性炭的堆积密度为 576.7kg/m^3，其吸附周期为 4h。操作气速根据经验取 0.5m/s，求固定吸附床高度。

解：

三氯乙烯体积流量为：

$$12700 \times 2.0 \times 10^{-3} = 25.4 (\text{m}^3/\text{h})$$

将此换算成标准状况下的体积：

$$25.4 \times \frac{1.38 \times 10^5}{1.01 \times 10^5} \times \frac{273}{294} = 32.226 (\text{m}^3/\text{h})$$

计算得三氯乙烯摩尔质量为 131.5g/mol，则得三氯乙烯质量流量为：

$$131.5 \times \frac{32.226}{22.4} = 189.18 (\text{kg/h})$$

在 4h 内所要吸附的三氯乙烯的量为：

$$189.18 \times 4 \times 0.995 = 752.94 (\text{kg})$$

则所需活性炭体积为：

$$\frac{752.94}{0.28 \times 576.7} = 4.66 (\text{m}^3)$$

按操作气速 0.5m/s 计，所需吸附床直径为：

$$D=\sqrt{\frac{4V}{\pi u}}=\sqrt{\frac{4\times12700}{\pi\times0.5\times3600}}=3.0(\text{m})$$

得床层截面积：

$$A=\frac{\pi}{4}D^2=\frac{\pi}{4}\times3^2=7.069(\text{m}^2)$$

于是得床层高度为：

$$Z=m/A=4.66/7.069=0.66(\text{m})$$

4. 工程上常用的经验计算法

在吸附剂选定后，吸附剂用量的计算可依据以下两种情况：

① 若废气中污染物的浓度比较高，需要根据一个吸附周期内，吸附床层吸附的污染物的量来计算（请参考例 3-3）。

② 若浓度较低且气体流量较大，此种情况即为大风量低浓度废气的处理。此时吸附质的量已降为次要因素，主要是保证气体流通面积和气体在吸附床层中的停留时间。此时则需要根据气体流量来计算吸附剂的用量。

【例题 3-4】 某漆包线厂采用甲苯作溶剂，在产品烘干过程中排放含甲苯废气。为了降低生产成本和减少污染物的排放，该厂提出采用活性炭纤维吸附器对废气中的甲苯进行治理回收。废气排放量为 20000m³/h，甲苯含量为 9g/m³，排气温度为 80℃，排气压力为 101.3kPa。求吸附床层的体积。

解： 由于处理的是大风量低浓度的气体，吸附质的量已降为次要因素，此时主要是保证气体流通面积和气体在吸附床层中的停留时间。

由于甲苯易燃易爆，查相关资料知其爆炸极限为 1.2%～7.0%，因此，进入吸附器的甲苯浓度必须控制在 0.6%（爆炸极限下限的 50%）以下。下面核算该废气的体积浓度。

将废气换算成标准状况下的流量：20000×273/(273+80)=15467(m³/h)

每小时排放的甲苯的总体积：0.009×20000/92×22.4=43.83 (m³/h)

则甲苯的体积浓度：43.83/15467=0.28%＜0.6%，可以不补充空气。

确定操作气速：根据经验，在采用颗粒活性炭吸附剂时，操作气速一般为 0.2～0.6m/s，采用活性炭纤维时，操作气速一般小于 0.2 m/s。

确定床层厚度：根据经验，气体在床层中的停留时间应超过 1s，由于采用的是吸附性能好的活性炭纤维作吸附剂，停留时间可按 1s 计算，气流速度按 0.2 m/s 计算，则床层厚度为

$$S=u/\tau=0.2/1=0.2(\text{m})$$

计算所需的气体流通面积 M：

$$M=Q/u=20000/3600/0.2=27.78(\text{m}^2)$$

计算吸附床层的体积 V：

$$V=MS=27.78\times0.2=5.556(\text{m}^3)$$

5. 利用传质单元高度的简易计算法

此方法是在工程实践中总结出来的一种简易方法。

根据吸附装置的运行特点，要保证吸附器稳定运行，吸附剂的装填高度必须超过 2 个传质单元高度。现在先考查一下影响传质单元高度的因素。

由例 3-1 可知，传质单元高度可用下式表示

$$H_{OG} = \frac{1.42}{a_p} \times \left(\frac{d_p G_S}{\mu_V}\right)^{0.51}$$

式中　H_{OG}——传质单元高度；

　　　a_p——吸附剂的比表面积；

　　　d_p——吸附剂的颗粒度；

　　　G_S——气体流量；

　　　μ_V——动力黏度。

可见传质单元高度与吸附剂的比表面积、气体的动力黏度为负相关，而和气体的流量（流速）、吸附剂的颗粒度为正相关的关系。而其中吸附剂的比表面积和气体流速影响最大。吸附剂的比表面积越大，则传质单元高度越低，这和实际情况是相吻合的。也就是说，吸附剂的性能越好，传质单元高度越小。这就意味着传质区越短，就等于吸附波的长度越短。

前面已经讲过，一个吸附波的长度等同于一个传质单元高度。这样可以通过实验的方法，测量出吸附波的长度 a。测定吸附波长度时，需使用实际的工艺气体和设计风速。

假定使吸附剂装填高度为 $2.5a$，也就是吸附床的传质单元数为 2.5。那么就可以确定设计参数为 $2.5a$，以此就可以计算出吸附剂用量、床层压降。

但是，还应该注意到床层的饱和度，即吸附剂的利用率。因为按照吸附波长度进行计算，只是保证了床层运行的稳定，但是还没有考虑床层中吸附剂的利用率。

从理论上讲，床层长度越长，床层中吸附剂的利用率就越高，现在用图 3-20 来说明。

图 3-20 为两个装填相同吸附剂（阻力相同）而高度不同的两个吸附床，其中（a）床装填的高度为两个吸附波的长度，而（b）床装填的高度为 3 个吸附波的长度。可以明显地看出，装填 3 个吸附波长度的床层，它的吸附剂利用率比（a）床层要高。以此可以得出结论：床层长度越长，吸附剂的利用率就越高。但是，床层越长，其压降也会越大，因此，在设计规范中对吸附床的压降都有合理的规定。

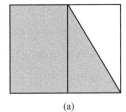 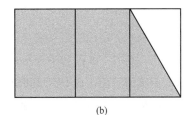

(a)　　　　　　　　(b)

图 3-20　两个不同高度吸附床吸附剂利用率的比较示意图

因此，在利用吸附波长度进行设计时，除保证床层长度大于两个吸附波的长度之外，还要兼顾吸附床层的压降。

这样，在进行吸附器设计时，只需通过实验测出吸附波长度（传质单元高度），再结合床层压降，就可以确定床层的高度。床层压降的值可以从实验或采用经验数据（如设计规范中规定的数据）获得。这里还需要补充说明一下，在确定吸附层高度时，在床层阻力允许的情况下，尽可能地增加床层高度，使吸附剂能够得到充分的利用。

有了床层高度，就可以根据吸附剂的动吸附量和废气总量，计算出所需吸附剂的总量，这样就可以计算出吸附器的截面积，进而计算出吸附剂的用量。

另外，通过计算也发现，吸附性能好的活性炭，它的吸附波（传质单元高度）会比较短，所以，它们组成的床层也会比较薄。所以，采用活性炭纤维作吸附剂时，一般情况下，床层厚度不会超过 150mm，可是它与 600mm 厚的颗粒活性炭组成的吸附床相比，使用性能相差不大。

这种计算方法之所以简单，是因为可以在选择吸附剂时就把床层厚度确定下来，这样一切问题也就都解决了。由于基础数据来源于项目本身所选中吸附剂的实测数据，所以，设计计算结果十分可靠。实践也证明，这种设计计算方法也是最简便且适用的方法。

六、吸附器本体设计

在计算出吸附剂的用量之后，根据选定的固定床吸附器进行结构设计。实际上，大部分设计参数在计算吸附剂用量时就已经确定，设计时只要保证气体分布均匀并满足废气在床层中的停留时间，就可以保证处理效果。

1. 立式固定床吸附器本体的设计

（1）吸附器直径　吸附器直径可采用下式计算

$$D = \sqrt{\frac{4V}{\pi u}}$$

式中　D——吸附器床层直径，m；

V——废气体积流量，m^3/s；

u——废气流速，m/s。

关于废气在吸附层内的流速问题，根据多年的工程经验和理论分析，气体在吸附层内的流速是由废气在吸附层中与吸附剂接触时间决定的。

（2）吸附床高度　吸附器本体的设计可分为上流式和下流式两种。

吸附床高度应该包括吸附剂的填充高度 Z 加上其他高度。吸附剂的填充高度 Z 前文已经讲过。现在结合下流式立式固定床吸附器来分析一下"其他高度"。其他高度应包括：吸附层的上、下空间；从结构上讲，还有上面的气流分布板、吸附剂压板（防止活性炭层被吹起）及下面应设有的支撑等。在吸附剂的上面，究竟需要设计多少空间，要看这一部分的作用。由于采取的是下流式，所以这一部分的主要作用是用来保证进气的气流分布均匀，不使气流产生"沟流现象"。不论采用什么措施，设置多大空间，只要满足气流分布均匀就可以。

另外，不论是吸附层上面还是下面，都必须做到：活性炭吸附剂不易被吹起或泄漏，使固定床中的吸附剂真正被固定下来；整个吸附器中，除吸附层形成阻力之外，其他部位要尽可能地使阻力降到最小。这是设计的整体思路。

总之，在满足废气在床层中的停留时间的前提下，尽可能地加大气体流通面积，减小气体流通时的阻力，同时要使气体流通时分布均匀。当遇到大风量、高浓度废气，要求必须采用立式固定床进行处理时，可以采用多床并联的设计，但要注意使各床层的压降平衡。

另外要考虑传热问题。因为立式固定床多用于处理高浓度的、吸附热大的废气，为了保证吸附器床层的吸附效率，要及时地把吸附热从床层中导出。此时多在吸附层内设置列管式换热器，用低温介质将产生的吸附热及时从床层内导出。

最后还应考虑脱附问题。大多数的吸附设计，吸附剂都不是一次性使用的，在吸附饱和之后都要进行吸附剂的脱附和再生，因此要根据采用的脱附方式进行合理的脱附和再生的设计。当采用水蒸气作脱附介质时，还要考虑脱附后床层的干燥问题；当采用活性炭纤维作吸附剂时，脱附后床层是否设置干燥工序，可根据具体情况进行确定。

阅读材料

采用活性炭纤维作吸附剂时，用水蒸气脱附后，床层是否需要干燥这个问题一直存在着争议。其主要原因是：过去人们普遍认为，水蒸气与活性炭吸附剂表面的亲和能力远远大于有机气体分子对活性炭吸附剂表面的亲和能力，因此，当有水蒸气分子存在时，有机气体分子不可能把水蒸气的分子从活性炭吸附剂表面置换下来，因此，经过水蒸气脱附之后的吸附剂必须进行干燥之后，才能继续进行吸附操作。这种认识是基于用颗粒活性炭作吸附剂时而得出的不完全正确的结论。

那么为什么人们会得出"水蒸气与活性炭吸附剂表面的亲和能力远远大于有机气体分子对活性炭吸附剂表面的亲和能力"的结论呢？

其主要原因是：过去人们所使用的吸附剂大都是颗粒活性炭，这类吸附剂中所含的微孔孔道都很长，孔容都很大。而经过水蒸气脱附的吸附剂的微孔中几乎都充满了凝结水。把这些凝结水分为两类，一类为"自由水"，另一类是吸附在吸附剂表面的"吸附水"。由于颗粒活性炭的孔道长且微孔体积比活性炭纤维大得多，这样，在脱附后的颗粒活性炭中就会存有大量的"自由水"。因此，当颗粒活性炭脱附完成之后，必须通过干燥，把吸附剂中的"自由水"蒸发掉，才能使再进入的废气分子与吸附剂表面接触，将"吸附水"分子置换下来。而由于活性炭纤维的微孔体积比颗粒炭的微孔体积小得多，很难有"自由水"存在，因此，在大多数情况下可以省去热空气干燥，脱附完成后可直接转入吸附工序。

---

2. 卧式固定床吸附器本体的设计

关于卧式固定床吸附器本体设计的问题，其计算和设计注意事项基本上与立式固定床相同，只是因为它的气体流通面积比较大，更应该注重气流分布的问题。一般情况下，应该安装气流均布装置，气流均布装置的阻力应该以最小为原则。

3. 环式固定床吸附器本体的设计

环式固定床多以活性炭纤维作吸附材料。常见的环式固定床吸附器的设计，都是首先以处理废气的体积流量和废气在吸附床中的流速为基础，去计算气体流通面积。例如要采用活性炭纤维为吸附剂的环式吸附器处理 $20000m^3/h$ 的含甲苯废气，需要多大的流通面积。

根据《吸附法工业有机废气治理工程技术规范》（HJ 2026—2013）的规定，采用活性炭纤维的吸附装置，其阻力宜小于 $4000Pa$，根据经验，通过活性炭纤维吸附层的风速最好控制为 $0.12m/s$。据此，可以计算出气体的流通面积为：

$$20000/3600/0.12=46.3(m^2)$$

由于环式吸附器的气流方向是由外吹向中心的（即径向），所以又把环式吸附器称为径向吸附器（图 3-21）。计算径向吸附器的气体流通面积，一般是以吸附剂的外圆和内圆的中心面的面积进行计算的，由图可知，气体流通面积 $S=\pi(D-d)$。

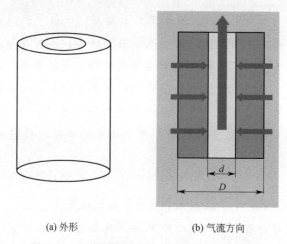

(a) 外形　　　　　　　(b) 气流方向

图 3-21　环式吸附器气体流通面积计算示意图

图 3-22 为目前工程上常用的吸附器的正剖面图，它有两段长度相同的活性炭纤维毡缠绕的吸附层，每一段的长度是由活性炭纤维毡的幅宽决定的。

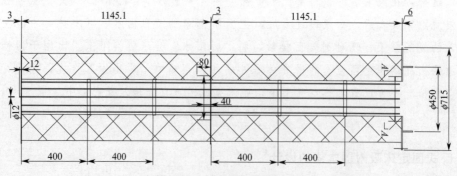

图 3-22　环式吸附器正剖图

第三节 转轮吸附器简介

在采用吸附浓缩-催化燃烧工艺处理大风量低浓度 VOCs 时，转轮吸附技术得到了广泛的应用。但对于转轮是属于哪种类型的吸附器众说不一。

移动床的特点：在移动床中，吸附剂与 VOCs 气体是同向流动的，而转轮中，吸附剂是在整体转动的情况下与 VOCs 气体进行垂直接触的；而固定床吸附器的气体流向也可以认为与吸附剂是垂直接触的。因此，可以认为转轮吸附器仍然属于固定床吸附器。

转轮吸附源于美国 Brayant 1950 年发明的转轮除湿技术，1988 年被日本西部技研公司用于 VOCs 净化，现已在日本、欧美等国得到普遍应用。最近几年，该技术开始在国内一些大型汽车涂装厂和电子厂应用，适合大风量、低浓度有机废气的治理。目前我国使用的转轮装置以及吸附剂大多来自日本和我国台湾地区，而大陆地区只是在近几年才在国外产品的基础上开发出了自己的产品。

一、转轮的内部结构

转轮内部结构由蜂窝状陶瓷纤维纸内填装的沸石分子筛或蜂窝活性炭组成。图 3-23 为转轮外形，图 3-24 为转轮内的吸附剂模块，图 3-25 为陶瓷纤维做成的蜂窝状结构。

图 3-23 转轮外形

(a) 转轮状

(b) 块状

图 3-24 转轮内的吸附剂模块

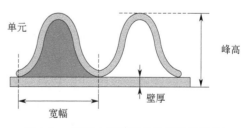

图 3-25 转轮内陶瓷纤维的蜂窝状结构

转轮被安装在分割成吸附、再生、冷却三个区的壳体内，通过调速电机带动转轮旋转。吸附、再生、冷却三个区分别与处理废气、再生空气、冷却空气风管相连接。为了防止串风，各个区的分隔板与吸附转轮之间，吸附转轮的圆周与壳体之间装填耐高温、耐溶剂的密封材料。

目前我国使用的分子筛基本都是国外产品，主要是疏水性沸石，即通过降低结晶中铝的含量，提高沸石分子筛的疏水性，在疏水沸石结晶骨架中没有铝原子，只有硅与氧原子。结构上的改变使得其既具有一般沸石分子筛的共性又有其固有的特性。共性上表现在：

① 高度有序的晶体结构和分子水平的孔道尺寸。

② 明确的孔结构，对客体分子表现出选择性，即只允许分子动力学直径比孔径小的分子进入，从而对大小及形状不同的分子进行筛分。

③ 孔径尺寸可调整，通过改变 SiO_2 和 Al_2O_3 的分子比实现。

④ 可耐高湿，据有关研究表明，疏水性沸石在相对湿度 80％时，仍保持其基本不吸水的特性，使得其对高湿度、高分子量的 VOCs 有吸附和脱附的特性。根据孔径大小不同与 SiO_2 和 Al_2O_3 的分子比不同，可分成不同型号的沸石转轮。

⑤ 可耐高温，研究表明，沸石分子筛在 80℃ 的环境下，对 VOCs 仍有较好的吸附能力。

二、转轮技术处理 VOCs 的工艺流程及其复活处理

分子筛吸附浓缩转轮，其密封系统分为处理和再生两部分，转轮以 $6\sim12r/min$ 的速度缓慢旋转使吸附过程完整连续。当废气通过处理区时，其中的废气成分被转轮中的吸附剂所吸附，废气被净化而排空，转轮逐渐趋向吸附饱和。在再生区，高温空气穿过吸附饱和的转轮，将吸附浓缩的废气脱附并带走，从而恢复转轮的吸附能力，脱附的高温气体进入 RTO 或 RCO 进行处理。其工艺流程如图 3-26 所示。从图中可以看出：含有 VOCs 的废气在风机牵引下进入吸附转轮的处理（吸附）区，VOCs 在经过转轮蜂窝状通道时，所含 VOCs 成分被吸附剂吸附，废气得到净化，尾气经烟囱外排。随着吸附转轮的回转，接近吸附饱和状态的吸附转轮区域转入到再生区，在与高温空气接触的过程中，VOCs 被脱附下来进入到再生空气中，吸附转轮得到再生。再生后的吸附转轮经过冷却区降温后，转回至吸附区，完成了吸附-脱附-降温的循环过程。

经脱附浓缩下来的高浓度、小风量含 VOCs 的废气再进入后续净化装置处理，如蓄热氧化炉、催化氧化炉、冷凝回收装置等。

这里需要提醒的是，当脱附后的废气采用燃烧法处理时，需要考虑二次污染问题、热量回收问题。另外还有一项特别需要提醒的是：若脱附下来的废气中有含氯的成分，比如二氯甲烷、二氯乙烷、三氯甲烷、四氯化碳等一类的污染物，是不允许进行燃烧处理的，因为它们燃烧后会生成毒害更大的污染物，如光气、二噁英等。

有些废气中含有较多的粉尘和高沸点物质，转轮经过长期使用后，表面会逐步积蓄粉尘或高沸点的物质，增加设备阻力，影响吸附率，在这种场合需要定期对转轮进行特殊复活处

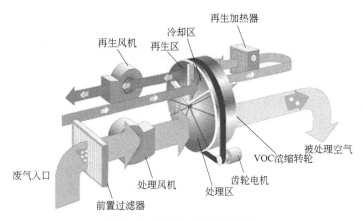

图 3-26　转轮浓缩工艺流程图

理。根据积蓄组分的性质，可选用 1～2kg 高压水冲洗或者高温再生，高温再生温度高于正常脱附温度，一般为 300℃，间隔 6～12 个月高温再生一次。高温再生需要由专业人员操作且设备需具备高温再生的条件。

三、转轮技术应用于 VOCs 处理的优势及不足

目前，转轮浓缩-催化燃烧技术在我国的 VOCs 治理行业已经广泛应用。它之所以获得巨大的市场，这与它在 VOCs 处理上的优势是分不开的。包括以下几方面：

① 可以高效处理大部分大风量、低浓度的工业 VOCs 废气；

② 整个处理系统采用了一体化集成技术，使得多个处理工序一次完成；

③ 占地面积小；

④ 操作简便；

⑤ 由于转轮采用了沸石分子筛作吸附剂，所以它可以处理温湿度比较高的气体。

据悉，目前国内有的公司采用模块化设计，使转轮浓缩-催化燃烧技术应用起来更加方便。

任何设备都有它的不足之处。经过较长时间地运行考查和认真分析认为其不足有：

① 由于采用的是沸石分子筛，与活性炭相比，它的吸附容量比活性炭差；

② 由于采用的脱附温度过高，会造成能源浪费，同时还会减少设备的使用寿命；

③ 没有考虑资源的回收，造成了资源的浪费。

四、关于转轮技术的几点改进意见

① 将沸石分子筛改成经过防水改性处理的中孔活性炭。由于活性炭的吸附容量几乎是分子筛的 3 倍，因此可以使转轮的体积和质量减小，大大降低投资成本。

当前难题主要是没有找到合适的黏合剂。对黏合剂的要求是，在经过烧结之后，既能够保持蜂窝体的机械强度，又能够使活性炭的比表面积不要降低得太多。这一点，可以借鉴其他行业的经验，比如铅酸蓄电池行业的极板加工工艺技术来解决问题。其实早期的转轮也曾

经使用过蜂窝活性炭作吸附材料，但是发现它的耐湿和耐高温性能都不如沸石分子筛，于是就将吸附剂改为沸石分子筛。

② 改进运行程序，降低脱附温度。转轮的吸附材料改为沸石分子筛的主要目的是为在程序上使用高温脱附。采用高温脱附主要有两方面的考虑，一是为了转轮的复活。因为在这里处理的有些废气中含有较多的粉尘和高沸点物质，转轮经过长期使用后，表面会逐步积蓄粉尘或高沸点的物质，增加设备阻力、影响吸附率。在这种场合需要定期对转轮进行特殊复活处理，也就是再生。经常采用的再生方式是高温再生，高温再生温度高于正常脱附温度，一般为 300℃。这样的再生一般是间隔 6～12 个月进行一次。但是由于现在使用的转轮浓缩-催化燃烧工艺没有设计专门的再生程序，所以就把脱附温度规定为不超过 200℃。

实际上，规定高温脱附还有一个目的，那就是使脱附下来的混合气体可以直接进入催化燃烧装置，而不需要再调整其温度。

这样设计的程序的主要缺点在于：首先，使一些具有回收价值的物质白白烧掉，浪费了资源；其次，对于一些物质本不需要那么高的温度就可以脱附下来，结果采用了比它所需的温度高得多的温度去进行脱附，这样会产生两个后果：一是造成能源的浪费；二是可能会因为温度过高，使得有些物质因为转换成化学吸附，而进一步增加了脱附的难度。

为此，建议修改运行程序。先把脱附温度降到所需的温度，然后再根据需要回收还是需要继续进行催化燃烧，而去做再次的温度控制。这样操作看起来给运行程序带来一些麻烦，但是，这样操作的结果是，不仅可以回收资源，而且还可以节约能源。其实这样操作最大的好处是，由于降低了转轮的运行温度，一方面可以延长转轮的使用寿命，另一方面是加大了生产的安全性。

③ 应该加大创新。引进国外的产品，其目的有两个：为了在国内应用；更主要的是进行消化吸收，为开发新产品提供借鉴。因此，在应用国外产品时，不能只注重宣传国外产品的技术优势，更不能为了自身的利益而一味夸大产品的优点。

第四章

活性炭固定床吸附系统的设计

第一节 挥发性有机物的处理工艺

一、挥发性有机物处理工艺是一个系统工程

1. 要充分认识挥发性有机物污染治理的难度

VOCs 具有光化学活性，排放到大气中是形成细颗粒物（PM$_{2.5}$）和臭氧的重要前体物质，对环境空气质量造成较大影响。除影响环境外，一些行业排放的 VOCs 含有三苯类、卤代烃类、硝基苯类、苯胺类等物质，对人体健康具有较大的危害。此外，部分 VOCs 有异味，会给周边居民生活造成一定程度影响。

工业生产是 VOCs 排放的重要源头，排放量占总排放量的 50％以上。工业排放源复杂，主要涉及生产、使用、储存和运输等诸多环节，其中，石油炼制与石油化工、涂料、油墨、胶黏剂、农药、汽车、包装印刷、橡胶制品、合成革、家具、制鞋等行业 VOCs 排放量占工业排放总量的 80％以上。工业生产 VOCs 排放具有强度大、浓度高、污染物种类多等特点，回收再利用难度大、成本高，是 VOCs 削减的重点。

目前，大气污染防治形势严峻，加快重点行业 VOCs 削减，对推动工业绿色发展，促进大气环境质量改善，保障人体健康具有重要意义。

挥发性有机物种类繁多，而且绝大多数又是易燃易爆的气体，因此，对于挥发性有机物的处理，首先必须考虑的是安全问题。其次，要考虑它的特殊性和复杂性，因为它和脱硫、脱硝不同，脱硫脱硝所处理的对象成分简单，仅为 SO$_2$、NO$_x$ 等少数的无机化合物，性质简单，而且目标明确；脱硫脱硝已有上百年的研究历史，已经出现了很多成熟的工艺。但是，挥发性有机物种类繁多，就目前来说，已经接触到的、能够对环境造成污染且危害人类健康的，就有数百种之多。目前，还没有一套可以称得上是成熟的处理技术。为此，在处理挥发性有机物时必须认真对待，要考虑到各个方面，把挥发性有机物处理工艺整体作为一个系统工程来考虑。说它是一个系统工程，一点都不为过。因为要搞好一个处理工程，其中任何一个步骤都与整体有关；同时，每一步的工作都必须按步骤进行，整个系统必须遵照一定

的程序进行。只有这样，才能保证项目的治理效果。

2. 不同行业 VOCs 治理的特点

（1）石化化工行业 VOCs 治理的特点　石化化工行业排放的挥发性有机废气的治理难度相对会小一些。原因是排放源的成分相对比较简单，而且排放的物质及其性质也比较清楚，因此治理工艺比较容易选择。另外，因为这些企业比较大，技术力量比较强，因此，对于此行业的 VOCs 治理，大家不会很担心。目前在石化化工行业早已出现了成熟的治理技术，比如当前推广的 LDAR（泄漏检测与修复）管理机制，就是一个很好的例证。

（2）制药行业 VOCs 治理的特点　制药行业 VOCs 的治理难度属中等，比石化化工行业难度大，但又比其他行业容易。制药行业排放的 VOCs 成分比较清楚，但是由于它的排放绝大部分都是间歇排放，而且排放浓度随着时间的变化而呈现出不规律的变化，这就给治理增加了难度。

（3）包装印刷行业 VOCs 治理的特点　包装印刷行业，大都是软包装印刷，其 VOCs 主要来源于油墨、稀释剂、胶黏剂和保护剂（光油）等含溶剂的原辅材料，其中油墨和稀释剂是产生 VOCs 的主要来源。塑料软包装印刷中所使用的溶剂型油墨中通常含有 50%～60% 的挥发性有机物，主要包括芳香烃类、酮类等。

（4）涂布行业 VOCs 治理的特点　治理 VOCs 难度最大的当属涂布行业。一是这些行业多属乡镇小厂，技术力量差，又无分析手段；二是使用的涂布胶液不仅大都是外购，胶液供应商对于胶液配方也都严格保密；三是涂布所使用的胶液经常变化。因此，即使对涂布行业使用的各种胶液成分都分析得很清楚，也不可能使用一个装置去应对所有胶液。

二、严格按程序进行吸附系统的设计

严格按程度操作是项目成功的重要保证。接到一个工程项目时，必须按照下面的程序进行操作：污染源调查——确定治理方案及工艺流程——设计计算——设备制造（购买）——安装调试——工程验收。

以上过程缺一不可，都必须认真执行。

1. 污染源调查

（1）调查的目的　了解治理对象的基础情况和要求。了解治理对象所属行业、企业规模、技术力量、经营状况、财务状况等，同时了解业主对项目的准备情况，如资金投入、建设用地（包括三通一平）等项目的配套能力，从而判断业主对项目的承受能力。了解治理对象对项目治理方面有什么具体要求。

（2）调查的内容　了解和掌握污染源排放污染物的成因、种类和理化性质、位置分布及数量、排放形式与途径、排放量及排放强度、排放规律等。

① 首先必须搞清楚污染物的来源。要搞清废气的发生源，这一点往往是治理工程师容易忽略的问题。

废气治理属于末端治理，是治理工作的最后一道防线，这一点必须非常明确。因此，要求治理工程师不仅要了解废气本身的情况，还要了解它的"出身"。换句话说，就是了解废气是从哪里排放出来的，是由什么样的化学反应产生的。也就是说，要了解产生废气的生产工艺。只有这样，才能深刻理解废气的性质和危害，设计和运行中一旦出现了问题，才能拿出正确的应对措施。另外，对整个生产工艺了解清楚后，才能够提出更好的解决污染的办法，比如可以提出改革生产工艺，使污染问题能够更好地解决等。

② 必须搞清所要处理的全部废气的性质。由于面对的处理对象有成百上千种物质，它们的性质各异。更有甚者，大多数排放废气的行业，如包装印刷行业、喷漆涂布行业等，排放的有机废气常常是多种化合物混杂在一起，同时业主也不能够准确地提供废气的成分和浓度。

面对这种情况，必须把废气中的所有成分搞清楚。不要认为只要搞清楚主要成分就可以了。在处理有机废气时，千万不要小看其中的小成分。在实践中因为忽略了小成分而出现燃烧甚至爆炸的事故并不少见。比如有一家环保公司，在回收废气中的环己烷时，因为气体中仅含有2%的环己酮而没有引起注意，结果连续发生了两次燃烧事故，先后烧毁了两套装置，造成的直接经济损失有上千万元。

那么，需要搞清各种成分的哪些性质？根据处理工程的要求，需要搞清楚的废气的性质主要有：分子量（摩尔质量）；结构式（关注官能团）；熔点（℃）；沸点（℃）；爆炸极限（%）；溶解性；饱和蒸气压（kPa）；黏度（mPa·s，25℃）；密度（20℃/4℃）；蒸气密度（空气＝1）；燃点（℃）；引燃温度（℃）；蒸发热（kJ/mol，101.3kPa）；熔化热（kJ/mol，101.3kPa）；生成热（kJ/mol，25℃，气体），生成热（kJ/mol，25℃，液体）；燃烧热（kJ/mol，25℃，气体），燃烧热（kJ/mol，25℃，液体）；临界温度（℃）；临界压力（MPa）；闪点（℃）；等。

上面所列出的物质性质，虽然说是主要性质，但是，有些数据在平时工程设计计算时也不是常用的。比如燃烧热，只有在热量回收计算时才用得到。但是，对它们的熔点、沸点、燃点、引燃温度、爆炸极限、饱和蒸气压、溶解性等物理性质以及化学反应性（即能够和哪些物质反应，生成什么物质）和化学稳定性等性质，必须搞清楚。

为此，在这里要特别强调：在处理的混合气体中，不管有多少成分，对其中的每一种成分都必须搞清楚，更不能因为一些成分占比例很小而忽略了它以避免一些不必要的生产事故。

以上所述污染物的性质，对于没有接触过有机化学的或化学化工基础比较薄弱的朋友，可能有点勉为其难了。但是如果想成为治理VOCs的行家，就必须下决心补上这一课！

③ 要搞清废气的排放状况。废气的排放状况包括下列内容。

废气参数：废气成分和各成分的浓度，mg/m^3；废气排放量，m^3/h；排气温度，℃；排气压力，kPa；排气中含杂质状况（粉尘、水分、油滴等）。

排放方式：是连续性排放，还是间歇性排放；排放量是否均匀；等。

排放点分布情况：点数、间距、各点的排放量。

④ 业主方需提供项目的环评报告、有关上级管理部门对项目的批示、批准文件以及根据国家（地方）排放标准提出的排放要求等。

⑤ 业主方需提供治理项目排放源的废气成分及实测浓度，必须加盖业主的公章，不然到最后项目验收时会有麻烦。如果业主方提供不出来，也必须写出书面承诺。

（3）调查方式　向治理单位索取有关图纸、测试数据、污染状况报告以及项目的环评、有关批复文件、科研报告等。

这里顺便提一下，根据经验，上级管理部门对一个项目的管理一般都很重视项目的环境影响评价报告，把环境影响评价报告作为项目验收的依据。有时候由于环评公司的水平参差不齐，提出的治理工艺会不太适合，遇到这种情况就比较麻烦。要是按照环评报告规定的方案去实施，要么不能做到达标排放，要么就是给业主造成很大的资金浪费。可是环境管理部门有一条严格规定：治理工程必须按照环评的规定去实施。到这一步，环评报告已经经过一级政府的环境管理部门批复了，可以认为，此时的环评报告已经成为法定文件。因此，要求环评单位作环评时，一定要认真研究项目的治理方向，在环评报告中，力争提出合理的技术路线，与环保公司一起共同保证项目的顺利实施。

另外，当去企业调查时，如果企业提供不出原始资料和数据，调查者应赴现场实地考察和测量，掌握污染源的实际状况，必要时应做模拟试验或相似模化试验，取得设计数据和依据。所得数据和依据一定要得到业主的认可。

通过以上调查，获得污染源原始资料，这些是工程设计的基础资料，也是确定治理方案的依据。获得了这些基础资料，才能进行下一步工作。

2. 确定治理方案及工艺流程

（1）治理方案的确定原则　VOCs 治理基本是两个方向——回收或消除。

a. 根据《吸附法工业有机废气治理工程技术规范》的规定，在进行工艺路线选择之前，根据废气中有机物的回收价值和处理费用进行经济核算，优先选用回收工艺。

一般来说，当有机物浓度＞1000mg/m³ 时，就具有回收的可能性，但是有没有回收价值，还需要从技术和经济的两个方面去考虑。如果技术可行，但是回收的成本太高；或者回收的成本虽然不高，但技术上有问题，也不能进行回收。总之一句话，对于一种有机物能否进行回收，需要从技术和经济两个方面去考虑，确定治理工艺是采用回收还是消除工艺。

b. 根据经济因素考虑，实现效益最大化。

c. 当采用活性炭吸附时，对不易脱附的物质，或脱附后不易分离的混合物可采用便宜的活性炭吸附饱和后作为燃料烧掉。

d. 多种 VOCs 混合时处理方法的确定就要综合考虑。如果回收的有机物可以直接回用或经过处理后回用，而且费用不是很高，则可以考虑回用方式；否则，不易采用回收工艺。

根据上述原则，先初步确定一种方案，然后再制订更详细的工艺流程。

（2）工艺流程的确定原则　应遵循先进、适用、可靠、安全、经济合理的原则，具体如下。

a. 治理工艺和技术方案应针对当地的环境和资源条件，并结合国家有关安全、环保、节能、卫生等方针政策，会同有关专业，通过专业技术经济比较确定。

b. 力争设计水平的先进性、可靠性、经济性、前瞻性。设计中优先采用新技术、新工艺、新设备、新材料；通过改进设备结构，使吸附装置能保持在最佳状态下运行，使所设计的吸附系统处理能力大、效率高、收益大。

技术水平的确定原则

ⓐ 先进性。衡量技术先进常用的指标有排放浓度、净化效率、运行阻力、漏风率、运行能耗、自动化水平、使用寿命、故障率、原材料耗量、占地面积等。不得刻意追求高指标，也不得采用落后、淘汰技术。

ⓑ 可靠性。不得将不成熟的技术在净化项目上直接使用。

ⓒ 经济性。在投资相当的情况下，首先利用国内成熟的先进技术和设备。确定工艺时，应考虑最佳年均投资的原则。

ⓓ 前瞻性。所采用的净化工艺其技术水平的起点要高，符合国家中长期环保技术政策和规划要求，符合国内外技术发展要求，能在今后相当长的时间内（10～15 年）仍保持技术水平不落后。

c. 设备选型要面向生产实际。设备选型要考虑实际生产中的规模、排气量、排污方式（连续或间歇，均匀排放还是非均匀排放）、污染物的物化特性、回收还是进一步处理等因素，正确选择吸附装置和吸附工艺系统，尤其对一些特殊污染物或特殊要求的场合。选择工艺系统时还应考虑生产的发展，留适当的余地。

d. 净化系统和设备应有一定的操作弹性，能适应生产工艺工况变化或波动。

e. 净化效果应满足排放标准，设备出口排气必须达到排放标准，这是对吸附装置的最低要求。按照规定，排放浓度必须符合《大气污染物综合排放标准》的规定，如果地方政府还有更严格的规定，还必须执行地方政府的规定。今后随着可持续发展战略的实施，国家可能还会对标准进行更严格的修订，因此在设计吸附装置时应随时注意排放标准的要求，使净化效率长期稳定。

f. 根据要求，具有完善的自动监测、控制功能。

g. 所选治理工艺应保障安全运行，对有可能造成人体伤害的设备和管道，必须采取安全防护措施。

h. 认真考虑经济因素。所设计的吸附装置和系统尽可能地简化，易于安装、维修，使用寿命长，同时要使系统操作简便，易于管理，以节省投资及运行费用。

i. 净化工艺不产生二次污染，考虑废物的综合利用。

（3）根据以上原则，制订出详细的工艺流程 当确定回收工艺之后，应按照吸附工艺，去配置必需的各种设备。特别提出的是，关于脱附方法的选择。采用什么样的脱附方法，这要根据回收物质的性质来选择：

a. 如果回收的有机物是不溶于水的，如大多数有机物，可以采用水蒸气脱附——冷凝回收工艺。在采用冷凝水对脱附气体进行冷凝时，若气体中含有胺类物质时，应考虑胺类物质的水解。如果冷凝液是多种有机物的混合物，可以采用精馏的方法，对它们分离后回用。但是，有一种情况可以不进行分离就可以直接回用。

笔者在工程上曾经遇到一种感光材料厂的废气，这种废气中含有四种成分组成的有机溶剂。由于这种废气是从一个生产工序中排出来的，因此成分一直比较稳定。而且溶剂的回收过程是一种纯物理过程，其间没有发生任何化学反应，因此回收的物质仍然是那四种溶剂的混合物，只是它们之间的配比有些变化。因此，该厂的技术人员就将回收的混合溶剂，经过分析，按照原来的配方补充齐全，直接回用。这样他们每年光是节省的精馏费用就达 300 多万元人民币。

b. 如果回收的有机物是溶于水的，如酮类、胺类等，可以采用热气流（空气或氮气）脱附——冷凝回收工艺，回收后的混合液，可以采用精馏的方法进行分离回收。另外还有一些物质，它们的混合物很难分离，而且价值也不高。对于这些物质，当脱附下来后，可以进入催化燃烧或高温焚烧装置进行处理。

（4）在制订工艺流程之前，还有两个方面的问题需要再强调一下

① 要明确治理工艺和治理设备的关系，强调：治理工艺比治理设备重要得多！治理设备是服务于治理工艺的。千万记住：再先进的设备也不能"包治百病"。这一点，在早期的VOCs 治理工作中曾经出现过错误的认识，造成非常严重的后果。早期在采用回收技术治理VOCs 时常常会出现这样的争论：是治理工艺重要还是治理设备重要？当时有相当一部分环保公司认为：只要有一台好的回收设备，无论什么样的有机废气，都能够回收回来！20 世纪 90 年代初出现了用于回收有机溶剂的活性炭纤维自动化回收装置。这种装置来源于日本，当时我国引进了 2 套，其中一套安装在化工部第一胶片厂（乐凯集团）。后来胶片厂的科技人员对该装置进行了成功的消化吸收，实现了国产化。几年的工夫，出现了很多利用该装置回收 VOCs 的公司，形成了恶性竞争的局面。但是后期仅仅几年，大多数公司垮掉。为何会出现这种局面？究其原因是大多数人对回收 VOCs 的工艺原理没有认真地去研究，因此出现了一些错误的认识，认为只要有了好的设备就万事大吉，而无需考虑回收什么物质。

事实上，在利用活性炭作吸附剂处理 VOCs 时，各种成分的 VOCs 在活性炭表面的吸附行为千差万别：有的能够被吸附，而有的不能够被吸附，更有甚者还脱附不下来等。为此，在利用活性炭纤维自动化回收装置回收 VOCs 时，首先应该考虑废气成分及各成分的性质，然后再去研究采取什么样的工艺。

比如一种含甲苯、二甲苯和苯乙烯的混合废气，浓度为 3000mg/m^3，用什么工艺回收？对于如此高浓度的 VOCs 废气，有人立即会想到：采用活性炭纤维回收。但是，这里面有苯乙烯。苯乙烯的饱和蒸气压比较低，根本脱附不下来，加上苯乙烯在高温下容易聚合，生成聚苯乙烯，从而堵塞了吸附剂的微孔，造成项目实施失败。但是，如果先找出防止苯乙烯堵塞吸附剂微孔的方法，制订出合理的回收工艺，问题也就解决了。

在当时出现类似的情况不少，尤其是在遇到混合废气的回收时，有的公司甚至做了BOT 项目。因此造成了不少公司运转不下去的局面。严酷的现实使大家逐渐认识到：采用吸附法回收 VOCs 时，治理工艺比治理设备更重要。

了解了这一点，在制订工艺流程时一定要特别注意：必须做到先考虑工艺流程，再考虑采用什么样的设备去保证工艺流程的实施。

② 第二个要强调的就是安全问题。这是一个特别重要的问题，在制订工艺流程时需要特别引起重视的。因为 VOCs 绝大部分都是易燃易爆气体，必须严格按照技术规范进行操作。否则，所造成的后果将不堪设想。无数处理 VOCs 的恶性事故，大部分都与工艺处理不当有关。为此，在这里特别提醒：

a. 处理装置设计和采用的电气元件必须按照规范要求符合防爆等级；

b. 设备布置要满足安全距离的要求；

c. 与气体接触的自动控制阀必须使用气动阀；

d. 必须选用防爆风机；

e. 所有处理系统中必须在适当位置安装符合国家标准的阻火器；

f. 处理装置中的敏感部位（超温、超压等）时，要按照规范设置报警装置及应急处理设施；

g. 为确保运行安全，必要时可采用连锁设计；

h. 设备整体要有可靠的接地；

i. 要考虑现场整体的安全应急预案。

当初步确定工艺流程后，再对确定的工艺流程进行细化，然后绘制出工艺流程图，并提出设计要求。这是设计的总纲。有了设计总纲，就可以进行设计计算了。

3. 设计计算

首先根据设计要求或前人经验数据确定设计参数。结合污染物排放状况和处理要求进行物料衡算，以确定设备外形尺寸。通过热量衡算和流体力学、材料力学等原理确定设备内部的结构。根据处理要求和现场条件，进行管道和电路的设计计算。

（1）装置主体设备的设计计算　在确定主体装置之后，要进行设备图的绘制，设备图的绘制包括装配总图及零件加工图。这是工作量最大的一项工作。

① 绘图的基本要求。

a. 图纸必须按照国家标准绘制。

b. 图纸上标注的名词、术语、代号、符号等均应符合有关标准与规定。

c. 设计设备零部件时，应最大限度地采用标准件、通用件和外构件，以提高设备的标准化系数，提高生产效率。

d. 图纸上的视图应与技术要求结合起来，视图应能表明零部件的结构、完整轮廓和制造、检验时所必需的技术依据。

e. 在已能清楚表达零部件的结构及相互关系的前提下，视图的数量应尽量少。

f. 每个零部件应尽量分别绘制在单张图纸上，如果必须分布在数张图纸上时，主要视图、明细栏、技术要求一般应置于第一张图上。

g. 填写零部件名称应符合有关标准或统一规定，如无规定时，尽量简短、确切。

h. 图上一般不应列入对工艺人员选择工艺要求有限的说明。为保证产品质量，必要时允许标注采用一定加工方法的工艺说明。

i. 每张图应完整填写标题栏。在签署栏内必须经"技术责任制"规定的有关人员签署。

② 对总装图的要求。总装图包括以下内容：

a. 设备轮廓或成套组成部分的安装位置图形。

b. 成套设备的基本特性、主要参数及型号、规格。

c. 设备的外形尺寸、安装尺寸、技术要求。

d. 机械运动部分的极限位置。

e. 操作机构的手柄、旋钮、指示装置等。

f. 组成成套设备的明细栏（有明细表时可省略）。

g. 图中各种引出说明一般应与标题栏平行，引出线不得相互交叉，不应与剖面线重合，不能有一处以上的转折。

③ 对零件图的要求。

a. 每个专用零件一般均应绘制工作图样，特殊情况可不绘制。

b. 零件图一般根据装配时所需要的位置、形状、尺寸和表面粗糙度绘制。装配尺寸链的补偿量一般标注在有关零件图上。

c. 两个相互对称的零件一般应分别绘制工作样图。

d. 必须整体加工或成组使用分切零件，允许作为一个单件绘制在一张图样上。

e. 图样上的尺寸应从结构基准面开始标注。

f. 图样上的尺寸和几何要素，一般应标注极限偏差和形位公差，未标注时应有统一文件规定或在技术要求中说明。

g. 图中对局部要素有特殊要求及标记时，应在所指部位近旁标注说明。

④ 技术要求的书写。

a. 对那些不能用视图充分表达清楚的技术要求，应在"技术要求"标题下用文字说明，其位置尽量置于标题栏的上方或左方。

b. 技术要求的条文，应编顺序号。仅有一条时可不写顺序号。

c. 技术要求的内容应简明扼要，通顺易懂，一般包括以下内容：对材料、毛坯、热处理的要求；视图中难以表达的尺寸、形状和位置公差；对有关结构要素的统一要求（如圆角、侧角尺寸）；对零部件表面质量的要求；对间隙、过盈、特殊结构要素的特殊要求；对校准、调整及密封的要求；对产品及零部件的性能和质量的要求（如噪声、耐振性、自动制动等）；试验条件和方法；其他必要的说明。

d. 技术要求中引用标准、规范、专用的技术条件等文件时，应注明文件编号和名称。

e. 技术要求中列举明细栏上的零部件时，允许只写序号或代号。

（2）管道的设计

① 设计依据。

a. 工程设计规范、规定及管路等级表。

b. 设备平、立面图。

c. 设备基础图和支架图。

d. 建（构）筑物平、立面图。

② 管道设计基本要求。

a. 进出装置的管道应与外管道连接相吻合。

b. 管道与自控的孔板、流量计、压力表、温度计等，确定出具体位置同时不碰撞仪表管缆。

c. 管道与装置内的电缆、照明灯分区行走。

d. 管道布置应保证安全生产和满足操作、维修方便及人货道路畅通。

e. 操作阀高度以 800～1500mm 为妥。

f. 取样阀的设置高度应在 1000mm 左右，压力表、温度计设置在 1600mm 为妥。

③ 管道布置的一般原则。管道的布置关系到整个系统的整体布局，合理设计、施工和使用管道系统，不仅能充分发挥控制系统的作用，而且直接关系到设计和运转的经济合理性。

在气态污染物控制过程中，管道输送的介质可能是各种各样的，像热冷空气、含尘气体、各种有害气体（包括易燃易爆气体）、各种蒸气等。针对这些不同的介质，在设计管道时应考虑其特殊要求，但就其共性来说，作为管道布置的一般原则应注意以下几点。

a. 布置管道时应对所有管线通盘考虑，统一布置，尽量少占有用空间，力求简单、紧凑、平整、美观，而且安装、操作和检修要方便。

管道应尽量避免遮挡室内光线和妨碍门窗的启闭，不应影响正常的生产操作。输送剧毒物的风管不允许是正压，此风管也不允许穿过其他房间。

管道与阀门的重量不宜支撑在设备上，应设支架、吊架。保温管道的支架应设管托。焊缝不得位于支架处，焊缝与支架的距离不应小于管径，不得小于 200mm。管道焊缝的位置应在施工方便和受力小的地方。

b. 划分系统时，要考虑排送气体的性质。可以把几个排气罩集中成一个系统进行排放。但是如果污染物混合后可能引起燃烧或爆炸，则不能合并成一个系统。如果不同温度和湿度的含尘气体混合后可能引起管内结露时，也不能合成一个系统。对于只含有热量、水蒸气、无爆炸危险的有害物的气体可合并为一个系统。输送易燃易爆的气体、液体或待分出的气体时，应考虑防静电，将设备和管道安装可靠的接地，接地总电阻一般不超过 10Ω。

c. 管道平、立面布置图上应将管道的定位尺寸标注清楚，如管道与设备中心线的间距，管道与管道的间距，流量计安装位置的前、后室尺寸，温度计、压力表位置高度，管道分支的具体尺寸等施工用的尺寸都必须标注在图中。

d. 管道布置力求顺直、减少阻力。一般圆形风道强度大、耗用材料少，但占用空间大。矩形风道管件占用空间小、易布置。为利用建筑空间，也可制成其他形状。管道敷设应尽量明装，不宜明装时采用暗装。

e. 配管设计时管路应尽量靠拢，管子间距取整数，如 200mm、250mm 或 300mm 等，但必须保证施工间距。对热介质除保温外还与冷介质隔开，防止相互影响，一般热介质设在上层，冷介质设在下层。公用系统主管敷设在下层。

管道应尽量沿墙或柱子敷设，管径大的管道和保温管应设在靠墙侧。管道与梁、柱、墙、设备及管道之间应有一定距离，以满足施工、运行、检修和热胀冷缩的要求。各种管件应避免直接连接。

f. 气体或蒸汽管道应从主管上部引出支管，以减少冷凝液的携带，管线要有坡向，以免管内或设备内积液。

g. 水平管道应有一定的坡度，以便放气、放水、疏水和防止积尘，一般坡度为 0.002～0.005。管道改变标高或走向时，应避免管道形成积聚气体的"气袋"或形成液体的"口袋"和"盲肠"，如不可避免时应于高点设放空阀，低点设放净（液）阀。在垂直管的最低点，气、液相均应设排净口（附 DN20 放净阀）。

h. 由于管法兰处易泄漏，故生产管道除与设备接口和法兰阀门、特殊管件连接处采用法兰连接外，其他均应采用对焊连接。采用成形无缝管件（弯头、异径管、三通）时，不宜直接与平焊法兰焊接（可与对焊法兰直接焊接），其间要加一段直管，直管长度一般不小于其公称直径，不得小于 100mm。

i. 确定排入大气的排气口位置时，要考虑排出气体对周围环境的影响。通常排出口应高于周围建筑 2～4m。为保证排出气体能在大气中充分扩散和稀释，排气口可装设锥形风帽，或者辅以阻止雨水进入的措施。排气口的高度要符合环保要求。

j. 风管上应设置必要的调节和测量装置（如阀门、压力表、温度计、风量测量孔和采样孔等），或者预留安装测量装置的接口。调节和测量装置应设在便于操作和观察的位置。

④ 管道系统的设计。管道系统设计应在保证使用效果的前提下使管道系统投资和运行费用最低。管道系统设计计算的任务主要是确定管道的位置、选择断面尺寸并计算管道的压力损失，以便根据系统的总风量和总阻力选择适当的风机和电机。

a. 绘制管道系统的轴侧投影图，对各管段进行编号，标注长度和流量，管段长度一般按两管件中心线之间的长度计算，不扣除管件（如三通、弯头）本身的长度。

b. 选择合适的气体流速，使其技术经济合理，确定系统投资和运行费用的最佳值，一般称为经济气速。

c. 根据各管段的风量和选定的流速确定各管段的断面尺寸，并按国家规定的统一规格进行圆整，选取标准管径。

d. 确定系统最不利环路，即最远或局部阻力最多的环路，也是压损最大的管路，计算该管段总压损，并作为管段系统的总压损；对并联管路进行压损平衡计算，两支并联管道的压损差相对值应控制在 10%～15% 以内。

e. 根据系统的总流量和总压损选择合适的风机和电机。

⑤ 选择适当的流速。风管内气体流速对通风系统的经济性有较大影响。流速高，风管断面小，材料消耗少，建造费用小；但是系统阻力大，动力消耗大，运行费用增加。流速低，阻力小，动力消耗少，但是风管断面大，材料和建造费用大，风管占用的空间也会增大。因此必须通过全面的技术经济比较，选定适当的流速，使投资和运行费用为最佳。在选择高流速时，应考虑气体输送时产生的噪声不能超过国家规定的标准。根据经验总结，管道

内的风速控制范围见表 4-1。

表 4-1　工业通风管道内的风速　　　　　　　　　　　　单位：m/s

风道部位	钢板和塑料风道	砖和混凝土风道
干管	6～14	4～12
支管	2～8	2～6

⑥ 管径的选择。在已知流量和确定流速以后，管道断面尺寸可按下式计算

$$D = (4Q/\pi u)^{0.5} \tag{4-1}$$

式中　　D——管道直径，m；

　　　　Q——体积流量，m^3/s；

　　　　u——管内流体的平均流速，m/s。

计算出的管径应按国家规定的统一规格进行圆整。

⑦ 管道内气体流动的压力损失。按照流体力学原理，流体在流动过程中，由于阻力的作用产生压力损失。根据阻力产生的原因不同，可分为沿程阻力和局部阻力。沿程阻力是流体在直管中流动时，由于流体的黏性和流体质点之间或流体与管壁之间的互相位移产生摩擦而引起的压力损失。它是伴随流体的流动在整体流动路程上出现的，所以称沿程阻力，也称摩擦阻力。局部阻力是流体流经管道中某些管件（如三通、阀门、弯头、管道出入口及流量计等）或设备时，由于流速的方向和大小发生变化产生涡流而造成的阻力。

4. 设计部分的前、后段工作说明

① 对于一般小型工程，当设计完成后，经有关部门或人员审查无误，即可进入设备制造、采购、安装调试阶段。

② 对于大中型工程，为了确保工程质量，根据规定，设计要经过：

a. 项目可行性研究，提出可行性研究报告（或项目建议书），连同项目的环评报告一起报上级主管部门审查、批准后，方可正式进入设计阶段。

b. 对于大型项目的设计，一般还要经过初步设计和施工设计（统称初设和详设）。

c. 对于特大型项目，有些还要求在初步设计完成后，增加一步扩大初步设计，对项目的设计提出更加详细的要求。

所以，对于一个大型项目，其初步设计就等于是项目设计的大纲或指导性文件。

5. 设计完成后的任务

根据《吸附法工业有机废气治理工程技术规范》规定，在设计工作完成后，还要根据要求完成设备的制造、采购、安装、调试、试运行，然后通过工程验收和环保验收。至此，整个工程才算是完成了。

最后要说的是：要保质保量地做好一个项目，一定要做到"三化"，即设计精准化、设备标准化、制造精细化。

在 VOCs 治理方面，部分国外的同类设备使用效果比国内好。可能有多方面的原因。

以吸附-浓缩的沸石转轮为例，同样处理能力，日本产品的售价是国内的 2 倍多，但是很多用户还是愿意花高价购买。究其原因是因为其吸附效率高，使用安全，寿命长。再仔细考查发现，它是根据用户废气的基础数据及要求实行一对一设计的，在设备的制造上又严格控制细节的质量，所以比国内的产品质量优越。

这不是科技水平的差距，而是设计和制造的差距！因此，要想使治理 VOCs 的产品赶上国外先进水平，除努力研究基本理论外，还必须在具体项目操作上做到"三化"，即项目设计要精准化、设备制造要标准化、加工工艺要精细化。

（1）项目设计要精准化　项目设计精准化是保证项目成功的基础。所谓精准化，也就是项目设计要一对一。接受一个治理项目时，必须认真进行污染源调查，了解和掌握排放污染物的成因、种类和理化性质、位置分布及数量、排放方式与途径、排放量及排放强度、排放规律等，获得工程设计的原始资料（基础资料）。再了解到相关政策及客户的要求等。有了设计依据，可以根据项目的具体情况、相关政策和客户的要求，进行治理方法的选择和工艺路线的确定，然后才能进入实际的设计阶段。只有这样，才能做到"对症下药"，才能为治理项目的完成打下可靠的基础。这也就是"项目设计精准化"的含义。

举例来说，当接手一个尾气治理项目时，首先要根据污染源调查资料确定治理方向：是回收还是消除？如果选择回收，那就要按照回收的工艺路线去设计：首先确定大的系统，然后再分别设计子系统（以吸附法为例）。

① 废气预处理系统的设计。根据废气的成分、浓度、温度等，计算出混合气体的爆炸极限下限，确定是否对废气进行稀释（或浓缩）；是否调节温度（考虑换热方式）；废气中有无可能使吸附剂堵塞或中毒的物质（清除）。据此确定预处理方案。

② 主体装置的设计。

a. 根据需要回收物质的性质和原始风量，确定吸附剂并计算吸附剂用量；

b. 根据实际进入吸附装置的废气流量，选择吸附装置、床层厚度，确定风速。

③ 计算（或经验估算）系统阻力和废气流量，选择风机。

④ 根据脱附方式，计算脱附剂用量，同时考虑脱附及回收分离系统。

⑤ 选择、设计其他配套设备如自控系统、在线监测装置（如需要）、阻火器、排气筒、防腐、防爆、防震、降噪、接地以及设备基础等。

⑥ 设计计算管路系统，并使整个系统连成一个整体。这样才算完成了项目的初设。

⑦ 按照初设的要求完成设备及施工图设计，这就是对项目实施了精准设计。

当然如果采用简单的消除方法：比如直接燃烧、热力燃烧或 RTO、UV、等离子体等，只要不涉及吸附剂或催化剂，就不需要这么复杂的程序。但是，一定要避免采用所谓的"公共设计"去代替以上所述程序。

（2）设备制造要标准化　设备制造标准化是提高劳动生产率的重要措施。主要包括以下内容：

① 如果采用标准化设计的设备，最好先制定出该设备的企业标准，标准中规定出产品系列，应用时可按照处理任务的大小进行选择。

② 在标准化设备中，对于标准化零部件可以采用标准化图纸进行预先制造。以回收为例，如果采用由环式吸附器组成的自动化回收装置，那就可以设计出规定处理量的标准图纸，预制出若干个标准吸附芯备用，当接到任务时，则可按照项目的废气量进行组合，比如组合成 3 芯或 4 芯一箱，甚至 6 芯、8 芯等。最后再配上其他设备，一个处理系统即可组成。从而可保证安装质量，同时避免了生产任务的旱涝不均。

（3）加工工艺要精细化　加工精细化是项目实施高质量的重要保证。这是一个观念问题，也是一个管理问题。

要实现加工精细化，一方面要克服传统观念；其次管理也必须跟得上，比如开展 QC 小组活动、每班每人都实行任务单、制定严谨的操作规程等，如果使加工工艺精细到这样的程度，产品质量肯定会达到全优的水平。

因此，为实现 VOCs 治理的高质量，必须重视"三化"！只有这样，才有可能赶上甚至超过国际先进水平，VOCs 治理市场才不至于被国外所占领。

第二节　活性炭固定床吸附系统配置

活性炭固定床吸附系统配置得是否合理，是关系整个治理项目成败的关键。因此必须做到整体配置要完整、合理，关键设备选择得当，以保证系统运行流畅。

一、一般固定床吸附系统的组成

一个完整的固定床吸附系统由四大部分组成：主系统、自动控制系统、安全保障系统、附属系统。

1. 主系统

主系统包括废气收集、阻火器、废气预处理、吸附-脱附、冷凝回收、风机、净化气体排放等（图 4-1）。

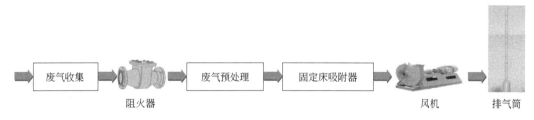

图 4-1　活性炭固定床吸附器处理 VOCs 主系统示意图

① 图 4-1 中所示为挥发性有机物处理系统的主线，设计时根据具体工程需要可适当增加，但关键设备不可随意变动；

② 阻火器必须选择符合国家标准的设备，千万不能随意选择；

③ 废气处理系统的风机一般安装在主体装置尾部，运行时可保持系统的微负压状态，以防止废气泄漏；

④ 排气筒按照规范要求，要高于附近最高建筑物 15m 以上。

2. 自动控制系统

3. 安全保障系统

安全保障系统包括报警装置、设备防爆、防雷接地系统；

4. 附属系统

附属系统包括脱附气体供给、冷却水系统等。

二、废气收集系统的设计

一般来说，废气收集系统包括集气罩和管路系统。

1. 集气罩

（1）集气罩的类型　集气罩按罩口气流流动方式及集气罩与污染源的相对位置可分为密闭罩、箱式集气罩、接受式集气罩、吹吸式集气罩和外部集气罩。VOCs 处理工程中所用集气罩的安装位置均在集气管道与废气排放口相结合的地方，所以又称外部集气罩。

（2）外部集气罩设计原则

a. 设计集气罩的吸气口位、结构和风速时，应使罩内负压均匀，罩口处于微负压状态。

b. 集气罩的吸气应尽可能利用污染气流的运动作用。

c. 已被污染的吸入气流不允许通过人的呼吸区。设计时要充分考虑操作人员的位置和活动范围。

d. 集气罩的配置应与生产工艺协调一致，力求不影响工艺操作。在保证功能的前提下，应力求结构简单、造价低廉，便于安装和维护管理。

e. 防止集气罩周围的紊流产生，应尽可能避免或减弱干扰气流、穿堂风和送风气流等对吸气气流的影响。

（3）外部集气罩排风量的计算　目前多采用控制速度法计算外部集气罩的排风量。利用外部集气罩的几何尺寸及罩口速度分布就可以很方便地求得外部集气罩的排风量。

排风量可用下式计算：

$$Q = A_0 v_0 \tag{4-2}$$

式中　Q——集气罩排风量，m^3/s；

　　A_0——罩口面积，m^2；

　　v_0——罩口的吸入速度，m/s。

集气罩的结构、吸入气流速度分布、罩口压力损失的变化都会影响排风量。表 4-2 列出了不同结构形式外部集气罩排风量的计算公式。

表 4-2　各种外部集气罩风量计算公式

名称	集气罩形式	罩口边比	排风量公式	公式编号
自由悬挂,无法兰边或挡板		≥0.2（或圆形）	$Q=(10x^2+A)v_x$	式(4-3)
自由悬挂,有法兰边或挡板		≥0.2（或圆形）	$Q=0.75(10x^2+A)v_x$	式(4-4)
工作台上侧吸罩,无法兰边或挡板		≥0.2	$Q=(5x^2+A)v_x$	式(4-5)
工作台上侧吸罩,有法兰边或挡板		≥0.2	$Q=0.75(5x^2+A)v_x$	式(4-6)
自由悬挂,无法兰边或挡板的条缝口		<0.2	$Q=3.7lxv_x$	式(4-7)
工作台上无边板的条缝口		<0.2	$Q=2.8lxv_x$	式(4-8)
工作台上有边条缝口		<0.2	$Q=2lxv_x$	式(4-9)

注：W 为罩口宽度，m；l 为罩口长度，m；x 为控制点至罩口的距离，m；v_x 为风速，m³/s；A 为罩口面积，m²。

从表中可以看出，计算排风量的关键是确定控制点至罩口的距离 x 和控制风速 v_x。控制点是指有害物发生地点。控制风速是保证污染物能被全部吸入罩内，同时又使得吸入的空气量最少时控制点上必须具有的吸入速度。控制风速可通过现场实测确定，如缺少实测数据，可参考表 4-3 选取。

表 4-3　控制点的控制风速 v_x

污染物放散情况	举例	最小控制风速/(m/s)
以很微小的速度放散到相当平静的空气中	槽内液体的蒸发；气体或烟从敞口容器中外逸	0.25~0.5
以较低的速度放散到尚属平静的空气中	室内喷漆；断续地倾倒有尘屑的干物料到容器中；焊接	0.5~1.0
以相当大的速度放散出来，或是放散到空气运动迅速的区域	在小喷漆室用高压喷漆；快速装袋或装桶	1.0~2.5

【例 4-1】　有一圆形的外部集气罩，罩口直径 $D=25\text{cm}$，要在罩口轴线距离为 0.2m 处造成 0.5m/s 的吸气速度，试计算该集气罩的排风量。

解：采用四周无边的侧吸罩，取 $C=1$，

则
$$Q=\left[10\times(0.2)^2+\frac{\pi}{4}\times(0.25)^2\right]\times0.5=0.225(\text{m}^3/\text{s})$$

采用四周有边的侧吸罩，取 $C=0.75$。

则
$$Q=0.75\times\left[10\times(0.2)^2+\frac{\pi}{4}\times(0.25)^2\right]\times0.5=0.169(\text{m}^3/\text{s})$$

从上例可看出，罩子四周加边后，减少了无效气流的吸入，排风量可节省 25%。

2. 用于无组织排放环境下的废气收集系统

在工程中常常遇到整个车间都是污染气体排放的环境，如焊接车间、流动工位的车间等。如果遇到这种情况，可以采用一种柔性的废气收集系统，这个系统实际上是多个集气罩的集合。这个装置像是一堵可以任意弯曲的夹壁墙，墙的外侧安装一个总排风口，与风机相连接。墙的内侧，安装有分布均匀的小型集气罩（喇叭口）。总排风口与风机相连的管道上安装有排风量控制器，以调节集气罩的罩口风速。使用时将一个排气场合用此夹壁墙围起来，即可将墙内无组织排放的废气收集起来。

3. 废气收集系统的管路设计

废气收集系统的管路根据现场污染源排放点一般分为两种：一是排放点只有一个，而且排放比较稳定，可以直接接入处理系统；二是污染源的废气排放点多，废气收集需要进行管路设计，如制药、化工等的企业，其污染气体都是由分散的装置排出，需要治理公司到各个排放口去收集，然后通过管道输送到吸附装置进行吸附处理。

本着运行安全、维护方便、经济可靠的主要原则，应充分考虑管道输送气体的性质、操作制度、相互作用、回收处理等因素，以确保管道系统的正常运转。为此，输气管道的设计要遵循以下主要原则：

（1）管路布置的一般原则　输送不同介质的管道，布置原则不完全相同，取其共性作为管路布置的一般原则。

① 管道敷设分明装和暗设，应尽量明装，以便于检修。

② 管道应尽量集中成列，平行敷设，尽量沿墙或柱敷设。

③ 管道与梁、柱、墙、设备及管道之间应留有足够距离，以满足施工、运行、检修和热胀冷缩的要求。一般间距为 $100\sim150\text{mm}$，管道通过人行横道时，与地面净距不得小于 2m，横过公路时不应小于 4.5m，横过铁路时与轨道面净距不得小于 6m。

④ 对于给水和供气管道，水平敷设时应有一定的坡度，以便于放气、放水、疏水和防止积尘。

⑤ 输送含有剧毒、易燃、易爆物质的管道系统，其正压段一般不应穿过其他房间。穿过其他房间时，该段管道上不易设法兰或阀门。

（2）对于同时产生污染，且污染物性质相同、便于污染物统一集中回收处理的可以合并成一个系统；对于污染物性质不同，但生产设备同时运转且相对集中，并且允许不同污染物混合或污染物无回收价值的也可以合并成一个系统。

（3）对于污染物混合后会引起燃烧或爆炸危险，或形成毒性更大的污染物的，或污染气流混合后会引起管道内堵塞的，则不宜合并成一个系统。

（4）分支管与水平管或倾斜主干管连接时，应从上部或侧面接入。三通管的夹角一般不大于 30°。当有几个分支管汇合于同一主干管时，汇合点最好不设在同一断面上。

（5）吸附系统所有管道不可使用铁质管道，可使用不锈钢、玻璃钢、PVC、PP 等。管路系统的设计需要遵循的原则很多，需要时请参考有关设计资料。

三、废气预处理系统的设计及设备选型

废气预处理包括的内容较多，根据《吸附法工业有机废气治理工程技术规范》（HJ 2026—2013）的规定，对于进入吸附器进行吸附处理的废气必须进行预处理，除去粉尘、可使吸附剂中毒（阻塞）的物质，除去能够堵塞吸附剂微孔的大分子有机物及在活性炭上不易脱附的物质；调整温度、调整浓度等。

（1）除去粉尘等颗粒物　粉尘等颗粒物能够堵塞吸附剂微孔，使吸附剂失去吸附能力。除去颗粒物，一般采取过滤法，也可采用水喷淋的方法。当采用过滤法时，可用无纺布作为过滤材料，在废气进入吸附器前的适当位置安装卷式过滤器（图 4-2），过滤器的两端安装压差计，当系统阻力超过规定值时，转动卷轴，更换过滤材料。

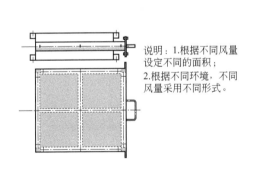

说明：1.根据不同风量设定不同的面积；
2.根据不同环境，不同风量采用不同形式。

图 4-2　卷式过滤器

（2）除去大分子有机物及在活性炭上不易脱附的物质　可以使用劣质活性炭对废气进行预吸附，这部分活性炭吸附饱和后更换。难以从活性炭上脱附的溶剂参见第二章中难以从活性炭上脱附的溶剂。

（3）调整废气进入吸附器的温度　由于吸附过程会放出热量，会导致床层温度上升。根据活性炭对气体吸附的性能，若吸附温度超过 40℃，则吸附容量会逐渐下降（图 4-3），为此，要把进入吸附器的废气温度调至 40℃以下。

可以采用两种换热方式：采用气气换热器，或采用喷淋塔。采用喷淋塔还有一个好处，

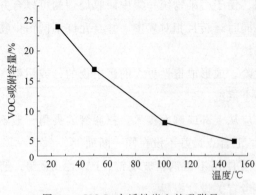

图 4-3　VOCs 在活性炭上的吸附量
随温度变化的情况

那就是在对废气降温的同时，还可以除去颗粒物以及溶于水的无机物和部分有机物。但在喷淋之后，需要增加一道低温除湿工序，以免影响后续活性炭的吸附性能。

在 VOCs 治理工程中，常常会遇到气体换热的问题。采用活性炭固定床吸附器处理 VOCs 时，要求进入吸附床的废气温度要降到 40℃ 以下，这就需要对超过 40℃ 的废气进行冷却降温处理。

根据冷却介质的不同高温气体冷却方式可分为风冷和水冷。采用低温空气冷却的方式称为风冷；采用低温水冷却的方式称为水冷。根据冷却介质与高温气体是否接触可分为间接冷却和直接冷却。若二者不直接接触，称为间接冷却；若二者直接接触，称为直接冷却。

① 吸风直接冷却。吸风直接冷却是最为简单的一种冷却方式，它是在系统中需要降温处的前端风管上设置自动混风阀，通过温度监测，自动控制阀门的启闭或开度，将冷空气吸入管道内与高温气体混合，达到降温的目的。这种降温方式会增加气体的量，在 VOCs 处理中，一般不采用。

② 喷雾直接冷却。喷雾直接冷却方式是在喷雾冷却塔或管道内直接喷雾，依靠水的蒸发潜热和显热吸收废气气体的热量，达到降温的目的。水的雾化是通过特殊的喷头来实现的。喷水量是根据烟气量和温降大小来确定的。雾化效果决定雾滴的直径，从而决定了蒸发时间。

直接水冷降温不宜冷却温度低于 150℃ 的烟气，冷却后烟气的湿度增加，所以废气在冷却后需增加一道除湿工序。

③ 间接自然风冷。间接自然风冷一般做法是高温烟气在管道内流动，管外靠热辐射和空气自然对流换热形式使烟气冷却。

自然风冷的装置简单，容易维护，但因空气对流换热系数较小，所需的换热面积较大，占地面积和钢耗量较大，降温幅度有限，因此，在降温幅度不大时采用该种冷却方式。为增大换热面积，自然风冷器通常是采用若干管束并联的结构，并在竖向形成多个来回弯置。

④ 间接机械风冷。为提高空气对流换热效果，常采用轴流风机对换热管束实施管外横向吹风。

常用的间接机械风冷设备是机力风冷器。与自然风冷器相比，机力风冷器具有冷却效果好、占地面积小的特点，在工程中经常使用。

⑤ 间接水冷。间接水冷法是一种气-水换热的方式。通常管道的外侧通水，管道的内侧通高温烟气，高温烟气通过管壁将热量传递给冷却水。常用的设备有气-水换热器、水冷套管、余热锅炉等。

间接水冷具有传热面积大、冷却效果好、体积小、冷却快速的特点，可适用于大烟气量和温降大的场合。间接水冷对冷却水的水质有一定的要求，否则容易结垢。同时，对设备制造、焊接要求较高，否则容易出现热变形漏水现象。

关于气体换热的计算，由于计算过程非常烦琐，因此，一般这类计算，大都交给换热器厂家去做，反而更加准确。

（4）调整进入吸附器的废气浓度　为了保证运行安全，根据实际运行经验，要把进入吸附器的废气浓度调至其爆炸极限下限的40％以下。有时候收集到的废气浓度往往高于爆炸极限下限的40％，此时必须进行调整。调整的方法是，在吸附器的进气口加装一台小风机直接与空气相通，在风机的进口处要加上过滤层，防止空气中的粉尘等颗粒物进入吸附器。

说到此，有一个情况需要注意：有时候来气的压力超过1个大气压，即大于0.1MPa，这时候就要根据气体状态方程将其调整到0.1MPa。

《吸附法工业有机废气治理工程技术规范》中规定，需要把废气浓度调整到吸附器爆炸极限下限的25％以下。《大气污染治理工程技术导则》（HJ 2000—2010）规定："进入吸附床的易燃、易爆气体浓度应调节至其爆炸极限下限的50％以下"。根据笔者多年的实践经验，把废气浓度调整到其爆炸极限下限的40％以下是完全没有问题的。

四、吸附系统的设计及设备选型

1. 吸附器选型

当废气预处理完成后，合格的废气即可进入活性炭固定床吸附器。根据项目的情况，对固定床吸附器进行选型：

① 对于气量较小、浓度较高的废气，宜选择立式固定床吸附器；

② 对于气量大、浓度低的废气，宜选择卧式固定床吸附器；

③ 对于气量大、浓度高的废气，宜选择环式固定床吸附器；

④ 对于浓度很高的废气，宜先用吸收或冷凝的方法，预先除去大部分物质，然后再选择吸附器进一步处理。

2. 吸附工艺的选择

在实际工程中，如果间歇操作和分批操作切实可行，则简单的单床层吸附就足够了，这时吸附阶段和再生阶段可交替进行。然而，由于大多数工业应用要求连续操作，因此经常采用双吸附床或三吸附床系统，其中一个或两个吸附床分别进行再生，其余的进行吸附。典型的双吸附床系统和三吸附床系统如图4-4和图4-5所示。目前工业上所用的大都是三床层的连续吸附系统，有时候为了做到达标排放，还可采用多床层的处理系统。

3. 脱附

（1）脱附方法的选择　采用活性炭做吸附剂时，脱附方法的选择原则主要是依据吸附质的性质进行选择。如果吸附质是不溶于水的有机溶剂，可以采用低压水蒸气进行脱附；如果吸附质是溶于水的极性溶剂，则需要采用热氮气或热空气进行脱附，脱附后的混合液体，再用精馏的方法进行分离后回用。如果没有回用价值，则可以采用燃烧法处理，以回收热量。

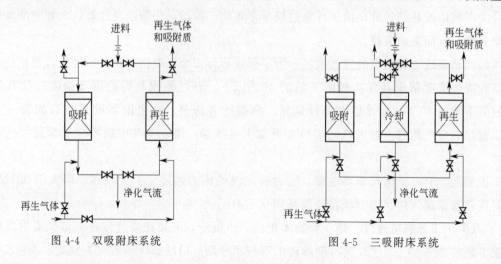

图 4-4　双吸附床系统　　　　　　　　　图 4-5　三吸附床系统

（2）脱附剂的选择　在实际工程中，一般情况下应优先考虑采用低压水蒸气作为脱附剂；如果后续接燃烧或催化燃烧，可以采用热空气作脱附剂；如果要回收的物质溶于水，可以采用热氮气作脱附剂。

（3）脱附剂的用量　脱附水蒸气的用量一般可按照气-液热交换的计算方法进行计算。计算时不要忘记考虑水的潜热。

采用氮气脱附时，必须考虑经济问题。也就是说，必须是连续进行吸附处理的时候采用氮气脱附。此时氮气可以循环使用，每循环一次，氮气的损失率按 5% 左右考虑。

4. 冷凝回收

（1）冷凝水用量　不论采用水蒸气脱附还是热氮气脱附，一般都会选择用冷却水进行冷凝。在实际工程中一般都会设置冷却塔。根据经验，冷却塔来水的温度一般都比当地的气温低 5℃ 左右（相当于当地的湿球温度），可以根据这个数据，计算冷却水的用量。根据经验，一般来说，要使 1t 水蒸气冷凝下来，大约需要 10kg 冷凝水。对于一些沸点比较低的 VOCs，一般都会采用两段冷凝法，在第一段采用普通自来水冷凝后，还要再用低温水进一步冷凝。例如，在回收二氯甲烷的工程中，在第二段冷凝工序中就采用了 7℃ 低温水，收到了很好的效果。如果采用氮气脱附，也同样需要进行换热计算。

（2）冷凝器的选择　在 VOCs 处理工程中，回收工艺时可以选择板式换热器或管壳式换热器。板式换热器体积小，但是由于其内部的换热片均是冲压成形，造成边角处容易因腐蚀而短路，所以使用寿命短。相对来讲，还是采用管壳式换热器比较好。

五、自动控制系统与在线监测系统

1. 自动控制系统

对于系统比较简单的或独立运行的装置，可采用相对较简单的自控装置，如单片机、程序控制（PLC）系统、工控机等。对于大型的、操作程序复杂的或需要与主生产系统联网的，应采用集散控制（DCS）系统。控制系统的设置应尽可能地具有完善的功能，方便人机对话，对事故的反应和处理应及时准确，应能够迅速适应主生产系统的变化，以提高整个处理装置的运行水平。

对于固定床吸附系统的控制，由于通常接触到的大都是比较简单的、独立运行的小型装置，所以，一般采用 PLC 控制就足以满足要求。

2. 在线监测系统

监测系统用于对整个净化装置运行状况的监视。高级的监测系统还可以将监测到的不正常现象及时反馈到控制系统，以便及时调整装置的运行状态。一般的监测系统包括探头、数据的采集与处理、处理结果的显示，有的还具有打印功能。比较高级的监测系统除具有上述功能外，还装有计算机屏幕显示、系统反馈。监测系统还可以实现区域性联网。

目前，我国的环境管理已经实现全国联网，国家生态环境部可以通过互联网，随时观察到各污染企业治理设施的运转情况，并可随时采集数据，以此指导全国的污染治理及环境管理。可见我国的环境管理水平已经跨入世界先进行列。

六、附属系统的设计及设备选型

1. 脱附剂供应

在 VOCs 治理工程中，一般采用低压水蒸气作脱附剂，低压水蒸气的来源多是企业自备锅炉或公用的蒸汽管网。一般来气压力不低于 0.6MPa，到脱附装置后接入脱附系统，经过系统减压阀后，压力降为 0.1MPa 后，进入脱附系统，对吸附饱和的活性炭吸附床层进行脱附。脱附完成后，蒸汽自动切换到下一个吸附单元；从吸附床层出来的含有高浓度的混合气体，进入冷凝系统进行有机溶剂的回收。产生的废水经处理达标后外排。

如果采用氮气作脱附剂，需要提供氮气源，一般需要提供制氧机。当氮气进入系统后，需要和氮气循环系统连接，所用氮气在该系统加热至脱附所需温度后，再正式进入吸附床层进行脱附，脱附完成后，通过冷凝器回收有机溶剂，或不经冷凝直接进入燃烧装置烧掉。剩余的氮气，返回氮气循环系统，经加热后继续担当脱附任务。热氮气脱附应用在连续实施脱附的工艺系统。在氮气循环系统中要特别做好系统的密封，防止氮气泄漏。实际工程中，一般要控制氮气泄漏量在 5% 以下。

2. 冷却水供应

冷却水供应，一般是安装冷却塔，采用常温自来水对脱附下来的混合气体进行冷凝，以回收有机溶剂。对一般沸点的有机溶剂，冷却水的冷量也就足够了。为了对沸点很低的有机溶剂进行完全的回收，使尾气真正达标排放，必须进行二次甚至三次冷凝，而且要根据有机溶剂的沸点设置不同的冷凝温度。这样进行多级冷凝的目的是为了节省能源。

冷却水的用量，需要根据换热计算。根据工程经验，当采用一级冷凝对水蒸气进行冷凝时，一般要使 1t 水蒸气冷凝下来，需要 10kg 自来水（这是指在干、湿球温差在 5℃ 左右的地区）。

3. 压缩空气供应

压缩空气主要是为气动阀门提供开关动力。一般 PLC 系统所使用的气动阀，有 1kg 的压力已经足够，气源由厂家提供。

第三节 风机选型及使用

一、风机选型

1. 风机的分类

（1）按风机的作用原理分类

① 离心式风机 这是在 VOCs 处理工程中使用最多的一种风机。离心式风机由旋转的叶轮和蜗壳式外壳组成，叶轮上装有一定数量的叶片。气流由轴向吸入，经 90°转弯，由于叶片的作用而获得能量，并由蜗壳出口甩出。根据风机提供的全压不同，分为高、中、低压三类：高压 $p>3000\mathrm{Pa}$；中压 $3000\mathrm{Pa}{\geqslant}p{\geqslant}1000\mathrm{Pa}$；低压 $p<1000\mathrm{Pa}$。

离心式风机的叶片结构形式有前向式、径向式、后向式几种，见图 4-6。

前向式叶片朝叶轮旋转方向弯曲，叶片的出口安装角 $\beta_2>90°$，见图 4-6(a)。在同样风量下，它的风压最高。

径向式叶片是朝径向伸出的，$\beta_2=90°$，见图 4-6(b)。径向式叶片的离心式风机的性能介于前向式和后向式叶片的风机之间。这种叶片强度高，结构简单，粉尘不易黏附在叶片上，叶片的更换和修理都比较容易，常用于输送含尘气体。

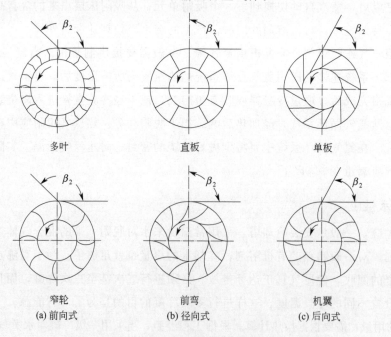

图 4-6 离心式风机叶片的结构形式

后向式叶片的弯曲方向与叶轮的旋转方向相反,$\beta_2 < 90°$,见图 4-6(c)。与前两种叶片的风机相比,在同样流量下,它的风压最低,尺寸较大,这种叶片形式的风机效率高、噪声小。采用中空机翼形叶片时,效率可达 90% 左右。但这种叶片的风机不能输送含尘气体,因为叶片磨损后,尘粒进入叶片内部,会使叶轮失去平衡而产生振动。

叶片形式不同的离心式风机,其性能比较见表 4-4。目前常用离心式风机系列的叶片基本形式见表 4-5。

表 4-4 叶片形式不同的离心式风机的性能比较

形式	前向		径向		后向	
出口安装角度 β_2	$>90°$		$=90°$		$<90°$	
理论压力	大		中		小	
动压	$>$静压		$=$静压		$<$静压	
特性曲线						
叶片形式	多叶	窄轮	直板	前弯	单板	机翼
流量系数 $\bar{L}$	0.3~0.6	0.05~0.3	0.1~0.3	0.05~0.2	0.05~0.35	0.1~0.35
压力系数 $\bar{P}$	0.9~1.2	0.7~0.9	0.55~0.75	0.55~0.75	0.3~0.6	0.3~0.6
效率 η_i	0.70~0.78	0.7~0.88	0.7~0.88	0.7~0.88	0.75~0.9	0.75~0.92
$\dfrac{b_2}{D_2}$[1]	0.3~0.6	0.05~0.3	0.1~0.3	0.05~0.2	0.05~0.35	0.1~0.35
比转数 n_s	50~100	10~50	30~60	25~50	40~80	50~80
特性及适用范围	体积小,转速低,噪声低,适用于空调	转速高,压力高,噪声高,适用于阻力大的系统	叶片简单,转速低,适用于农机和排尘系统	转速高,适用于冶金、排尘和烧结	效率较高,噪声较小,适用于锅炉、空调、矿井、建筑通风等	

① b_2——叶轮出口宽度;D_2——叶轮外径。

表 4-5 常用离心式风机系列的叶片的基本形式

叶片基本形式	常用风机系列	叶片基本形式	常用风机系列
前向式叶片	9-19,9-26,10-19,9-27,9-35,8-23Y	机翼形叶片	4-68,G4-68,Y4-68,4-72,G4-73,Y4-73
后向板形叶片	Y5-48,T4-72,4-79,Y5-47,4-62	径向式叶片	C4-68,7-29,7-40,6-30,6-46

② 轴流式风机。轴流式风机的叶片安装于旋转轴的轮毂上,叶片旋转时,将气流吸入并向前方送出。根据风机提供的全压不同分为高、低压两类:高压 $p \geqslant 500\text{Pa}$;低压 $p < 500\text{Pa}$。

轴流式风机的叶片有板形、机翼形等多种,叶片根部到梢部常是扭曲的,有些叶片的安装角是可以调节的,调整安装角度能改变风机的性能。

③ 贯流式风机。贯流式风机是将机壳部分敞开使气流直接径向进入风机中,气流横穿叶片两次后排出。它的叶轮一般是多叶式前向叶型,两个端面封闭,流量随叶轮宽度增大而增加。贯流式风机的全压系数较大,效率较低,其进、出口均是矩形的,易与建筑配合。目

前大量应用于大门空气幕等设备产品中。

（2）按风机的用途分类

① 一般用途风机。这种风机只适宜输送温度低于80℃，含尘浓度小于150mg/m³的清洁空气，如4-68型风机等。

② 排尘风机。适用于输送含尘气体。为了防止磨损，可在叶片表面渗碳、喷镀三氧化二铝、硬质合金钢等，或焊上一层耐磨焊层，如碳化钨等，如C4-73型排尘风机的叶轮采用16锰钢制作。

③ 防爆风机。该类型风机选用与砂粒、铁屑等物料碰撞时不发生火花的材料制作。对于防爆等级低的风机，叶轮用铝板制作，机壳用钢板制作；对于防爆等级高的风机，叶轮、机壳则均采用铝板制作，并在机壳和轴之间增设密封装置。

④ 防腐风机。防腐风机输送的气体介质较为复杂，所用材质因气体介质而异。F4-72型防腐风机采用不锈钢制作。有些工厂在风机叶轮、机壳或其他与腐蚀性气体接触的零部件表面喷镀一层塑料，或涂一层橡胶，或刷多遍防腐漆，以达到防腐目的，效果很好，应用广泛。

另外，用过氯乙烯、酚醛树脂、聚氯乙烯和聚乙烯等有机材料制作的风机（即塑料风机、玻璃钢风机），重量轻，强度大，防腐性能好，已有广泛应用。但这类风机刚度差，易开裂。在室外安装时，容易老化。

在VOCs治理工程中，防腐防爆风机使用频率较高。

⑤ 消防用排烟风机。该类型风机供建筑物消防排烟使用，具有耐高温的显著特点。一般在温度大于280℃的情况下可连续运行30min。目前在高层建筑的防排烟通风系统中广泛应用。

⑥ 屋顶风机。这类风机直接安装在建筑物屋顶上，其材料可用钢制或玻璃钢制。有离心式和轴流式两种。这类风机常用于各类建筑物的室内换气，施工安装极为方便。

⑦ 高温风机。锅炉引风机输送的烟气温度一般工作在140～200℃，最高使用温度不超过250℃，在该温度下碳素钢材的物理性能与常温下相差不大。所以一般锅炉引风机的材料与一般用途风机相同。若输送气体温度在300℃以下时，则应用耐热材料制作，滚动轴承采用空心轴水冷结构。

不同用途风机常以用途代号表示，见表4-6。

表 4-6　常用风机用途代号

用　途	代　号			用　途	代　号		
	汉字	汉语拼音	简写		汉字	汉语拼音	简写
排尘通风	排尘	CHEN	C	矿井通风	矿井	KUANG	K
输送煤粉	煤粉	MEI	M	锅炉引风	引风	YIN	Y
防腐蚀	防腐	FU	F	锅炉通风	锅炉	GUO	G
工业炉吹风	工业炉	LU	L	冷却塔通风	冷却	LENG	LE
耐高温	耐温	WEN	W	一般通风换气	通风	TONG	T
防爆炸	防爆	BAO	B	特殊通风	特殊	TE	E

2. 风机的性能参数

（1）性能参数　在VOCs处理工程中，熟悉风机的性能参数是非常重要的。在风机样本和产品铭牌上通常标出的性能参数是风机在标定状态下得出的数据。

对于通风机，是按大气压力 101.325kPa，空气温度 20℃考虑，此时空气密度 1.20kg/m³。

对于电站锅炉引风机标定条件为：大气压力 101.325kPa，空气温度 140℃，空气密度 0.85kg/m³。

对于工业锅炉引风机标定条件为：大气压力 101.325kPa，空气温度 200℃，空气密度 0.745kg/m³。

当使用条件与标定条件不同时，应对各性能参数进行修正。在选择风机时，应注意风机性能参数的标定状态。

① 风量。风机在单位时间内所输送的气体体积流量称为风量或流量 Q，单位为 m³/s 或 m³/h。它通常指的是工作状态下输送的气体量。风机一旦确定后，当输送介质的温度和密度发生变化时，风机的体积流量不变。

② 全压。风机的风压是指全压 p，为动压和静压两部分之和。样本上风机全压指风机的压头，即出口气流全压与进口气流全压之差。

③ 转速。风机的转速是指叶轮的旋转速度，单位为 r/min，常用 n 来表示。

④ 功率。

a. 有效功率。有效功率指所输送的气体在单位时间内从风机中所获得的有效能量，即

$$N_e = \frac{pQ}{1000} \tag{4-3}$$

式中　N_e——有效功率，kW；

　　　　p——风机的全压，Pa；

　　　　Q——风机的风量，m³/s。

b. 内功率。风机内功率指风机有效功率加上风机的内部流动损失功率，即

$$N_{in} = \frac{pQ}{1000\eta_{in}} \tag{4-4}$$

式中　N_{in}——风机内功率，kW；

　　　　η_{in}——风机内效率，等于风机有效功率与内部功率的比值，它反映了风机内部流动过程的好坏，也是判定高效风机的指标，可从风机样中查找。风机的选用设计工况效率，不应低于风机最高效率的 90%。

c. 轴功率。风机的轴功率等于内部功率加上轴承和传动装置的机械损失功率，轴功率又称输入功率，也是原动机（如电动机）的输出功率。

$$N_{sh} = \frac{pQ}{1000\eta_{in}\eta_{me}} \tag{4-5}$$

式中　N_{sh}——风机轴功率，可从风机样本中获得，kW；

　　　　η_{in}——机械传动效率，是反映风机轴承损失和传动损失的指标，与传动方式有关；

　　　　η_{me}——机械效率，可由表 4-7 查得。

表 4-7 传动方式与机械效率

传动方式	机械效率 η_{me}	传动方式	机械效率 η_{me}
电动机直联	1.0	减速器传动	0.95
联轴器直联传动	0.98	V 带传动	0.92

d. 所需功率。所需功率是指在风机轴功率的基础上考虑电机功率储备所计算的功率，即

$$N = \frac{pQ}{1000\eta_{in}\eta_{me}} \times K \qquad (4\text{-}6)$$

式中 N——所需功率，kW；

K——电机的功率储备系数，主要从两方面考虑：一是为设计计算的精度误差，二是要满足电机启动条件，即要进行电机的启动验算，可由表 4-8 查得。

表 4-8 功率储备系数 K

电动机功率/kW	功率储备系数 K				轴流式
	离心式				
	一般用途	灰尘		高温	1.05~1.10
<0.5	1.5				
0.5~1.0	1.4				
1.0~2.0	1.3	1.2		1.3	
2.0~5.0	1.2				
>5.0	1.1				

e. 电机功率。电机功率应大于或等于风机的所需功率，一般可由样本获得。值得注意的是，当电机和电机功率初步选定后，还需根据净化工艺可能出现的特殊工况进行电机功率的校核，如冷态启动、冬季运行、系统最大风量等。

(2) 风机性能参数的变化关系 风机样本性能参数表（或特性曲线）是按国家标准规定的标定条件得出的，当使用条件（大气压力、空气密度、温度）发生变化时，风机的性能参数将发生变化，此时，需要进行修正。修正方法，请参考相关资料。

3. 离心式风机的命名

风机的全称包括名称、型号、机号、支撑与传动方式、旋转方向和风口位置六个部分。

(1) 名称 按其作用原理称之为离心式通风机，在名称之前，可冠以用途代号（汉字或汉语拼音的第一个字母），用途代号见表 4-9。

(2) 型号 离心风机的型号组成及书写顺序如下：

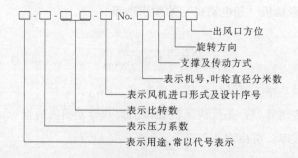

表 4-9　通风机进口吸入型式代号

代　号	0	1	2
通风机进口吸入型式	双侧吸入	单侧吸入	二级串联吸入

（3）机号　风机的机号用风机叶轮直径分米数，尾数四舍五入，在前冠以"No."表示。

（4）支撑与传动方式　风机的支撑与传动方式共分 A、B、C、D、E、F 六种型号，见表 4-10 和图 4-7。A 型风机的叶轮直接固装在风机的轴上；B、C 与 E 型均为皮带传动，这种方式便于改变风机的转速，有利于调节；D 型和 F 型为联轴器传动；E 型和 F 型的轴承分布于叶轮两侧，运转比较平稳，大都应用于较大型的风机。

表 4-10　风机的传动方式

	代　号	A	B	C	D	E	F
传动方式	离心式风机	无轴承,电机直联传动	悬臂支撑,皮带轮在轴承中间	悬臂支撑,皮带轮在轴承外侧	悬臂支撑,联轴器传动	双支撑,皮带轮在外侧	双支撑,联轴器传动
	轴流式风机	无轴承,电机直联传动	悬臂支撑,皮带轮在轴承中间	悬臂支撑,皮带轮在轴承外侧	悬臂支撑,联轴器传动(有风筒)	悬臂支撑,联轴器传动(无风筒)	齿轮传动

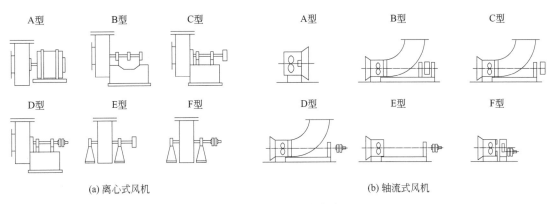

(a) 离心式风机　　　　　　　　　　(b) 轴流式风机

图 4-7　风机的传动方式

（5）旋转方向　旋转方向是指离心风机叶轮的旋转方向，从传动端或电机位置看叶轮转动方向，顺时针为"右"，逆时针为"左"。

（6）风口位置　风机的风口位置分为进风口和出风口两种。离心风机的风口位置用叶轮的旋转方向和进出口方向（角度）表示。写法是：

$$右（左）\frac{出风口角度}{进风口角度}$$

出风口方向按 8 个基本方位角度表示，如图 4-8 和表 4-11 所示。特殊用途可增加风口位置。离心式风机基本进口位置有 5 个——0°、45°、90°、135°、180°，特殊用途例外。若不装进气室的风机，则进风口位置不予表示，这时风口位置的写法是：右（左）出风口位置，如左 135°。

轴流式风机的风口位置，用气流入出角度表示，如图 4-9 所示。基本风口位置有 4 个，特殊用途可增加，见表 4-12。轴流风机气流风向一般以"入"表示正对风口气流的入方向，以"出"表示风口气流的流出方向，如图 4-9 所示。

表 4-11 离心风机出风口位置表示方法

表示	右 0°	右 45°	右 90°	右 135°	右 180°	右 225°	右 270°	右 315°
方法	左 0°	左 45°	左 90°	左 135°	左 180°	左 225°	左 270°	左 315°

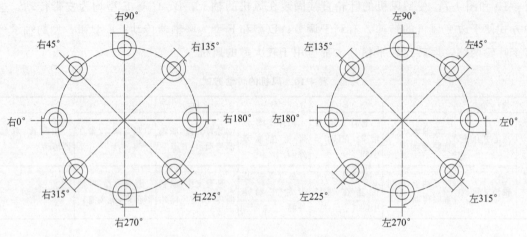

图 4-8 离心式风机的出风口位置图

表 4-12 轴流风机的风口位置

基本出风口位置/(°)	0	90	180	270
补充出风口位置/(°)	45	135	225	315

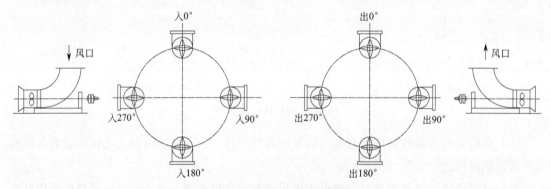

图 4-9 轴流式风机的风口位置图

【例 4-2】 某一般通风机压力系数为 0.4(4)，比转速为 72，单侧吸入 (1)，第一次设计 (1)，叶轮直径 1000 毫米 (No.10)，用三角皮带传动、悬臂支撑，皮带轮在轴承外侧 (C)，从皮带轮方向正视叶轮为顺时针旋转，出风口位置是向上 (右 90°)。按规定其全称应为：

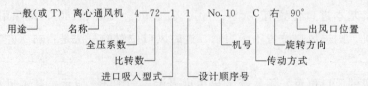

4. 风机选型原则与计算

（1）风机的选型原则　在选择风机前，应了解国内风机的生产和产品质量情况，如生产的风机品种、规格和各种产品的特殊用途，以及生产厂商的产品质量、后续服务等情况。

根据风机输送气体的性质不同，选择不同用途的风机。如输送易燃易爆气体的应选防爆型风机；输送煤粉的应选择煤粉风机；输送有腐蚀性气体的应选择防腐风机；在高温场合工作或输送高温气体的应选择高温风机；输送浓度较大的含尘气体应选用排尘风机等。

在风机样本给出的标定条件下，根据风机样本性能参数选择风机型号。风机选择应使工作点处在高效率区域，即不应低于风机最高效率的 90%。同时还要注意风机工作的稳定性。样本中以表格形式提供数据的性能，表上的数据点都是处在高效而又稳定工作的工况点，可以直接选用。当出现有两种以上的风机可供选择时，应优先考虑效率较高、机号较小、调节范围较大的一种。

当风机配用的电机功率≤75kW 时，可不设预启动装置。当排送高温烟气或空气而选择离心锅炉引风机时，应设预启动装置及调节装置，以防冷态运转时造成过载。

对有消声要求的通风系统，应首先考虑低噪声风机，例如效率高、叶轮圆周速度低的风机，且使其在最高效率点工作；还要采取相应的消声措施，如装设专用消声设备。风机和电机的减震措施，一般可采用减震基础，如弹簧减震器或橡胶减震器等。

在选择风机时，应尽量避免采用风机并联或串联工作。当风机联合工作时，应尽可能选择同型号同规格的风机并联或串联工作；当采用串联时，第一级风机到第二级风机之间应有一定的管路联结。

（2）风机选型的依据　风机选型是根据系统阻力来确定的。根据《吸附法工业有机废气治理工程技术规范》规定，采用纤维状吸附剂时，吸附单元的压力损失宜低于 4kPa；采用其他类型吸附剂时，吸附单元的压力损失宜低于 2.5kPa。那么，吸附系统的总阻力，就等于吸附单元的压力损失与附属系统的压力损失之和。

对于一个较大的废气处理系统，比如一个化工厂、制药厂，它们的废气排放口比较分散，需要布设一个庞大的废气收集系统，此时就需要单独设置一台（或多台）送风机，以便把各分点排放的废气收集起来，统一送到预处理装置。该风机的大小，就要通过计算废气收集系统管道的压力损失来解决。

（3）风机的选型计算　风机选型计算风量（Q_f）：风机的风量应在净化系统计算总排风量上附加风管和设备的漏风量。风量按下式计算

$$Q_f = K_1 K_2 Q \tag{4-7}$$

式中　Q——系统设计最大总排风量，m^3/h；

　　　K_1——管网漏风附加系数，一般送、排风系统 K_1 为 $1.05 \sim 1.1$，除尘系统 K_1 为 $1.1 \sim 1.15$，气力输送系统 $K_1 = 1.15$；

　　　K_2——设备漏风附加系数，按有关设备样本选取，K_2 一般处于 $1.02 \sim 1.05$ 之间。

风机选型计算全压（p_f）：全压按下式计算

$$p_f = (p \alpha_1 + p_s) \alpha_2 \tag{4-8}$$

式中　p——管网计算总压力损失，Pa；

　　　p_s——设备的压力损失，Pa，可按有关设备样本选取；

　　　α_1——管网计算的总压力损失附加系数，对于定转速风机，按 $1.1 \sim 1.15$ 取值，对于变频风机，按 1.0 取，气力输送系统则按 1.2 取；

　　　α_2——通风机全压负差系数，一般可取 $\alpha_2 = 1.05$（国内风机行业标准）。

所需功率校核：风机选定后应对电机所需功率进行校核，即应计算风机在实际运行工况条件下所需的电机功率，与风机样本给出的电机功率进行对比，不足时应加大电机的型号和功率，富裕时则减小电机的型号和功率。

$$N = \frac{pQ}{1000\eta_{in}\eta_{me}} \times K \tag{4-9}$$

式中　N——所需功率，kW；

　　　Q——风机样本工作点风量，m^3/s；

　　　p——风机样本全压数值换算成运行工况条件下的全压值，Pa；

　　　K——电机的功率储备系数。

二、风机的使用

1. 风机性能的特性曲线与运行工作点

（1）特性曲线　在通风系统中风机的性能仅用参数表格表达是不够的，为了全面评定通风机的性能，就必须了解在各种工况条件下风机的风量与全压、功率、转速、效率的关系，这些关系就形成了风机的特性曲线。各种风机的特性曲线都是不同的。图 4-10 为 4-72-11No.5 风机的特性曲线。由图可知风机特性曲线（转速一定）通常包括全压随风量的变化、功率随风量的变化、效率随风量的变化。因此，一定的风量对应于一定的全压、功率和效率，对于一定的风机类型，将有一个经济合理的风量范围。

通风机特性曲线是在一定的条件下提出的。当风机转速、叶轮直径和输送气体的密度改变时，对风压、功率及风量都会有影响。

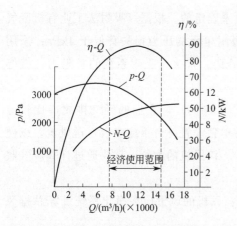

图 4-10　风机的特性曲线

（2）管路的性能曲线　风机总是与一定的管路系统连接。管路系统（管网、管径、长度、三通弯头、阀门等）一旦确定后，系统压力损失与系统的风量存在抛物线关系，即：

$$p = SQ^2 \tag{4-10}$$

式中　p——系统压力损失，Pa；

　　　S——管网综合阻力系数，反映了管网的综合阻力特性，当系统中阀门开度变化时，S 将发生变化；

　　Q——风量，m^3/s。

　　（3）风机运行工作点　由风机的特性曲线可以看出，风机可以在各种不同的风量下工作。但实际运行时，风机只在其特性曲线上的某一点工作，该点是由风机特性与管网特性共同确定的，称为风机运行工作点，即风机特性曲线与管网性能曲线的交点。工作点对应的风量和全压就是风机实际运行时提供的风量和压头。

　　（4）风机的工况调节　根据生产工艺的要求，净化系统的流量和压力需要经常变化，也即风机运行工作点需要发生变动，这种改变风机运行工作点的方法和措施称为风机的工况调节。

　　风机工况调节通常有两种方法：一是通过改变管路系统的压力损失来改变工作点，二是通过改变风机的性能特性来改变工作点。

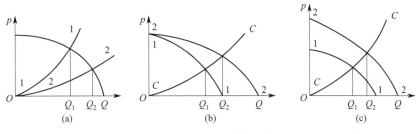

图 4-11　风机工作的调整

　　① 改变管路系统压力损失的调节方法通常通过减少或增加管网系统的阻力（如改变管路系统阀门的开度），即改变管网的特性曲线来实现，见图 4-11(a)。图中，曲线 1 由于阻力降低变成曲线 2，风量则由 Q_1 增加到 Q_2。

　　② 风机性能的改变有多种方式，如更换风机、改变风机的转速、改变风机叶轮直径、改变风机进口导流叶片角度、改变风机叶片宽度和角度、风机串并联等，至于采用何种调节方式应作技术经济比较。

　　a. 更换风机的方法。如图 4-11(b)，当更换风机时，风机特性曲线 1 变为曲线 2，风量则由 Q_1 增加到 Q_2。

　　b. 改变风机转速的方法。改变转速的方法很多，如改变皮带轮的转速比、电机变频调速、采用液力耦合器、采用双速电机等。如图 4-11(c) 所示，转速提高后，风机特性曲线 1 变为曲线 2，风量则由 Q_1 增加到 Q_2。

　　c. 改变风机进口导流叶片角度的方法。某些大型风机的进口处设有供调节用的导流叶片。当改变叶片的角度时，风机的性能发生变化，这是因为导流叶片的预旋作用使进入叶轮叶片的气流方向有所改变所致。导流叶片是风机的组成部分，也可视为管路系统的调节装置，它的转动既改变了风机的性能曲线，也改变了管路系统的阻力特性，因而调节上比较灵敏。

　　d. 改变风机叶片宽度或角度的方法。风机的叶片宽度或角度改变时，风机的性能将发生变化，从而实现工况调节。

2. 风机的联合工作

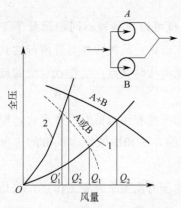

图 4-12　两台型号相同风机的并联

（1）两台型号相同的风机并联工作情况　当系统中要求的风量很大，一台风机的风量不够时，可以在系统中并联设置两台或多台相同型号的风机。并联风机的总特性曲线，是由各种压力下的风量叠加而得。然而，在设计管网系统中，两台风机并联工作时的总风量不等于单台风机单独工作时风量的 2 倍，风量增加的幅度与管网的特性等因素有关。图 4-12 表示了并联风机的工作。A、B 两台相同风机并联的总特性曲线为 A+B。若系统的压力损失不大，则并联后的工作点位于管网特性曲线 1 与曲线 A+B 的交点处。由图中可以看出，此时风机的风量由单台时的 Q_1 增加到 Q_2。增加量虽然不等于两倍的 Q_1，但增加得还是较多。如果管网系统的压力损失很大，管网的特性曲线为 2，则与 A+B 的交点所得到的风量为 Q_2'，比单台风机工作时的风量 Q_1' 增加的并不多。

一般情况下尽量避免采用风机并联，确需并联时，则应采用相同的风机型号。

（2）两台型号相同的风机串联　在同一管网系统中，当系统的压力损失很大时，风机可以串联工作。风机与自然抽力也可以同时工作。工作的原则是在给定流量下，全压进行叠加。

图 4-13 表示出了两台风机串联的工作情况：全压由 p_1（管路曲线 1 与虚线 A 或 B 交点）增加到 p_2（管路曲线 1 与实线 A+B 交点），风量越小，增加的风压越多。

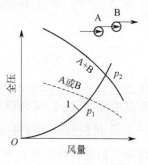

图 4-13　两台型号相同风机的串联

3. 风机安装、试运转与调试、运行维护的基本要求

（1）风机的安装要求

a. 通风机的开箱检查。

（a）根据设备装箱清单，核对叶轮、机壳和其他部位的主要尺寸，进风口、出风口的位置等是否与设计相符；

（b）叶轮旋转方向应符合设备技术文件的规定；

（c）进风口、出风口应有盖板严密遮盖。检查各切削加工面、机壳的防锈情况和转子是否发生变形或锈蚀、碰损等。

b. 在安装前首先应准备好安装所需的材料及工具，并对风机各部机件进行检查，对叶轮、主轴和轴承等更应仔细检查，如发现损伤，应该修好，然后用煤油清洗轴承箱内部。

c. 通风机的搬运和吊装应符合下列规定：

（a）整体安装的风机，搬运和吊装的绳索不得捆缚在转子和机壳或轴承盖的吊环上；

（b）现场组装的风机，绳索的捆缚不得损伤机件表面；

（c）输送特殊介质的通风机转子和机壳内如涂有保护层，应严加保护，不得损伤。

d. 风机安装前应审查基础是否有足够的强度、稳定性和耐久性。

e. 通风机底座若不用减震装置，而直接放置在基础上，应用成对斜垫铁找平。

f. 通风机的各部位尺寸应符合设计要求。预留孔灌浆前应清除杂物，灌浆应用碎石混凝土，其标号应比基础的混凝土高一级，并捣固密实，地脚螺栓不得歪斜。

g. 通风机各部件安装要求如下：

（a）按图纸所示位置及尺寸安装，为得到高效率，特别要保证进风口与叶轮的间隙尺寸。

（b）保证主轴的水平位置，并测量主轴与电机轴的同心度及联轴器两端面的不平行度。两轴不平行度允差为 0.05mm，联轴器两端面不平行度允差为 0.05mm。

（c）安装调节门时，注意不要装反，保证进气方向与叶轮旋转方向一致。

（d）风机安装后，拨动转子，检查是否有过紧或与固定部分剐蹭现象。

（e）安装风机进口与出口管道时，重量不应加在机壳上。

（f）全部安装后，经总检合格，方可试运转。

（g）检查机壳内及其他壳体内部，不应有掉入和遗留的工具或杂物。

h. 三角皮带传动的通风机和电动机轴的中心线间距和皮带的规格应符合设计要求。

i. 电动机应水平安装在滑座上或固定在基础上，找正应以通风机为准，安装在室外的电动机应设防雨罩。

j. 通风机的传动装置外露部分应有防护罩。通风机的进风口或进风管路直通大气时，应加装保护网或采取其他安全措施。

k. 通风机的叶轮旋转后，每次都不应停留在原来的位置上，并且不得碰壳。

l. 输送产生凝结水的潮湿空气的通风机，在机壳底部应安装一个直径为 15～20mm 的放水阀或水封弯管。

m. 固定通风机的地脚螺栓，除应带有垫圈外，并应有放松装置。安装减震器时，各组减震器承受荷载的压缩量应均匀，不得偏心；安装减震器的地面应平整，减震器安装完毕，在其使用前应采取保护措施，以防损坏。

（2）风机的试运转与调试

a. 风机试运转。运转前必须加上适度的润滑油，并检查各项安全措施；盘动叶轮，应无卡阻和摩擦现象；叶轮旋转方向必须正确。

b. 风机的试运转应在无载荷（关闭进气管道闸门或调节门）情况下进行。如运转情况良好，再转入满载荷（规定全压和流量）运转。为防止电机过载，应严格控制电机电流在额定值以内。满载荷运转，对新安装风机不少于 2h，对修理后的风机不少于半小时。

c. 对于大型风机的启动，因风机叶轮惯性力矩大，会引起很大的冲击电流，可能影响供电网的正常运行，因此，大型风机的电机启动应有降压启动装置，或采用变频器变频启动或采用液力偶合器低转速启动的措施。

d. 风机的操作。风机启动前，应进行下列准备工作：

（a）将进风阀门关闭，出风阀门稍开；

（b）检查风机各部的间隙尺寸，转动部分与固定部分有无碰撞及摩擦现象；

（c）检查轴承的油位是否在最高与最低之间；

（d）检查电器线路及仪表是否正常；

（e）检查冷却部分是否开启和畅通；

（f）测定电动机的绝缘电阻；

（g）风机启动后，达到正常转速时，应在运转过程中经常检查轴承温度是否正常，当轴承温度没有特殊要求时，轴承温升不得超过周围环境温度的 40℃；滑动轴承最高温度不得超过 70℃；滚动轴承最高温度不得超过 80℃。轴承部位的均方根振动速度值不得大于 6.3mm/s。

e. 下列情况下，必须紧急停车：

（a）发觉风机有剧烈的噪声；

（b）轴承的温度剧烈上升；

（c）风机发生剧烈振动和撞击；

（d）电机冒烟。

（3）风机的运行维护

a. 风机维护工作制度。

（a）风机必须专人使用，专人维修。

（b）风机不许带病运行。

（c）定期清除风机内部的灰尘，特别是叶轮上的灰尘、污垢等杂质，以防止锈蚀和失衡。

（d）风机维修必须强调首先断电停车。

b. 风机正常运转中的注意事项。

（a）风机运行中要定期检查电压表、电流表的指示值。发现流量过大，或短时间内需要较小的流量时，可利用调节门进行调节。

（b）对温度计及油标的灵敏性定期检查。

（c）除每次拆修后应更换润滑油外，正常情况下每 3~6 月更换一次润滑油。

c. 风机的主要故障及原因。风机的主要故障及原因详见表 4-13。

表 4-13　风机的主要故障及原因

风机主要故障	故　障　原　因
风机剧烈振动	a. 风机轴与电机轴不同心,联轴器装歪; b. 机壳或进风口与叶轮摩擦; c. 基础的刚度不牢固; d. 叶轮铆钉松动或叶轮变形; e. 叶轮轴盘与轴松动,或联轴器螺栓松动; f. 机壳与支架、轴承箱与支架、轴承箱盖与底座等连接螺栓松动; g. 风机进出气管道安装不良,产生共振;转子不平衡; h. 叶片有积灰、污垢、磨损、变形的可能; i. 风机在喘振区工作; j. 风机底座或壳体刚度不够; k. 风机进出口未装软连接

风机主要故障	故 障 原 因
轴承温升过高	a. 轴承箱剧烈振动； b. 润滑油脂质量不佳、变质、含有过多灰尘、黏沙、污垢等杂质，填充量不足或过多； c. 轴承箱、轴承座连接螺栓紧力过大或过小； d. 轴与滚动轴承安装歪斜，前后二轴承不同心； e. 滚动轴承损坏或轴弯曲； f. 轴承箱水冷却效果不好，水量、水压不足，水质不好，结构堵塞
电机电流过大或温升过高	a. 开车时进气管道闸门或截流阀未关严； b. 流量超过规定值； c. 风机输送气体的密度过大或有黏性物质； d. 电机输入电压过低或电源单相断电； e. 联轴器连接不正，皮圈过紧或间隙不匀； f. 受轴承箱剧烈振动的影响

4. 风机管道的压力损失计算

气体在管道中流动时，会产生压力损失，气体和管壁摩擦而引起的压力损失称摩擦压力损失，气体在经过各种管道附件或设备而引起的压力损失称局部压力损失。

a. 摩擦压力损失（又称沿程压力损失）Δp_L。在管道中流动的气体，在通过任意形状的管道横截面时，其摩擦阻力损失为：

$$\Delta p_L = \lambda \frac{L}{4R} \times \frac{v_g^2}{2} \rho = L R_m \tag{4-11}$$

式中　Δp_L——气体的管道摩擦压力损失，Pa；

　　　R_m——单位长度管道的摩擦压力损失，简称比压损（或比摩阻），Pa/m；

　　　λ——摩擦阻力系数；

　　　v_g——气体在管道中速度，m/s；

　　　L——管道长度，m；

　　　ρ——气体密度，kg/m³；

　　　R——水力半径，m，为管道横截面 F 与湿周长度 L_c 之比。

对于圆形管道 $R = \dfrac{D_n}{4}$，$R_m = \dfrac{\lambda}{D_n} \times \dfrac{v_g^2}{2} \rho$（$D_n$ 为圆形管道内径，m）。

对于矩形管道 $R = \dfrac{ab}{2(a+b)}$（a，b 分别为矩形管道的长边和宽边长度）。

在工程设计中，为计算方便，已经绘制有各种形式的计算表或线算图供使用，如《全国通用通风管道计算表》是根据我国制定的通风管道统一规格而相应编制的计算表。对于矩形管道还可采用当量直径法进行计算，即先计算出与圆形管道直径相当的当量直径，然后按照圆形管道的相关线算图表进行计算。以速度为基准的当量直径 D_v 和以流量为基准的当量直径 D_Q 用下式计算：

$$D_v = \frac{2ab}{a+b} \tag{4-12}$$

$$D_Q = 1.47 \times \sqrt[4.75]{\frac{a^3+b^3}{(a+b)^{1.25}}} = 1.27 \times \sqrt[5]{\frac{a^3 b^3}{(a+b)}} \qquad (4\text{-}13)$$

b. 局部压力损失 Δp_m。气体流经管道系统中的异形管件（如阀门、弯头、三通等）时，由于流动情况发生骤然变化，所产生的能量损失称为局部压力损失。局部压力损失一般用动压头的倍数表示，即

$$\Delta p_m = \zeta \rho v^2 / 2 \qquad (4\text{-}14)$$

式中　Δp_m——局部压力损失，Pa；

ζ——局部压损系数；

v——异形管件处管道断面平均流速，m/s。

局部压损系数通常通过实验确定。实验时，先测出管件前后的全压差（即该管件的局部压力损失），再除以相应的动压 $\rho v^2 / 2$，即可求得 ζ 值。各种管件的局部压损系数在有关设计手册中可以查到。

管道的压力损失，也就是风机需要克服的阻力的一部分，另一部分则是主体装置系统的压力损失。换句话说，风机需要克服的阻力是由两部分组成的，即管道系统的压力损失与主体装置系统的压力损失之和。

计算出来风机要克服的总阻力，就可以去选择风机了。

阅读材料　　**工程上常用风机的选择计算方法**

① 根据输送气体性质、系统的风量和阻力确定风机的类型。例如输送清洁空气，选用一般的风机；输送有爆炸危险的气体或粉尘，选用防爆风机。

② 考虑到风管、设备的漏风及阻力计算的不精确，应按下式的风量、风压选择风机：

$$p_f = K_p \Delta p$$
$$L_f = K_L L$$

式中　p_f——风机的风压，Pa；

L_f——风机的风量，m³/h；

K_p——风压附加系数，一般的送排风系统 K_p 为 1.1～1.15；

K_L——风量附加系数，一般的送排风系统 $K_L = 1.1$；

Δp——系统的总阻力，Pa；

L——系统的总风量，m³/h。

③ 当风机在非标准状态下工作时，应按下列公式对风机性能进行换算，再以此参数从样本上选择风机。

$$L_f = L_f'$$

$$P_f = P'_f \left(\frac{1.2}{\rho'} \right)$$

式中 L_f——标准状态下风机风量，m^3/h；

L'_f——非标准状态下风机风量，m^3/h；

P_f——标准状态下风机的风压，Pa；

P'_f——非标准状态下风机风压，Pa；

ρ'——非标准状态下空气的密度，kg/m^3。

空气状态变化时，实际所需的电动机功率会有所变化，应进行验算，检查样本上配用的电动机功率是否满足要求，如表4-14所示。

表4-14 离心式风机性能

型　号	4-721(T4-72) No. 4A	4-721(T4-72) No. 4.5A	4-721(T4-72-11) No. 5A	4-721(T4-72-11) No. 6C	4-721(T4-73-11) No. 5.5C
电动机形式	JO3-112S-2 (D2/T2)	JO3-112L-2 (D2/T2)	JO3-52-2 (D2/T2)	JO2-52-4 61-4	JO2-71-2
电动机额定功率/kW	5.5	7.5	13	11	22
电动机质量/kg	45	56	110		
风叶转速/(r/min)	2900	2900	2900	2000	2800
风叶轮直径/mm	400	450	500	600	550
风机质量/kg	55	67	76	356	154
工业应用范围全压风量关系 点1 [全压/(mmH₂O①)]/[风量/(m³/min)]	204/67	259/96	324/133	222/158	374/177
点2 全压/风量	200/76	250/107	319/149	218/177	366/198
点3 全压/风量	193/84	245/120	313/165	214/197	358/218
点4 全压/风量	186/92	239/131	303/181	208/216	342/245
点5 全压/风量	178/100	225/143	290/197	198/235	326/260
点6 全压/风量	165/108	210/154	268/213	183/254	294/282
点7 全压/风量	149/117	180/165	246/229	168/274	254/303
点8 全压/风量	129/124	163/177	224/245	153/294	222/323

① 全压换算为国际单位制（Pa）时，$1mmH_2O = 9.81Pa$。

第四节　活性炭固定床层温升及脱附系统的热交换计算

一、吸附床层的温升

由于吸附是一个放热过程，在吸附过程中，随着吸附的进行，会导致吸附床床层温度升高。为此，在采用活性炭固定床吸附回收 VOCs 时，需要关注固定床内部的温度变化。这种变化规律，在活性炭固定床的设计中就可以预估出来。

1. 活性炭的吸附热

研究表明，活性炭对气体分子吸附时略带有化学吸附的性质，在用活性炭吸附有机蒸气时，会放出一定量的热，因而会导致吸附床层温度的升高。但是，温度升高又会导致活性炭吸附能力的下降。从这一点上看，活性炭对有机蒸气的吸附主要还应是物理吸附的性质。因此，在研究活性炭对有机蒸气的吸附时，还是应该按物理吸附的规律去研究，同时考虑它在放热方面的特殊性。

在计算吸附热时，常常考虑吸附过程中吸附热的组成。当气体分子由气态凝聚到吸附剂颗粒表面时，其动能的一部分要转化成热能，这部分热称之为凝缩热 $q_凝$。另一方面，气态物质凝结到固体表面会把固体的局部表面润湿，由于这种局部润湿的作用，也会使吸附过程产生一部分热量，称为润湿热 $q_润$。这两部分热量加起来，才是吸附热。这里所说的润湿热不是通常手册中所查到的润湿热，后者是指将固体全部浸入液体时放出的热，而吸附过程中所产生的润湿热只是吸附剂颗粒局部被润湿时放出的热。可见吸附过程产生的润湿热比手册中查到的要小。而且由于吸附过程的局部不确定性，这类热很难单独测量，因此实际工作中是直接从手册中查取吸附热，而不是分别查取凝缩热和润湿热然后相加。

吸附剂的吸附热可以用带吸附装置的量热计直接测量出来。表 4-15 列出了一些物质在不同温度时在活性炭上的吸附热，表中所列是 500kg 活性炭吸附 1kmol 的蒸气时产生的吸附热。实际计算有机蒸气的吸附热时，可以忽略外界温度的影响。对一些有机化合物，吸附热与吸附的有机蒸气量可利用下述经验公式估算：

$$q = ma^n \tag{4-15}$$

式中　q——吸附热，kJ/kg；

　　　a——已吸附的蒸气量，m^3/kg；

　　m、n——常数，其值示于表 4-16。

表 4-15　若干有机物质不同温度时在活性炭上的吸附热

在机物质	分子式	吸附热/(kJ/mol)	
		273K	298K
氯乙烷	C_2H_5Cl	50.16	64.37
二硫化碳	CS_2	52.25	64.37
甲醇	CH_3OH	54.76	58.16
溴乙烷	C_2H_5Br	58.10	—
碘乙烷	C_2H_5I	58.52	—
氯甲烷	CH_3Cl	38.46	38.46
氯仿	$CHCl_3$	60.61	60.61
四氯化碳	CCl_4	63.95	64.37
二氯甲烷	CH_2Cl_2	51.83	53.50
甲酸乙酯	$HCOOC_2H_5$	60.61	—
苯	C_6H_6	61.45	57.27
乙醇	C_2H_5OH	62.70	65.21
乙醚	$(C_2H_5)_2O$	64.79	60.61
氯代异丙烷	$iso\text{-}C_3H_7Cl$	54.76	66.04
氯代正丁烷	$n\text{-}C_4H_9Cl$	—	48.49
氯代正丙烷	$n\text{-}C_3H_7Cl$	61.03	65.21
2-氯丁烷	$sel\text{-}C_4H_9Cl$	—	62.70

表 4-16　式(4-15)中的常数 m 和 n

物质名称	分子式	m	n
氯乙烷	C_2H_5Cl	1716	0.915
二硫化碳	CS_2	1816	0.9205
甲醇	CH_3OH	2021	0.938
溴乙烷	C_2H_5Br	1885	0.900
碘乙烷	C_2H_5I	2273	0.956
氯仿	$CHCl_3$	2210	0.935
甲酸乙酯	$HCOOC_2H_5$	2083	0.9075
苯	C_6H_6	2342	0.9959
乙醇	C_2H_5OH	2214	0.928
四氯化碳	CCl_4	2301	0.930
乙醚	$(C_2H_5)_2O$	2229	0.9215

当 1mol 的不同气体被同一种吸附剂吸附时，其吸附热与该气体在常压下的沸点的平方根之比是一个常数。即：

$$\frac{q}{\sqrt{T_K}}=常数$$

式中　T_K——常压下吸附质的沸点，K；

q——吸附热，cal/mol（1cal＝4.1868J）。

对有机蒸气在活性炭上的吸附热为：

$$\frac{q}{\sqrt{T_K}}=520 \tag{4-16}$$

当缺乏实验数据时，只要知道某吸附质在常压下的沸点，即可根据式(4-16)估算出来该吸附质在活性炭上的吸附热。

2. 吸附床层的温升

计算有机蒸气在活性炭上的吸附热，可以估算由于吸附过程造成的床层温升，这一点对于存在爆炸极限的有机蒸气的吸附计算非常重要。下面通过例题加以说明。

【例 4-3】用活性炭固定吸附床吸附净化含乙醇的空气，已知吸附床直径为 3m，吸附剂厚度为 0.7m，吸附床进口气体浓度为 $10g/m^3$，出口气体浓度为 $0.1g/m^3$。气体流速为 0.2m/s，床层保护作用时间为 585min。已知活性炭的堆积密度为 $500kg/m^3$。系统的初始温度为 293K。求每个吸附周期吸附热导致的温升。

解：每个吸附周期通过床层的气体体积：

$$0.2\times60\times(\pi/4)\times3^2\times585=49596(m^3)$$

每周期吸附乙醇的量：

$$\frac{49596\times(10-0.1)}{1000}=491(kg)=10.7(kmol)$$

吸附床中活性炭装量为：

$$(\pi/4) \times 3^2 \times 0.7 \times 500 = 2473(\text{kg})$$

忽略温度的影响，计算每千克活性炭吸附的乙醇体积：

$$\frac{22.4 \times 10.7}{2473} = 0.097(\text{m}^3)$$

用式(4-15)计算1kg活性炭吸附0.097m³乙醇蒸气的吸附热：查表4-16，得 $m = 2214$，$n = 0.928$，代入式(4-15)，得：

$$q = ma^n = 2214 \times (0.097)^{0.928} = 254.04(\text{kJ/kg})$$

则吸附乙醇蒸气放出的总热量为：

$$254.04 \times 2473 = 6.28 \times 10^5(\text{kJ})$$

假定吸附时放出的热量全部被混合气体吸收，同时假定混合气体的比热容等于空气的比热容 $[C_p = 1.003\text{kJ}/(\text{kg} \cdot \text{K})]$，则混合气体的温升为：

$$\Delta T = \frac{6.28 \times 10^5}{49596 \times 1.2 \times 1.003} = 10.47\text{K}$$

实际上，由乙醇吸附产生的热量不仅仅只加热混合气体，它还会加热床层，也会散失到周围的介质中。因此，系统的实际温升要低于10.47K。为保险起见，假定温升为10K。系统的温度升高，也会影响到活性炭层的吸附活性，设计时要考虑这方面的因素。

二、脱附时水蒸气、空气及热量的消耗计算

1. 脱附时水蒸气的消耗量

采用水蒸气进行脱附时，水蒸气的耗量 D 应包括三个部分，即加热蒸汽消耗量 D_1、动力蒸汽消耗量 D_2 及补偿炭的负润湿热的消耗量 D_3。即：

$$D = D_1 + D_2 + D_3 \tag{4-17}$$

(1) 加热蒸汽消耗量 D_1 的计算　所谓加热蒸汽包括用来加热整个系统（包括吸附质、吸附剂、吸附器、绝热材料、水分等）到解吸温度的蒸汽、补偿散失到周围介质中热量的耗汽及解吸吸附质的蒸汽这三部分。一般认为，加热蒸汽应全部在吸附器中凝缩。即：

$$D_1 = \frac{q_1 + q_2 + q_3 + q_4 + q_5}{\lambda - q'} \tag{4-18}$$

式中　q_1——加热吸附剂、吸附质每小时所需热量，kJ；

　　　q_2——加热吸附器每小时所需热量，kJ；

　　　q_3——加热绝热材料等每小时所需热量，kJ；

q_4——每小时散失于周围介质中的热量，kJ，通常取其他加热蒸汽量的 4%；

q_5——每小时解吸吸附质的耗热量，等于解吸出吸附质的质量 W 乘以吸附热 q，即

$q_5 = Wq$，kJ；

λ——蒸汽带入的热量，kJ/kg；

q'——水蒸气冷凝液的热焓，kJ/kg。

上面 q_1、q_2、q_3 的计算可采用下式：

$$q = GC_p(t_{终} - t_{初}) \tag{4-19}$$

式中　G——被加热物体的质量，kg；

C_p——被加热物体的比热容，kJ/kg；

$t_{初}$——被加热物体的初始温度，K；

$t_{终}$——被加热物体的最终温度，K。

（2）动力蒸汽耗量 D_2 的计算　所谓动力蒸汽是用于将解吸出的吸附质自吸附剂表面吹脱的蒸汽。动力蒸汽不应在吸附器内凝缩。此项消耗目前只能用实验方法求取。在缺乏数据时，可假定吹脱每千克吸附质平均耗用 2.5kg 动力蒸汽。

（3）用以补偿活性炭被润湿时的负润湿热的蒸汽消耗量 D_3 的计算　当活性炭吸附有机蒸气时，有机蒸气凝缩到活性炭表面而润湿活性炭时会放出一定的热量，在这种场合，该有机蒸气在活性炭上的吸附热会大于凝缩热。但当水蒸气在活炭上吸附时，发现其吸附热小于凝缩热，这说明活性炭被润湿时不仅没有放热，还吸收了热量，按照惯例，把这种场合的润湿热作为负值。因此当用水蒸气脱附时，还要消耗一部分蒸汽，用来补偿这部分润湿热的负值。其值可由下式计算：

$$q_{润} = q_{吸} - q_{凝} \tag{4-20}$$

表 4-17 给出了水蒸气在不同温度下的吸附热。

表 4-17　水蒸气在不同温度下的吸附热

温度/K	258	283	313	353	401	460
吸附热/(kJ/mol)	4604	41.8	38.87	34.7	30.1	21.7

在实际工程计算中，为简便起见，还可以采用经验推算法。例如某吸附器直径 2.3m，活性炭装量为 1800kg，解吸时蒸汽用量为 800kg/h。现设计一个直径为 3m，装炭量为 3000kg 的吸附器，计算解吸时的蒸汽耗量，可按活性炭床层直径平方之比近似地等于耗汽量之比计算。即：

$$(3^2/2.3^2) \times 800 = 1361 (kg/h)$$

2. 干燥炭层时空气及热的耗量计算

吸附层经水蒸气脱附后会含有相当数量的水分，必须把水分驱逐，才能使吸附剂恢复吸附活性。生产中采取用热空气进行干燥的方法。设计时要计算出用于再生的空气的量和消耗的热量。可采用图解法或解析法进行计算。

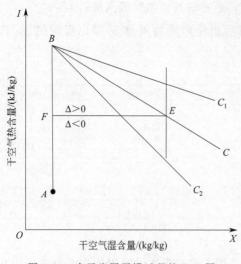

纵轴 I 干空气热含量/(kJ/kg)

横轴 干空气湿含量/(kg/kg)

图 4-14　表示炭层干燥过程的 I-X 图

（1）图解法　利用湿空气状态 I-X 图计算吸附床层干燥时空气的耗损量是一种简便的方法，计算方法如图 4-14 所示。图中纵轴表示空气的热含量（I），横轴表示空气的湿含量（X）。用来加热炭层的空气需要进入加热器先加热。空气在进入加热器前有一定的热含量（温度）和一定的湿含量，图中 A 点表示了空气进加热器前的状态，B 点为空气流出加热器进入吸附床层前的状态。可以看出，空气在加热过程中只吸收了热量，而含湿量没有变化，AB 线表示了空气的加热过程。

当热空气进入湿的吸附床层后，将热量传给吸附床蒸发水分，空气的热含量逐渐降低，而空气中的湿含量会逐渐升高，于是出现了 BC 线，BC 线表示了床层干燥过程中空气中热含量和湿含量的变化过程。若蒸发过程是绝热的，即热空气损失的热量全部用于水分的蒸发，无其他任何热量损失或增加，则会出现 BE 线的情况。但实际情况是不可能的，若吸附床层中有热量放出，即此种情况下蒸发水分所耗的热量除由热空气提供外，床层也提供了一部分热量，这时会出现 BC_1 线的情况；若系统在此过程中要吸收热量，则热空气放出的热量只会有一部分使水分蒸发，于是就出现了 BC_2 的情况。C_1 或 C_2 为空气出吸附床的状态。此时的湿含量即为单位质量的空气所带出的水分的量。用它去除吸附剂的总水分量，即得出总的空气耗量。

图中 B 点与 A 点热含量之差乘以空气总耗量，即得总热量消耗。

（2）解析法　采用解析法求干燥炭层的空气耗量和耗热量时，需区分连续操作或间歇操作。

a. 连续吸附装置干燥时空气耗量。连续吸附装置中所进行的干燥是一个稳定过程，因此其进、出口的空气参数不随时间而变化。干燥 1kg 水分所消耗的空气量可用下式计算：

$$l = \frac{1}{x_2 - x_0} \tag{4-21}$$

式中　l——空气单位消耗量，kg/kg（H_2O/干空气）；

　　　x_2——离开吸附剂床层时空气含湿量，kg/kg（H_2O/干空气）；

　　　x_0——进入吸附剂床层时空气含湿量，kg/kg（H_2O/干空气）。

则干燥消耗的总空气量 L 为：

$$L = Wl \tag{4-22}$$

式中　W——干燥过程中从床层中驱走的水分的质量，kg。

b. 间歇式固定床干燥时的空气耗量。间歇式固定床干燥过程是一个不稳定过程，空气的参数随吸附床层高度和时间而变化，使计算过程变得复杂。设计可采用简化的方法。计算

1kg 水消耗的空气量仍用式(4-21)，只是将分母中的 x_2 用 $x_{平均}$ 替代。$x_{平均}$ 可取干燥开始与结束时空气中的含湿量的算术平均值，即：

$$x_{平均} = \frac{x_2 - x_0}{2} \tag{4-23}$$

干燥过程所需空气总量仍用式(4-22) 计算。

c. 干燥炭层所需热量。

先求出干燥 1kg 水分的耗热量：

$$q = l(I_1 - I_0) \tag{4-24}$$

式中　q——每千克水分的耗热量，kJ/kg；

I_1——进入加热器时干空气的热含量，kJ/kg；

I_0——离开加热器时干空气的热含量，kJ/kg。

干燥炭层所需的总热量为：

$$Q = qW \tag{4-25}$$

式中　W——干燥炭层时驱走的总水分的质量，kg。

第五章

活性炭固定床吸附系统的运行管理

第一节　活性炭固定床吸附系统运行管理的主要内容

活性炭吸附系统的运行管理十分重要，一个管理好的系统不仅保证有一个安全的运行环境、高的净化效率，而且可大大延长吸附剂的使用寿命。

一、运行管理的主要内容

① 预处理设备要经常注意检查和维修，保证废气的预处理效果，以防止吸附器堵塞，延长吸附剂的使用寿命。

② 正确把握吸附周期，及时脱附，保证污染物浓度在排放浓度以下。吸附床设计已定出吸附周期，但实际运行中可变因素很多，因此在运行初期要加强检测，以定出合理的操作周期。同时随着废气流量和浓度的变化，还应注意随时调整吸附周期。实际上，现在的许多吸附设备在操作时，其吸附周期时间远远低于设计的吸附床保护作用时间，在吸附床还远没有饱和的情况下即已进入脱附阶段，以减缓吸附剂的劣化速度，延长其使用寿命。

③ 要控制好炭层温度，防止活性炭自燃。活性炭的着火点在 300℃ 以上，200℃ 时无明显氧化，但少量金属氧化物的催化作用可引起它的自燃。因此，除设计时考虑有机蒸气吸附产生的温升和在结构上保证之外，运行过程中要随时注意床层的温度变化。

④ 活性炭的使用周期一般可保 1～2 年，因此，要每 1～2 年清理一次吸附器，除去炭粉，补充新的活性炭，必要时需全部更换。

⑤ 活性炭纤维的使用周期一般可保 3～5 年；但是，由于活性炭纤维对前处理要求高，加上国产的活性炭纤维从比表面积和产品的均匀度方面都与进口产品存在着一定的差距，因此，需要在运行 2 年后对活性炭纤维进行一次认真的检查，一方面检查其吸附能力，另一方面检查活性炭纤维有无破损、结块，发现问题及时解决。

二、目前在活性炭固定床系统管理中应改进的主要问题

① 应认真研究实践过程中出现的问题。长期以来，在活性炭固定床的运行管理上存在

着不同的意见。同行若没有认真研究吸附材料、环境条件的变化，从书本到书本，坚持用老的概念去指导现有的工程实践，结果可能会给生产实际带来一些不必要的麻烦。

例如，气体通过吸附层的风速，按照书本上的规定是 0.2～0.6m/s，而在采用活性炭纤维作吸附剂的固定床中，这个数字显然太大了，如果坚持要用，那么只能以失败而告终。因为吸附材料变了，还坚持用那么大的风速，单单床层阻力的增加这一项恐怕也难以承受！

再举一个例子，关于脱附温度的选择上，某公司回收环氧氯丙烷，坚持采用水蒸气脱附，结果折腾了一年多，最后还是失败了。究其原因，是由于不了解脱附温度与物质的沸点没有关系，尽管使用了比环氧氯丙烷的沸点（117.9℃）高得多的过热水蒸气（150℃），但是仍然脱附不下来。因为环氧氯丙烷的饱和蒸气压太低了。

为此必须从理论到实践，认真面对实际中的变化，从理论上搞清一些基本概念，对现有的各种规定从理论到实践，进行一次认真的分析和探讨，以便正确指导工程实践。

② 对国家颁布的各种工程技术规范尚缺乏认识，应了解这些规范对项目的指导意义，应认真学习和研究其中的具体内容，并认真执行。

③ 不少设计和管理人员只是凭借自己以往的经验，有的甚至还没有了解 VOCs 是什么，单凭自己曾经干过脱硫脱硝，也干起了 VOCs 的治理工作。在 2013 年之前，当国家决定大规模治理 VOCs 的早期阶段，有不少公司处于这种状态。

④ 个别公司，不研究技术，而是模仿别家公司的具体治理方案，存在隐患。

⑤ "VOCs 治理要优先考虑回收资源"，若采用"焚烧法"，推广"转轮浓缩-催化燃烧技术"。虽然转轮浓缩-催化燃烧技术是一项很好的 VOCs 处理技术，但使大量的可以回收再利用的资源被白白地浪费！

第二节　必须重视国家颁布的各种标准、规范

一些同行在实施具体工程时，对国家颁布的有关标准和技术规范不加以认真研究和运用，也有工程技术人员只是凭借自己多年的实际经验进行设计和施工，结果造成不必要的损失。在实施具体工程（包括从污染源调查到工程验收）时，必须重视国家颁布的各种法律、法规、标准和工程技术规范。

一、标准规范对工程项目的指导作用

尽管在做投标文件、技术方案时，都缺不了"编制依据"这项内容，在该依据中列举了许多法律、法规、标准、技术规范等，但是，不少人并不完全了解它们的作用和相互之间的联系，更不了解所列的这些内容究竟与项目本身有什么直接的联系。也就是说，好像所列依据只是公文所需的一种形式，也更谈不上去认真执行了。若这样理解就大错特错了。

国家颁布的标准是一个完整的体系。一个工程技术规范的出台往往要根据技术导则来制定，而技术导则则是依据相关的法律、政策法规来制定的。比如，当编制吸附法处理 VOCs

项目的方案时，在"编制依据"一栏中，肯定会列出《中华人民共和国环境保护法》《中华人民共和国大气污染防治法》《大气污染治理工程技术导则》《吸附法工业有机废气治理工程技术规范》等内容。这些法律、法规、导则都是编制工程技术规范的依据，它们一环扣一环，最后才编制成功这套技术规范。把这个体系搞清了，就能深刻理解做此项目的意义，在做项目时能够准确把握项目的关键，从而提高整体水平。

二、要重视工程技术规范

从事工程治理项目时，必须重视工程技术规范，在工程技术规范中，对项目的各个细节都作出了严格规定。以《吸附法工业有机废气治理工程技术规范》为例，在规范的前言中就写道："为贯彻《中华人民共和国环境保护法》和《中华人民共和国大气污染防治法》，规范工业有机废气治理工程的建设，防治工业有机废气的污染，改善环境质量，制定本标准。本标准规定了各个工业行业生产过程中所排放的有机废气的吸附法治理原则和措施，以及相关治理工程的设计、施工及安装、调试、验收和维护与运行的技术要求。"

在这个前言中道出了两层意思：一是制定本规范的依据和目的；二是规范中所规定的内容。由此可以看出此规范对于工程的指导意义。为此，搞项目时一定要重视工程技术规范，认真解读和执行技术规范中的条款，只有这样，才能保证所进行的工程项目不至于造成失误，以保证项目圆满成功。

第三节　《吸附法工业有机废气治理工程技术规范》出台的背景

一、《吸附法工业有机废气治理工程技术规范》编制的目的

根据原环境保护部的要求，在出台了《大气污染治理工程技术导则》（HJ 2000—2010）之后，2013 年又发布了《吸附法工业有机废气治理工程技术规范》（以下简称《吸附法规范》)(HJ 2026—2013)，当时还同时发布了《催化燃烧法工业有机废气治理工程技术规范》(HJ 2027—2013)。这两个规范是在充分调研国内外在挥发性有机物治理情况的基础上，结合我国在治理工业有机废气方面的实际情况，针对如何采用先进技术，去对现有从事 VOCs 治理企业进行规范化管理，制定出的一套既具有实用性又具有前瞻性的法律条文。

二、《吸附法规范》制定的背景

1. 我国 VOCs 污染严重

在大气污染物中，颗粒物、SO_2、NO_x、VOCs 被称作是我国大气污染物中的四大祸首。经过近三十年的努力，颗粒物、SO_2、NO_x 的污染已经先后得到了有效的控制。但是，由于过去我国 VOCs 的排放还没有形成区域性污染，所以人们的关注度相对比较低。随着改革开放进程的加快，涉及 VOCs 排放的工业企业越来越多，造成 VOCs 污染也越来越严

重。在我国，VOCs 污染源主要分布在全国各地城市与城市群，分布面广。其中 90％以上尚未治理，对大气环境影响严重，因此，要求治理的呼声越来越高。

众多行业的生产过程中均排放出大量的 VOCs，其中由于溶剂的使用引起的有机物的污染尤为突出。以包装印刷行业为例，我国当时有包装印刷企业 9 万多家，每年有机物排放总量约在 600 万吨以上。喷涂企业的数量更多，污染情况也更为复杂，每年有机物排放总量也高于包装印刷行业。例如：某手机零部件喷涂企业，废气成分复杂（以甲苯、酯类、酮类为主），非甲烷总烃浓度在 $300mg/m^3$ 左右。

根据行业内的推算，全国总的工业 VOCs 年排放量在 2000 万吨以上，达到甚至超过了全国 NO_x 的排放水平，而且随着国民经济的发展呈现出不断增长的趋势。

2. 缺乏设备制造、工程实施等方面的技术规范

近二十年来，我国的 VOCs 治理技术和设备已经有了较大的发展，一些新技术在治理工程中得到了应用。但由于缺乏设备制造、工程实施等方面的技术规范，各个厂家生产的设备千差万别，甚至鱼龙混杂，质量上无法保障，和进口的同类型设备相比存在很大的差距。由于缺乏设备的制造规范和运行检查制度，设备安装以后大部分成为摆设，难以正常运行，甚至根本就不运行。这个问题在很多行业中都存在。

因此，为了大大提高环境工程建设的技术和管理水平，指导主管部门对环境工程全过程实施科学管理，必须制定一套管理工业有机废气治理的工程技术规范。

吸附法是一种传统的有机废气治理技术，也是我国有机废气治理的主要技术之一。当时全国有机废气治理设备中，以吸附净化设备和吸附技术为基础的集成设备约占总数的 50％。因此本规范制定以后可以规范我国有机废气治理中接近 50％的工程技术和设备，在工艺设计、设备制造、工程建设、检验检查、运行维护与管理等各个方面全面提升我国 VOCs 治理水平，极大地推进我国固定污染源有机废气的治理减排工作。

《吸附法规范》制定前 VOCs 治理技术主要有两类：一类是回收技术；一类是销毁技术。回收技术是通过物理的方法，改变温度、压力或采用选择性吸附剂和选择性渗透膜等方法来富集分离有机气相污染物的方法，主要有吸附技术、吸收技术、冷凝技术及膜分离技术。销毁技术主要是通过化学或生化反应，用热、光、催化剂和微生物将有机化合物转变成为二氧化碳和水等无毒害或低毒害的无机小分子化合物，主要有直接燃烧、热力燃烧、催化燃烧、生物氧化、光解和光催化氧化、等离子体破坏等。使用较多的 VOCs 治理技术主要有活性炭和活性炭纤维吸附、溶剂吸收、降温冷凝等回收技术和直接燃烧、热力燃烧、催化燃烧等销毁技术，其中又以吸附技术和催化燃烧技术的应用居多。

利用吸附回收技术可以将废气中有价值的有机化合物进行回收。国外有机废气的治理思路是在技术允许的情况下尽量地使用回收技术回收有机溶剂，以实现资源的再利用。使用的吸附材料主要包括活性炭、活性炭纤维和分子筛，吸附设备主要包括固定床和移动床吸附器；吸附剂的再生通常采用水蒸气再生和热气流再生两种，在油气回收中则通常采用真空脱附再生。

工业固定污染源 VOCs 的排放主要是低浓度、大风量的排放污染问题。经济高效的排

放控制技术是解决大面积 VOCs 污染问题的关键。吸附法适用于低浓度、大风量的气态污染物的治理，操作方便，易于实现自动化，并且对于有再利用价值的有机溶剂，能通过脱附进行回收，实现废物资源化。

吸附法设备简单、适用范围广、净化效率高，是一种传统的废气治理技术，也是目前应用最广的治理技术。吸附设备可以分为固定床、移动床和流化床吸附器三种类型。

国内外的 VOCs 治理技术及建立标准体系的情况如下：

（1）国内情况　我国的工业 VOCs 排放治理工作起步较早，自 20 世纪 80 年代就已经有催化法和吸附法治理设备进入市场。主要是采用固定床吸附回收技术，吸附剂通常为颗粒活性炭和活性炭纤维。从不同吸附净化技术的应用范围和工艺设备的成熟程度来看，固定床吸附＋水蒸气脱附＋冷凝回收工艺和固定床吸附＋热空气脱附＋催化燃烧工艺当时在我国应用范围最广，工艺设备成熟，是我国有机废气吸附净化的主体工艺，在我国有机废气净化中占据着主导地位。

防化研究院于 1990 年研制成功的固定床有机废气浓缩装置（"一种处理有机废气的空气净化装置"，专利号 CN2175637），采用低阻力的蜂窝状活性炭作为吸附剂，以福州嘉园环保股份有限公司为代表的多家企业对该技术进行了大规模的推广应用，成为当时我国喷涂、印刷等行业大风量、低浓度有机废气治理的主体设备之一。北京绿创大气环保工程有限公司采用薄层的活性炭纤维作为吸附剂，使用固定床吸附浓缩装置用于造船业废气治理，取得了较好的效果。

河北中环环保设备有限公司是最早（20 世纪 90 年代末）应用活性炭纤维自动化回收装置，开展对众多行业的有机废气回收的环保公司，取得了很好的效果，并结合工程总结发表了不少学术论文；他们也是行业中第一家制定了自己企业标准的企业（2002 年 2 月 1 日即发布了河北中环环保设备有限公司企业标准）《活性炭纤维有机废气吸附回收装置》（Q/HZH 0012002，保定市技术监督局备案号：B130600J883297—2002）。为此，他们的技术曾被国家环保总局评为 2004 年《国家重点环境保护实用技术（A 类）》。

福建大拇指环保科技有限公司也是从事活性炭纤维回收有机废气的公司，作为国内第一家以有机废气回收为题材的海外上市公司（2006 年 6 月在新加坡上市），他们积极开展有关有机废气回收的科技开发工作，研发的《工业有机废气自动化回收装置》于 2005 年被国家科技部列为火炬计划项目，在全国推广。

吸附浓缩-催化燃烧技术是吸附技术和催化燃烧技术相结合的一种集成技术，即目前在国内广泛应用的转轮浓缩-催化燃烧技术。我国在 1989 年曾引进三套日本东洋纺织株式会社的转轮吸附浓缩装置，后因操作不慎着火报废，目前改用蜂窝状的成形分子筛为吸附剂，并得到较为广泛的应用。

尽管国内的 VOCs 治理工作开展得轰轰烈烈，但是从整体来看并不那么理想，治理技术长期以来基本上处于自由发展状态，当时没有制定出统一的工程技术规范。随着《中华人民共和国大气污染防治法》等一些法律法规和标准的实施，有机废气污染控制体系正在逐步完善。2007 年以后，出台了一些相关废气治理设备的制造标准和产品技术要求，各省市也制定和配酿了地方综合排放标准。我国在 2007 年底发布了中华人民共和国环境保护行业标准《环境保护产品技术要求 工业废气吸附净化装置》（HJ/T 386—2007），对规范我国的废气治理市场起到了一定的作用。但是，此标准只是笼统地对吸附净化单元的技术要求、检验方法和检验规则进行了规定，而其他部分如对于吸附剂的脱附再生方法、溶剂的回收方法、系统控制措施、吸附剂的选择与要求等方面，未予规定或规定不全，对系统安全措施的规定过于简单。在吸附对象中没有划分有机废气和无机废气，在吸附设备中也没有划分固定床、移动床和流化床，没有对不同的吸附设备的设计、型号、控制措施、安全措施以及对吸附剂的要求的差异化等内容表达清楚。尽管如此，标准的出台表明了我国的废气治理行业开始有了统一的标准。

（2）国外情况　在新技术的研究与开发方面，当时国外固定床、流化床和移动床吸附器均有使用，特别是分子筛转轮在低浓度有机废气治理方面获得了大规模的应用。至今，国外一直对吸附材料展开大量的基础研究工作，通过对活性炭孔隙结构调整、去除杂质和改变成形方法等措施可以提高活性炭的应用性能；对于分子筛的研究主要是对分子筛的表面进行改性，提高其疏水性能和对有机化合物的吸附性能，提高其对 VOCs 的吸附容量。

目前，以颗粒活性炭、活性炭纤维和沸石分子筛为吸附剂的有机废气吸附净化技术已经非常成熟，日本、美国和西欧等对吸附工艺、吸附材料、吸附设备和吸附工程控制等都有详细的规定，同时一些大公司也制定了自己的企业标准，以对工艺设备的设计制造和工程技术措施进行规范。

（3）专家组对国内情况的调研　自 2008 年 3 月至 2009 年 10 月，《吸附法规范》起草组专家，先后选择性地对福建嘉园环保股份有限公司、北京绿创大气环保工程有限公司等公司的一些典型的治理工程进行了实地调研，并对几个骨干废气治理企业的治理工程案例进行了分析。发现吸附法 VOCs 治理工程中存在着不少问题，归纳起来主要有：

① 工艺水平较低，难以做到达标排放。由于缺乏治理工程技术规范的约束，很多企业甚至没有设备制造的企业标准，在工艺设计上基本上以经验为主，缺乏计算依据和设计规范，工艺设计水平难以固化和提高，在具体项目设计上随意性较大。加上同行业中存在恶性竞争，为了降低成本，在原材料和设备规格型号的选择、工艺控制水平上都大打折扣，造成净化设备难以做到达标排放，而且设备使用寿命短。

② 新技术的研究与开发方面和国外相比存在较大的差距。在我国，废气治理企业一般规模较小，技术研发能力弱，大部分的企业只掌握一种或两种技术工艺，长期以来工艺技术在低水平上徘徊。同时国家在 VOCs 治理技术研发方面的投入也严重不足，和国外相比在新技术的研究与开发方面滞后，在关键技术上存在较大的差距。

③ 标准不严，监管力度不够，废气净化装置运行率低。当时我国执行的有机物排放标准包括国家标准《大气污染物综合排放标准》（GB 16297—1996）及《恶臭污染物排放标准》（GB 14554—1993），其中只规定了十四种（类）VOCs 的排放标准，和发达国家相比在排放要求上要宽松得多。在美国环保署 EPA 定义的污染物中 VOCs 占了 300 多种，而美国 1990 年的《清洁空气法》要求减少 90% 排放量的 189 种毒性化合物中，70% 属于 VOCs。除了排放标准较为宽松以外，由于之前国家在废气排放的监管上工作重点一直在粉尘、SO_2

和 NO_x 上面，对 VOCs 的排放控制、监管没有跟上。虽然很多污染企业迫于压力进行了 VOCs 排放源的治理，有些是为了"三同时"的需要，如很多喷涂工艺的尾气治理只是装设活性炭吸附罐，而没有吸附剂的再生设施；很大一部分企业在净化设备安装验收以后为了节省运行费用，设备运行少、甚至根本不运行或在环保检查时才运行，这在当时我国废气治理装置，特别是规模较小的有机废气装置中是一个普遍的现象。这种状况使有机废气的治理工作不但没有起到环境治理的目的，反而增加了社会成本。

针对以上情况，决定加快制定《吸附法工业有机废气治理工程技术规范》。

三、《吸附法规范》制定的原则

① 必须与我国各类吸附法有机废气治理技术的发展水平相适应，以国内外常用的吸附工艺和最佳实用污染控制技术为基础，充分考虑技术成熟程度和可行性、各种技术的适用范围和适用对象，优先考虑技术成熟、适应范围广、对大规模的节能减排具有重要作用的吸附技术。

② 充分反映吸附法治理气态污染物的特点和优势，体现行业特征，并考虑不同地域和时期的差异，符合吸附法治理气态污染物的技术发展趋势，并适当与国外先进标准衔接，使制定的技术规范具有一定的前瞻性，以推动吸附技术的发展。

③ 制定技术规范时，要考虑技术可行性和经济可行性的统一，充分考虑工程实施过程中相关各方的经济承受能力。规范所界定的工艺设备和治理设施应便于工程实施、实际操作和运行维护，以实现效益的最大化。

④ 以国家环境保护和污染防治相关法律、法规、规章、技术政策和规划为根据，有利于相关法律、法规和规范的实施。

四、《吸附法规范》编制的法律依据

现行的国家法律法规、大气环境治理类的环保类标准、相关的行业标准是制定本规范的法律依据，使本规范具有合法性和权威性。结合国家现有的法律法规、废气排放控制标准、各省市的地方排放标准和各行业相关标准，严格按照各种标准编制指导文件进行编制。

涉及的部分法律法规和标准有：

①《中华人民共和国环境保护法》。

②《中华人民共和国大气污染防治法》。

③《国家环境保护标准制修订工作管理办法》。

④ 废气排放标准，如《大气污染物综合排放标准》《恶臭污染物排放标准》《大气污染治理工程技术导则》、北京地方排放标准《大气污染物综合排放标准》等。

⑤ 气态污染物相关检测标准，如《固定污染源排气中颗粒物测定与气态污染物采样方法》。

⑥ 相关环保产品、工程建设技术要求和技术规范，如《环境保护产品技术要求 工业废气吸附净化装置》等。

⑦ 有关标准编制格式、内容的标准，如《环境信息术语》、《标准化工作导则》系列标准、《国家环境保护标准制修订工作管理办法》和《环境工程技术规范制订技术导则》等。

以上文件为《吸附法规范》的出台提供了很好的依据和参考。到 2013 年 3 月，国家环保部正式向社会发布了《吸附法治理工业有机废气工程技术规范》（HJ 2026—2013）。从此，我国有了自己的吸附法治理 VOCs 的工程技术规范。

第四节　对《吸附法规范》中设计和运行管理的主要内容的说明和补充

《吸附法规范》中对吸附法处理 VOCs 都作了非常详细的规定，这对利用活性炭固定床处理 VOCs 工程的设计及运行管理，具有很好的指导意义。为了让读者更好地了解和方便使用这些规定，本节将对《吸附法规范》中关于设计和运行管理的内容中一些条款进行说明和补充。

一、《吸附法规范》中规定的有关设计和运行管理方面的主要内容

1. 有机废气的吸附法治理原则和措施

《吸附法规范》中规定了吸附法治理有机废气的范围、进气的浓度要求和限值，以及不适用于处理的废气情况：

① 对含有颗粒物及气溶胶类物质，需通过干法或湿法过滤等方式预先除去，规定经过预处理以后废气中的颗粒物含量应低于 $1mg/m^3$。

② 由于有机物的易燃性和存在爆炸的危险，在有机废气的治理中安全性是首先需要考虑的因素。对有机物的浓度要求一般规定为控制在其爆炸极限下限的 25％ 以下。

2. 关于治理工程的设计

① 对工程总体设计中的"三同时"原则、工程设计者的资质要求、工艺配置与企业生产系统的适用性要求、处理后可达到的目标或排放标准以及净化设备运行过程中的环境保护要求等进行了原则性的规定：

a. 在工程构成中，主要对治理工程的主体工程系统、辅助工程系统的组成范围进行了界定。总体界定了治理工程的总体构成范围和针对具体的工程系统的详细界定。

b. 在场址选择上，治理设备的布置应考虑主导风向的影响，以减少有害气体、噪声等对环境和周围居民区的影响；考虑有机物的易燃和爆炸的危险，应按照消防要求留出消防通道和安全保护距离。同时要考虑因地制宜地利用厂区空间，降低治理成本。

② 在进行工艺设计时要本着成熟可靠、国内先进、经济适用原则，同时要考虑节能、安全和可操作性，鼓励技术能力较强的治理厂家积极采用新工艺和新材料。具体应该考虑：

a. 在选择设备的处理能力时，要考虑留出 20％ 的设计余量；应尽量采用吸附法进行回收利用；一般考虑进气温度在 40℃ 以下。

b. 在治理工艺的选择上，应通过对废气的组成、温度、压力，污染物的性质，污染物的含量、流量，污染物排放方式（连续或间歇、均匀或非均匀）等因素进行综合分析，选择经济适用、安全可靠的治理工艺。

c. 在工艺路线的选择方面，根据吸附器的种类、吸附剂的再生方式、再生后高浓度有机废气的处理方式的不同，可以分为多种工艺路线。在本规范附录中给出四种典型的工艺路线。

d. 在选择吸附系统构成时，吸附器采用一用一备或多用一备的原则，吸附器的数量需要根据所设计的单个吸附器有效吸附时间和再生时间确定。当使用移动床和流化床吸附器时，吸附剂连续进行再生，再生系统的再生能力应根据吸附剂的再生速度和吸附器所产生的吸附剂的量进行计算，吸附和再生容量需匹配。

e. 当使用固定床吸附器时，由于吸附剂的装填和更换很不方便，劳动强度大，因此在选择脱附再生方式时，通常采用原位再生工艺。

f. 规定了再生方式的原则及再生后产生的高浓度气体的处理方式。

g. 当废气中含有不适于再生处理的有毒物质时，吸附了有毒物质的吸附剂整体进行处置。如废气中含有某些剧毒或恶臭物质时，吸附以后不宜进行脱附，通常与吸附剂一起进行整体处置。处置时要避免产生二次污染。

③ 工艺设计要求。

a. 废气收集。《吸附法规范》主要对排风罩设计和安装的通用原则提出了技术要求，对集气罩的具体设计没有作具体规定。强调的是在保证集气和排风效果的基础上，集气罩的配置应与生产工艺协调一致，尽量不影响工艺操作。同时尽量减少排风量，以减轻吸附装置的负担。

b. 预处理。由于各个行业中产生的废气的性质千差万别，而吸附法对废气中的粉尘、气溶胶和一些引起吸附剂中毒的物质要求严格，因此废气的预处理系统对吸附设备影响巨大。在规范中对废气的预处理系统进行了进一步的说明：规定了不同类型吸附剂的床层阻力和气流速度；规定了吸附剂用量的几种计算方法；规定了吸附器的净化效率应不低于 90%，同时吸附装置出口污染物的排放浓度应低于国家、地方和行业相关排放标准的要求。

吸附剂再生方面，特别提出，当需要较高温度再生时使用分子筛要比活性炭材料安全。

在冷凝回收方面，根据具体情况，提出了具体要求。并特别提出：经过冷凝后所产生的不凝气中有机物的浓度很高，不能直接排放，必须返回到吸附器的进口，和工艺废气混合后进行再吸附处理。

规范中提到了液体吸收法回收有机物的初步设想。

关于催化燃烧或高温焚烧方面的规定：

当废气中的有机物中含 S、N、Cl 等杂原子有机化合物，经过催化燃烧后会产生 SO_2、HCl、NO_x 等二次污染物，因此对燃烧尾气需要进一步进行处理达标后方可排放；对于低浓度的有机废气，经过吸附和热气流解吸后，再进入催化燃烧器的气流中有机物的浓度应控制在其爆炸极限下限的 25% 以下。

3. 二次污染物控制

规范规定了工艺过程中产生的废水要集中处理；产生的固体废物（包括粉尘、废渣、更换下来的过滤材料、吸附剂和催化剂等），需要收集后进行集中处理。催化剂中由于含有贵金属成分，可以送到相关单位进行回收。

净化后的废气应该根据大气污染物综合排放标准的要求进行高空排放。对排气筒高度应符合相关大气污染物排放标准的规定，排气筒的设计应满足 GB 50051 的要求。

系统噪声控制应满足 GBJ 87 和 GB 12348 的要求。

4. 安全措施方面作出了严格规定

在进行有机废气治理装置的工艺设计时，要把安全措施放在首位，规定除了符合安全生产、事故防范的相关规定以外，工艺系统中必须安装事故自动报警装置。

要求废气治理系统与主体生产装置之间、管道系统的适当位置，应安装可靠的阻火器，阻火器性能应按照 HJ/T 389—2007 中的规定进行检验。

风机、电机和置于现场的电气、仪表等应具有防爆功能。对于有机废气的处理必须选用具有防爆功能的风机、电机和电控柜。

规定在吸附操作周期内，吸附床内的温度应低于 83℃。当吸附器内的温度超过 83℃时应自动报警，立即中止吸附操作。

规定了采用不同的吸附剂，其再生气流的温度控制指标。

对于有机废气的催化燃烧装置，必须设置防爆泄压装置。泄压口应该安装在燃烧装置的顶部或背部能够避开操作人员的位置。

对催化燃烧器装置主体应进行整体保温，降低热量损失。外表面温度应低于 60℃，防止人员烫伤。

关于采用降压解吸方式再生，只是在废气浓度远远超过其爆炸极限范围，同时，由于在解吸和吸收过程中隔绝氧气，可以控制爆炸的危险的情况下方可采用；但对系统风机、真空解吸泵和废气系统都要求采用最高防爆级别，应采用符合 GB 3836.4 要求的本安型（本质安全型）防爆器件。

当吸附剂着火后，水喷淋是最好的灭火方式。

在规范中对所有的设备用材进行了严格规定，设计时要严格遵守。

除此之外，规范中还对辅助工程设计、工程施工与验收（包括工程验收和竣工环境保护验收）、运行与维护、标准实施建议等作出了具体规定。

二、对《吸附法规范》中规定的固定床设计方面部分内容的说明和补充

1. 对总体设计中规定的部分内容的说明和补充

① 场址选择与总图布置应参照标准 GB 50187 规定执行（5.3.1）。

GB 50187—2012《工业企业总平面设计规范》。

注：文中的宋体为《吸附法规范》中的条文，后面的数字为《吸附法规范》中的条文编号。文中的仿宋体为作者对该条文的解释和补充的内容。

② 场址选择应遵从降低环境影响、方便施工及运行维护等原则，并按照消防要求留出消防通道和安全保护距离（5.3.2）。

关于安全保护距离可参考 GB 50160。

2. 对工艺设计方面具体规定部分内容的说明和补充

① 治理工程的处理能力应根据废气的处理量确定，设计风量宜按照最大废气排放量的 120% 进行设计（6.1.2）。

此项规定的目的有两个：一是为了适应系统的波动，二是考虑设备的漏风。

② 吸附装置的净化效率不得低于 90%（6.1.3）。

这个规定，当废气浓度较高时，很难做到达标，因此，在规定中又增加了"同时达到吸附装置出口污染物的排放浓度应低于国家、地方和行业相关排放标准的要求。"

③ 工艺路线选择方面的具体规定。

a. 连续稳定产生的废气可以采用固定床、移动床（包括转轮吸附装置）和流化床吸附装置，非连续产生或浓度不稳定的废气宜采用固定床吸附装置。当使用固定床吸附装置时，宜采用吸附剂原位再生工艺（6.2.3）。

所谓吸附剂原位再生工艺，是指再生时不必把吸附剂卸出来，而使之保持在原来的状态下进行再生。

b. 当废气中的有机物浓度高且易于冷凝时，宜先采用冷凝工艺对废气中的有机物进行部分回收后再进行吸附净化（6.2.6）。

有研究表明：对于有回收价值的，但不宜采用活性炭吸附的有机废气，如乙醇、苯乙烯等，可以采用有机溶剂吸收的方法，吸收后的混合物，可以采用精馏的办法予以回收。所用吸收剂必须是沸点远高于待回收的溶剂，而饱和蒸气压要比待回收溶剂低的有机物。

3. 对二次污染物控制有关规定内容的说明和补充

① 废气收集系统设计应符合 GB 50019 的规定（6.3.1.1）。

GB 50019—2015《工业建筑供暖通风与空气调节设计规范》。

② 确定集气罩的吸气口位置、结构和风速时，应使罩口呈微负压状态，且罩内负压均匀（6.3.1.3）。

为使罩口呈现微负压状态，根据经验，一般要控制罩口风速在 0.2～0.5m/s 范围内。这样才能使进入系统内的空气达到最小值，不至于给处理系统增加太多的压力。

③ 当废气产生点较多、彼此距离较远时，应适当分设多套收集系统（6.3.1.5）。

一般情况下，对于多点收集，最后都要汇集到一个总管进行统一处理。这时候就要考虑支管与总管的接头问题。一般规定：支管的直径要小于总管的直径；支管与总管之间的夹角要小于 30°。

④ 废气预处理

a. 当废气中颗粒物含量超过 1mg/m³ 时，应先采用过滤或洗涤等方式进行预处理（6.3.2.2）。

因为粉尘进入吸附床层，会堵塞活性炭的微孔，所以要求进入吸附器气体中，粉尘的含量要小于 $1mg/m^3$。满足规定还可以避免重金属进入吸附层。另外，对于废气中所含的油滴、水分也要尽可能地除去。

可以采用过滤或洗涤的方式除去。但采用过滤方法时，过滤装置要安装压差计；采用洗涤方法处理，一般是采用喷淋塔，采用喷淋塔同时还可以对废气进行降温。不过，由于采用喷淋方式，使得废气中含水量增加，为了不影响活性炭床层的吸附，在经过洗涤后，必须尽可能地除去废气中的水分。一般采用降温的方法除去废气中的水分。

b. 当废气中含有吸附后难以脱附或造成吸附剂中毒的成分时，应采用洗涤或预吸附等预处理方式处理（6.3.2.3）。

采用劣质活性炭预先除去废气中含有的吸附后难以脱附或造成吸附剂中毒的成分，是吸附法中常用的方法，可以在废气进入吸附床之前，先安装一个薄层吸附器，里面装填劣质活性炭，等到该薄层吸附器吸附饱和后，将劣质活性炭取出处理掉，然后更换新的劣质活性炭。

c. 当废气中有机物浓度较高时，应采用冷凝或稀释等方式调节至满足 4.1 的要求。当废气温度较高时，采用换热或稀释等方式调节至满足 4.4 的要求（6.3.2.4）。

《规范》中 4.1 规定：当废气中有机物的浓度高于其爆炸极限下限的 25% 时，应使其降低到其爆炸极限下限的 25% 后方可进行吸附净化。

探讨一下，可否将比例提高一下？如果能够提高，就意味着不必将废气稀释太多，这样就减轻了处理装置的负担。

根据多年的实践经验，把进入吸附床层的废气浓度调整到爆炸极限下限的 40% 以下是可行的。因为吸附不同于催化燃烧，吸附过程虽然是个放热过程，但是它所放出的热量远远小于催化燃烧放出的热量。因此，把进气浓度调整到爆炸极限的 40%，在吸附过程中不可能引起爆炸。所以，进入吸附床的废气浓度，没有必要降到其爆炸极限的 25% 以下。另外从经济的角度，对于同量的废气，浓度越低，则体积越大，这样也增加了处理装置的负担，使投资和运行费用都大大增加。

（a）爆炸极限的概念。根据爆炸极限的经典定义：可燃气体与空气混合后遇火源会发生爆炸的浓度范围称为爆炸极限。但是目前发现有些行业标准中却出现"可燃气体与空气（或氧气）混合后遇火源会发生爆炸的浓度范围称为爆炸极限"的说法。按理说，增加一个"或氧气"并没有什么原则错误，但是，在几乎所有的资料给出的可燃气体爆炸极限的值均是指它们在空气中的浓度值，只有极少数的物质，才注明在氧气中。所以，如果按照在氧气中去定义爆炸极限，使得大家在使用时很不方便。

（b）有人提出：如果气体浓度在高于爆炸极限上限时，需不需要把浓度调整下来？在这里提出两方面的建议：一是，如果废气浓度很高，可以先采取冷凝、吸收等其他办法，先把浓度降下来，因为吸附法本来就不适合处理高浓度的废气；二是，为保险起见，建议还是要按照规定，把废气浓度调整到爆炸极限下限的 40% 以下。因为吸附器在实际运行过程中，来自生产装置的废气浓度是常常波动的，如果仍要坚持原来较高的浓度，当废气浓度波动到爆炸极限范围时，会发生危险。

（c）关于混合气体爆炸极限的计算。在工程实践中，常常遇到需要同时处理多种气体混合物的情况，这时候就有一个如何确定爆炸极限的问题。《吸附法规范》4.2 中给出了混合气体爆炸极限的计算方法：对于含有混合有机化合物的废气，其控制浓度 P 应低于最易爆炸组分或混合气体爆炸极限下限值的 25%，即 $P < 25\% \min(P_e, P_m)$，P_e 为最易爆组分爆炸极限下限值（单位：%），P_m 为混合气体爆炸极限下限值（单位：%），P_m 按照下式进行计算：

$$P_m = (P_1 + P_2 + \cdots + P_n)/(V_1/P_1 + V_2/P_2 + \cdots + V_n/P_n)$$

式中 P_m——混合气体爆炸极限下限值，%；

P_1，P_2，…，P_n——混合气体中各组分的爆炸极限下限值，%；

V_1，V_2，…，V_n——混合气体中各组分所占的体积百分数，%；

n——混合有机废气中所含有机化合物的种数。

按照上面给出的定义，则对于一个体系，就可以计算出两个爆炸极限，即 P_m 和 P_e，而 P_e 永远是最小的。这样，在工程上就需要补充更多的空气，才能达到进入吸附床层中废气浓度 25% 以下的要求。当然，从理论上讲，这种处理方式对保证系统的安全是更加保险的，但是却给后面的处理装置增加很多的负担。所以，笔者认为，在定义中应该把"最易爆炸组分"去掉，这才是从实际出发。

d. 当采用降压解吸再生时，煤质颗粒活性炭的性能应满足 GB/T 7701.2 的要求，且丁烷工作容量（测试方法参见 GB/T 20449）应不小于 12.5g/dL，BET 比表面积应不小于 1400m²/g。采用非煤质颗粒活性炭作吸附剂时可参照执行（6.3.3.1a.b）。

GB/T 7701.2《煤质颗粒活性炭 净化水用煤质颗粒活性炭》。这里可能有误，应该是"GB/T 7701.1《煤质颗粒活性炭 气相用煤质颗粒活性炭》"。

GB/T 20449《活性炭丁烷工作容量测试方法》。

e. 活性炭纤维毡的断裂强度应不小于 5N（测试方法按照 GB/T 3923.1 进行），BET 比表面积应不低于 1100m²/g（6.3.3.1.e.）。

GB/T 3923.1《织物断裂强力和断裂伸长率的测定—条样法》。

f. 采用冷凝回收法处理解吸气体时，应符合以下要求：

（a）可使用列管式或板式气（汽）-液冷凝器等冷凝装置（6.3.5.2.a）。

根据经验：板式换热器体积小，换热速度快；但由于换热片均是采用冷冲压而成，所以耐腐蚀性较差，使用寿命不长。因此，在工程中多使用列管式换热器。

（b）当有机物沸点较高时，可采用常温水进行冷凝；当有机物沸点较低时，冷却水宜使用低温水或常温-低温水多级冷凝（6.3.5.2.b）。

根据经验，当有机物沸点较低时，为达节能目的，冷却水宜使用常温-低温水多级冷凝。例如，在二氯甲烷回收时，就采用了常温-低温水多级冷凝工艺，低温水的水温为 7℃。

4. 对二次污染物控制有关规定内容的说明和补充

预处理产生的粉尘和废渣以及更换后的过滤材料、吸附剂和催化剂的处理应符合国家固体废物处理与处置的相关规定（6.4.2）。

国家固体废物处理与处置的相关规定有两类：一类是普通的固体废物，另一类是危险废弃物，如医疗垃圾、废催化剂、废吸附剂（废活性炭、分子筛等），这些固体废物的处理处置都有严格的规定，大部分已有相关的法律法规。

5. 对安全措施有关规定内容的说明和补充

① 治理系统与主体生产装置之间的管道系统应安装阻火器（防火阀），阻火器性能应符合 GB 13347 的规定（6.5.2）。

这一点非常重要！安装阻火器的目的，是为了阻断火焰的传递，不论是废气处理系统还是生产主系统出现了着火事故，都不可以引起另一个系统着火。为此，要求必须安装由正规专业厂家生产的合格产品。

② 风机、电机和置于现场的电气仪表等应不低于现场防爆等级。当吸附剂采用降压解吸方式再生且解吸后的高浓度有机气体采用液体吸收工艺进行回收时，风机、真空解吸泵和电气系统均应采用符合 GB 3836.4 要求的本安型（本质安全型）防爆器件（6.5.3）。

关于本安型防爆器件：工业上所用的防爆器件根据防爆原理分为隔爆型和本安型（本质安全型）两类。本安型防爆器的原理是利用限制电路中的电气参数，降低电压和电流或者采用某些可靠的保护电路，阻止强电流和高电压窜入爆炸危险场所。保证爆炸危险场所中电路产生的开断路电火花或热效应能量小于爆炸性混合物最小点燃能量，点燃不起爆炸性混合物。本安型防爆器与隔爆型防爆器相比，结构简单，体积小，重量轻，制造和维护方便，具有可靠的安全性。因此广泛用于石油化工工程中。

③ 在吸附操作周期内，吸附了有机气体后吸附床内的温度应低于83℃。当吸附装置内的温度超过83℃时，应能自动报警，并立即启动降温装置（6.5.4）。

此规定是借鉴日本的经验。所说的降温装置是指可以向床层内喷射低温水或冷气的装置。

④ 采用热空气吹扫方式进行吸附剂再生时，当吸附装置内的温度超过6.3.4.2中规定的温度时，应能自动报警并立即中止再生操作、启动降温措施（6.5.5）。

要求在设计时要考虑在吸附床层的适当位置装设测温装置（如热电偶）及与其连锁的超温报警装置和降温装置（喷水或吹冷风）。

⑤ 催化燃烧或高温焚烧装置应具有过热保护功能（6.5.6）。

主要是考虑对催化剂的保护，防止催化剂因超温而老化。

⑥ 催化燃烧或高温焚烧装置防爆泄压设计应符合 GB 50160 的要求（6.5.8）。

《石油化工企业设计防火规范》（GB 50160—2015）。

⑦ 室外治理设备应安装符合 GB 50057 规定的避雷装置（6.5.11）。

《建筑物防雷设计规范》（GB 50057—2010）。

6. 对主要工艺设备有关规定内容的说明和补充

① 吸附装置的基本性能应满足 HJ/T 386 的要求。

HJ/T 386—2007《环境保护产品技术要求 工业废气吸附净化装置》。

② 吸收装置的基本性能应满足 HJ/T 387 的要求。

HJ/T 387—2007《环境保护产品技术要求 工业废气吸收附净化装置》。

③ 催化燃烧装置的基本性能应满足 HJ/T 389 的要求。

HJ/T 386—2007《环境保护产品技术要求 工业有机废气催化净化装置》。

三、对运行管理方面有关规定内容的说明和补充

① 固定床吸附装置吸附层的气体流速应根据吸附剂的形态确定。采用颗粒状吸附剂时，气体流速宜低于 0.60m/s；采用纤维状吸附剂（活性炭纤维毡）时，气体流速宜低于 0.15m/s；采用蜂窝状吸附剂时，气体流速宜低于 1.20m/s（6.3.3.3）。

参见本书第五章第五节的相关内容。

采用纤维状吸附剂时，吸附单元的压力损失宜低于 4kPa；采用其他形状吸附剂时，吸附单元压力损失宜低于 2.5kPa（6.3.3.6）。

参见本书第五章第五节的相关内容。

② 吸附剂再生。

a. 当使用水蒸气再生时，水蒸气的温度宜低于 140℃（6.3.4.1）。

根据实际运行经验，水蒸气温度最好不要超过102℃，因为水蒸气温度过高，就要使用压力容器，这样会给企业带来一定的困难。同时使用压力容器，也会埋下安全隐患。

b. 当使用热空气再生时，对于活性炭和活性炭纤维吸附剂，热气流温度应低于120℃；对于分子筛吸附剂，热气流温度宜低于200℃。含有酮类等易燃气体时，不得采用热空气再生。脱附后气流中有机物的浓度应严格控制在其爆炸极限下限的 25% 以下（6.3.4.2）。

c. 高温再生后的吸附剂应降温后使用（6.3.4.3）。

参见本书第五章第五节的相关内容。

第五节 活性炭固定床运行管理中需要探讨的几个问题

一、气流通过固定床吸附层的速度

关于气流通过固定床吸附层速度的问题，长期以来，人们都认为应该控制在 0.2～0.6m/s 的范围内。直到现在，包括一些正式出版的书籍，甚至设计手册上，都还沿用着这种说法。尽管不少科技工作者在实践中发现，这种说法可能有问题，但是谁也没有提出过疑问。

那么，气流通过吸附床层的速度究竟应该控制在什么范围？

在长期的工程实践中发现，在大多数情况下，采用 0.2～0.6m/s 这个范围的气流速度都是不可行的。当利用活性炭纤维作吸附剂处理 VOCs 时，所使用的最大风速绝不会超过 0.15m/s，因为由于受到床层阻力的限制，一般活性炭纤维层的厚度不会超过 150mm。通

过工程实践发现，废气通过床层的速度无法用一个固定的数据来表示，因为它涉及许多因素，如吸附材料的状况、吸附床层的阻力等，废气通过吸附床层的速度应该是由废气在床层中与吸附剂的接触时间决定的。

从吸附的本质讲，由于气体在固体吸附剂表面的吸附速度极快，甚至可以接近化学反应的速率。因此，当气体分子与吸附剂表面一接触，瞬间就会被吸附。从这一点出发，气体通过吸附床层的速度应该随着气体浓度和吸附材料的改变而改变。后来通过大量的工程实践总结发现，废气在吸附床层内与吸附剂的接触时间为 0.8～1.2s 即可将废气中的吸附质完全吸附下来，也就是说，不论采用多大的风速，只要能够保证气体与吸附剂接触的时间在 0.8～1.2s 之间，就完全可以满足治理要求。可见，废气通过床层的速度并不是一个固定的数据。

二、脱附温度的选择

关于挥发性有机物的脱附温度问题，长期以来都存在一种错误认识，认为脱附温度与物质的沸点有关，要想把吸附在吸附剂上的物质脱附下来，所用脱附介质的温度必须高于该物质的沸点。这是一种想当然的认识问题的观点。

在这种错误观点的引导下，出现了不少本不该出现的问题。

【问题 1】　给企业造成很多意想不到的困难。例如，三甲苯的沸点为 164.7℃。人们在早期的工程设计中曾要求采用 170℃ 的高温进行脱附。因为当时所用的脱附介质为水蒸气，这就给工程的实施带来了两个问题。一是现场水蒸气压力达不到要求。因为一般工程所使用的蒸汽系统都是低压蒸汽，其压力最高才能达到 1.2MPa。而要达到 170℃ 的高温，则需要 1.7MPa 以上的蒸汽压力。这就出现了第二个问题，就是设备的承压问题。平时所用的设备以常压为主，那么突然要用高压设备，这不是一下子就能够解决的，这将给治理带来非常大的困难。

【问题 2】　造成许多无法完成的工程。例如有一个环保公司，接了一个回收环氧氯丙烷的工程。他们采用了活性炭纤维吸附-水蒸气脱附的工艺，试图回收环氧氯丙烷，但是最后以失败告终。按说，环氧氯丙烷的沸点才 117.9℃，要是按照"脱附温度与物质的沸点有关"的说法，稍有点过热蒸汽，就完全可以脱附下来。可是，他们想了许多办法，甚至用到了 150℃ 的过热蒸汽，最后也没能解决问题。

根据多年的工程经验，从理论上进行分析，可以得出一条结论：吸附质的脱附温度与其沸点没有直接关系，而是和它的饱和蒸气压有关。这是对经典吸附理论提出的挑战。

这个结论可以用脱附原理来说明。

要想使吸附质分子从吸附剂表面脱附下来必须给它能量或推动力，使其能够从吸附剂表面"蒸发"到吸附剂孔道中，从而进入气相主体。而在通常采用的脱附方法中，加热脱附是给它提供能量，以增加分子的动能；吹扫脱附和降压（真空）脱附，都是为了降低吸附剂孔道中废气分子的分压，也就是蒸气压，给废气造成一个浓度差，从而给废气分子由吸附剂表面向气相主体转移提供一个推动力，这个推动力越大，废气分子的脱附速度就越快。所以，从这个理论出发就不难理解，吸附质的脱附温度是与其饱和蒸气压直接相关的，而与它的沸点无关。

从上面提到的两个例子可以明显地看出：三甲苯的沸点为 164.7℃，已完成的工程都是采用 100℃的水蒸气脱附下来的；而环氧氯丙烷的沸点只有 117.9℃，采用 150℃的过热蒸气都无法脱附下来。究其原因，是由于前者的饱和蒸气压为 13.33kPa（99.71℃），而后者的饱和蒸气压为 1.8kPa（20℃）。

表 5-1 记录了在工程实践中观察到的一些 VOCs 的脱附情况。

表 5-1 挥发性有机物的沸点、饱和蒸气压、脱附温度及效率

挥发性有机物	沸点/℃	饱和蒸气压/kPa	脱附温度/℃	脱附效率/%	备注
丙酮	56.12	371.86(100℃)	100	100	水蒸气脱附
乙酸乙酯	77.114	201.64(100℃)	100	100	水蒸气脱附
苯	80.10	199.98(103℃)	100	99.80	水蒸气脱附
异丙醇	82.4	136.08(90℃)	100	99.30	水蒸气脱附
四氢呋喃	66	101.33(66℃)	100	99.0	水蒸气脱附
二氯甲烷	39.75	80.00(35℃)	100	99.0	水蒸气脱附
甲苯	110.6	80.00(102.5℃)	100	99.0	水蒸气脱附
四氯乙烯	121.20	58.46(100℃)	100	98.0	水蒸气脱附
乙酸丁酯	126.114	45.33(100℃)	100	97.70	水蒸气脱附
对二甲苯	138.4	33.33(101.16℃)	100	97.30	水蒸气脱附
三甲苯	164.7	13.33(99.71℃)	100	97.01	水蒸气脱附
二甲基甲酰胺	153.0	10.7(96℃)	100	95.8	水蒸气脱附
苯胺	184.7	8.00(106℃)	100	82.0	水蒸气脱附
苯乙烯	145.14	0.841(25℃)	100	—	水蒸气脱附
乙二醇	197.85	2.13(100℃)	100	—	水蒸气脱附
邻苯二甲酸二丁酯	339	0.13(148.2℃)	100	—	水蒸气脱附
丙烯酸	141	1.33(39.9℃)	100	—	水蒸气脱附
丙烯酸丁酯	145.7	0.53(20℃)	100	—	水蒸气脱附
甲基异丁酮	115.8	2.13(20℃)	100	63.10	热氮气脱附
			170	76.50	
			110	99.20	
二甘醇二甲醚	159.76	0.45(25℃)	100	—	热氮气脱附
			180	66.00	
			130	96.10	

① 脱附温度与物质的沸点基本上没有关系：以三甲苯为例，其沸点是 164.7℃，采用 100℃的水蒸气能够将其很好地脱附下来（脱附率 97.01%）。而对于比它的沸点低得多的丙烯酸（沸点 141℃），采用 100℃的水蒸气进行脱附，则丝毫不起作用。其原因是，丙烯酸的饱和蒸气压太低，仅有 1.33kPa（39.9℃）。

② 表中凡是饱和蒸气压在 10.0kPa 以上的物质，采用 100℃的水蒸气都能够很好地脱附下来。而饱和蒸气压较低的物质，如苯乙烯（25℃时为 0.841kPa）、邻苯二甲酸二丁酯（148.2℃时为 0.13kPa）、丙烯酸丁酯（20℃时为 0.53kPa）等，虽然沸点比三甲苯低得多，但是，由于它们的饱和蒸气压很低，采用 100℃的水蒸气仍然无法将它们脱附下来。

由此可以得出结论：物质的脱附温度基本上与它的沸点无关，而和它的饱和蒸气压有着密切的关系。

③ 对于难以脱附的物质，当采用热氮气脱附时，并不是温度越高，脱附得越彻底，过高的脱附温度反而使其脱附效率下降。如表 5-1 所示，在采用热氮气对甲基异丁酮（沸点 115.8℃，20℃时的饱和蒸气压为 2.13kPa）进行脱附时发现，当温度升至 100℃时，脱附率只有 63.10%。为了提高脱附率，可将氮气温度提高到 170℃，此时的脱附率达到 76.50%。这时考虑再升温已毫无意义，于是就试着向下降，结果发现，脱附率反而逐渐上升。当温度降至 110℃时，脱附率达到了峰值：99.20%。由此可知，对于难以脱附的物质进行脱附时，并不是温度越高，脱附得越彻底，过高的脱附温度反而使其脱附效率下降。因此，如遇此类问题时，则应通过实验，慎重地选择适当的脱附温度，以取得最佳的脱附效率。

对于一些饱和蒸气压较低的物质脱附时，为什么温度过高反而使脱附率下降？

对于这个问题的回答，只能从理论上进行推测。从吸附的分类上说，可以分为物理吸附和化学吸附。物理吸附时，所形成的键能只达到范德华力的范围，即最大只有 80kJ/kmol 左右，而化学吸附的吸附键力可达到 400kJ/kmol 以上。在物质的吸附上，往往存在一种现象：当温度低时是物理吸附，如果温度升高，则可能转变为化学吸附。也就是说，当脱附温度过高时，使本来存在的物理吸附状态可能转化成了化学吸附状态，使得吸附键的键能大大增加，反而不易脱附下来。这可能就是为什么温度过高，反而使物质的脱附率下降的原因。

阅读材料　关于饱和蒸气压的概念

a. 饱和蒸气压指在一个密闭空间内，某种物质在给定的温度下，该物质的液相、气相共存时的气体压力（分压）。此时，蒸发/凝结过程达到动态平衡。通常对水来说，温度越高，蒸气压越大。当气体的压强（分压）与饱和蒸气压相等时，对应的温度称为露点，这时空气的相对湿度为 100%。此时如果降低温度或者增加空气中水蒸气的含量，就会出现水凝结的现象。饱和蒸气压是物质的一个重要性质，它的大小取决于物质的本性和温度。饱和蒸气压越大，表示该物质越容易挥发。

b. 影响因素。

对于放在真空容器中的液体，由于蒸发，液体分子不断进入气相，使气相压力变大，当两相平衡时气相压强就为该液体饱和蒸气压，其也等于液相的外压；温度升高，使得液体分子能量更高，更易脱离液体的束缚进入气相，使饱和蒸气压变大。

一般液体都暴露在空气中，液相外压＝蒸气压力＋空气压力＝101.325kPa，并假设空气不溶于这种液体，一般情况由于外压的增加，蒸气压变大（不过影响比较小）。

蒸气压不等同于大气压。

三、活性炭固定床采用水蒸气脱附后是否都需要干燥

这个问题归纳起来有两种意见：采用活性炭纤维作吸附材料的同行主张，采用活性炭纤维作吸附材料时，就不需要设置单独的干燥工序；而采用颗粒活性炭作吸附材料时就必须进行干燥。

在二十世纪八九十年代 PVC 行业用颗粒活性炭作吸附剂回收氯乙烯单体时，各治理厂家无一例外地都有热空气干燥这一步。而到 21 世纪初，改成活性炭纤维作吸附材料时，就大胆地省去了热空气干燥的工序，而且将整个回收工艺由原来的 5 步简化为 3 步。

为什么可以省去干燥工序？经过认真分析认为，经过水蒸气脱附的吸附剂微孔中存在的水分有 2 类：一类为"自由水"；另一类是吸附在吸附剂表面的"吸附水"。由于颗粒活性炭的孔道长且孔体积比活性炭纤维大得多，在脱附后的颗粒活性炭中就会存有大量的"自由水"。因此，当颗粒活性炭脱附完成之后，必须通过干燥，把吸附剂中的"自由水"蒸发掉，才能使再进入的废气分子与吸附剂表面接触，将"吸附水"分子置换下来。而由于活性炭纤维的微孔体积比颗粒炭的微孔体积小得多，很难有"自由水"存在，因此可以省去热空气干燥，脱附完成后可直接转入吸附工序。这样不仅可以使脱附水蒸气的用量大大降低，而且使吸附回收工序大大缩短，降低了运行成本。

那采用活性炭纤维作吸附剂处理 VOCs 时，是不是都不需要干燥？这个问题的实质是关于有机气体分子和水蒸气分子在活性炭表面的吸附竞争力的问题。早在二十世纪七八十年代，在有机废气处理行业有一种普遍的说法，认为水分子在活性炭表面的吸附能力比任何有机废气分子都强，因此，凡是采用水蒸气脱附的活性炭吸附床一律采用热空气干燥后，才能进入吸附工序。后来在九十年代初接触到用活性炭纤维作吸附剂处理甲苯时发现，经过水蒸气脱附的活性炭纤维，不进行干燥，直接转入吸附程序，对甲苯的吸附率并没有下降，于是开始在工程上实际应用，所得结果一样。因此就盲目得出结论：有机废气分子在活性炭表面的吸附竞争力都大于水分子。当时虽然在不少工程上都得到了验证，但查资料后发现不是所有的有机废气分子在活性炭表面的吸附竞争力都大于水分子的吸附竞争力。那么究竟是不是竞争力的问题？水蒸气分子与活性炭表面的吸附难道只是一个物理过程？它们之间有没有化学吸附？查找其吸附等温线，发现水蒸气分子在活性炭表面的吸附等温线和有机蒸气分子在活性炭表面的等温线形状不同，从吸附等温线的形状分析，发现水蒸气的吸附等温线在一定压力范围内，就与 V 形等温线相似，这说明它们之间吸附力较弱。这个推测很快就从一篇资料上找到了答案。该资料讲，水蒸气分子在相对压力 p/p^0 为 0.5～0.6 时，可以和活性炭表面的碳原子反应，生成一种很强的氧化基团，这种氧化基团被称作是表面氧化物，具有很强的酸性。

这样一来，究竟水分子亲和力强，还是有机废气分子亲和力强的问题一下子就解决了，因为它们之间根本就不存竞争的问题。在完成水蒸气脱附后，活性炭表面暴露出来的并不是碳原子，而是大量的具有强氧化性的表面氧化物。当下一轮有机废气进入到活性炭表面时，究竟能否立即被活性炭表面所吸附，那就要看这些有机废气的分子能否把表面存在的具有强

氧化性的表面氧化物消灭掉。实际上，由于大多数有机废气分子都具有还原性，已经不存在竞争力的问题了。

在这里可以得出结论，从道理上讲，不论是颗粒活性炭还是活性炭纤维，在采用水蒸气脱附后都需要干燥，但是，由于活性炭纤维仅在其表面存在表面氧化物，如果这些表面氧化物一接触有机废气分子瞬间就被清除掉，那就没有必要再进行干燥了。至于颗粒活性炭，因为孔道中存在大量的自由水，所以必须干燥。

第六节　活性炭固定床运行中常见问题及解决方法

在长期的实践工作中，曾经遇到不少同行一起探讨活性炭固定床吸附处理 VOCs 方面的问题，具体有以下几方面问题。

一、如何处理回收后的有机溶剂混合物才更经济

对于此类问题，可以根据具体情况，采用两种方法解决。

第一种方法，如果废气来自一个稳定的生产过程，所排放的有机废气成分又一直没有变化，在回收物中只是它们的比例发生了变化。那么就没有必要对回收品进行分离，而只是对其各种物料的含量进行分析，最后按照生产工艺中的配方，调整好比例后直接回用即可。因为吸附法回收工艺只是经历了一个纯物理过程，中间没有发生任何化学反应，不会生成其他物质，加上回收工艺整个过程是一个封闭的系统，也不会有其他物质进来。所以，回收的物质仍然是原来的成分，只是比例可能有所变化。这样可以放心大胆地打回到生产工艺的源头，稍做调整便可以作为原料使用。

第二种方法，就是将回收物品集中起来，请有能力的厂家集中处理。这就要求有关部门进行协调，根据预定范围内的需求，单独设立一个集中处理厂。这种方法特别适合一个工业园区。

二、如何延长活性炭吸附剂的寿命

活性炭的寿命究竟有多么长？资料介绍，如果使用得当，颗粒活性炭可以安全使用 1～2 年，活性炭纤维为 4～5 年。根据经验，颗粒活性炭一般使用 2 年不成问题，活性炭纤维使用的时间一般会超过 5 年。

如果使用寿命太短，那说明使用方法有问题。在使用活性炭时，一定按照《吸附法规范》6.3.2 去做，严格做好废气预处理。当然，在吸附剂的选择上，也必须按照要求去做。

三、如何做到废气处理后达标

这是一个在 VOCs 治理工程中常常会遇到的问题。尤其是在目前国家实施超低排放政策的情况下，这种现象会经常发生。出现这种现象的原因有以下几个方面：一是设计方面的

问题，二是管理方面的问题。

1. 设计方面的问题

工艺设计不合理，操作程序要按"设计精准化"的要求去做，如果采集的原始数据不准确或是设计时没有认真按照市场调查的情况去采取一对一的精准设计，则会造成设计与实际情况不符的严重错误。

2. 管理方面的问题

① 生产过程管理方面缺乏全面质量管理，设备制造没有按照"精细化"的要求去做，设备加工、安装调试没有严格按照图纸及相关要求去做，缺乏"工匠"精神。

② 运行管理缺乏严格的规章制度，包括台账制度、奖惩制度等。

3. 如何解决这些问题

在此以一种用于"超低排放"的活性炭纤维固定床吸附回收装置为例来说明。这种装置把气流分布理论引入到活性炭纤维固定吸附床的设计中，经过大胆的改进，使原来的吸附装置对单一气体的吸附达到了几乎 100% 的处理效率，而且大大地延长了活性炭纤维的使用寿命。该装置经过 3 年时间的试运行，效果一直很好。而且，活性炭纤维的性能至今还没有出现下降的迹象。

该装置的原理是，当处理气-固相传递过程时，通常假设气体在固相中的流动属于活塞流，即假设气体在固相中的流动是均匀的。不过这只是一种理想状态，实际上任何气体在固相中的流动，都会产生沟流现象，这样就造成了一部分气体没有和固体接触就离开了固相。为此，在此类装置中经常用加装气流均布板的方式去解决。

科技人员经过潜心研究，利用气流分布理论，开发出了一种可以使气体在固相中均匀流动而不产生沟流的特殊结构的气流均布板。同时把原设计的吸附器由下进气改为上进气方式，将这种气流均布板引入到其中，使进入吸附器中的气体均匀分布至每个吸附芯，从而大大提高了活性炭纤维的利用率。这种改进，也同时实现了干燥热风在吸附层中的均匀干燥，为下一步吸附创造一个均匀的阻力环境。除此之外，还对原设计中采用的挡板阀进行了改进，将所有阀门采用国标金属硬密封阀门，这种阀门在长时间高温蒸气和有机溶剂的环境下，密封性能有绝对的保证。经过对原吸附装置的改造，与同等规模的老工艺相比，活性炭纤维的利用率高出 30% 左右，如果滤芯的数量达到 8 个芯以上，活性炭纤维利用率可高出 40% 或更高。通过新装置在现场运行 3 年后的情况，总结出了 5 大特点。

① 基本实现了零排放。

② 设备采用标准化设计，加工质量好。

③ 活性炭纤维寿命可达 3～5 年。

④ 运行费用低。

⑤ 免维护，基本无售后可言。

图 5-1 和图 5-2 就是该公司经过加装新型气流均布板的吸附设备模型。

图 5-1　加装了新型气流均布板的吸附系统模型（含 7 个吸附罐）

图 5-2　部分工程图片

实际上，这种气流均布板可以推广应用到任何流体的反应装置中，均能成倍地提高装置的处理能力。

四、不具备脱附条件的企业如何采用吸附法治理 VOCs

目前，在采用吸附回收、吸附浓缩-催化燃烧法处理 VOCs 时常常会遇到：在一些分散的、处理规模小的单位，缺乏基础设施，比如没有脱附用的水蒸气等。这种情况如何顺利进行 VOCs 的治理，建议如下。

可以采用分散吸附、集中脱附的处理方式。也就是说，这些规模小的治理单位只负责对本单位排放的 VOCs 进行收集吸附，当吸附达到饱和时，把吸附饱和的吸附剂（单元）统一由一个专业厂家进行集中处理。处理完成后再把经过再生的吸附剂（单元）分给吸附厂家。要想实现这种运转模式，必须做到以下几点。

① 设备标准化。即各分散厂家所使用的吸附单元必须统一，比如吸附剂要装在统一的单元装置内（可做成抽屉式），这些单元要统一设计制作，可由统一处理厂家提供设计或制作，这样一来，便于统一处理。当然，这种标准化的装置必须由统一处理厂家和分散吸附的厂家共同协商确定。

② 统一处理的厂家要根据所有分散吸附厂家的规模、运行方式、吸附的 VOCs 种类、数量以及吸附饱和的时间进行认真地调查统计，使之能够正常地不间断地运转。

③ 各个厂家必须做好协调工作。算好经济账。

这种处理方式，特别适用于工业园区。

五、关于 VOCs 的单一治理与联合治理技术

生态环境部通报 2018～2019 年蓝天保卫战重点区域强化监督情况显示，不少地区在治理 VOCs 时，用等离子体、单纯活性炭吸附、光催化氧化等单级治理技术，因而造成处理结果不达标。为此，多地环保部门提出对处理效率较低，无法保证处理设施能够连续稳定高效处理 VOCs 的处理工艺，一律不许采用，这些工艺包括：单一活性炭吸附处理工艺、光氧催化处理工艺、处理易燃易爆 VOCs 使用的低温等离子体处理工艺。同时提出，鼓励采用前处理后吸附脱附、催化燃烧、燃烧等污染物去除效率较高的联合治理技术。

关于 VOCs 的单一治理技术，首先肯定一点：无论单独采用哪一种治理技术，只要选择得当、设计合理、运行管理到位，都可以收到理想的处理效果，也就是说，都可以做到达标排放。

① 活性炭吸附工艺。在所有采用吸附法治理 VOCs 的方法中，采用活性炭作吸附剂的吸附工艺是最理想的工艺。因为与其他吸附法如采用沸石分子筛、硅胶、活性氧化铝作吸附剂的吸附工艺相比，从对甲苯的吸附上看，活性炭的吸附容量是其他吸附剂的 4～8 倍。因而采用活性炭吸附工艺，只要吸附剂选择得当、设计合理（主要是运行程序），运

行管理到位，它完全可以单独采用。所谓吸附剂选择得当，是指根据吸附质的分子动力学直径去选择合适的吸附剂。所说的设计合理，除对装置的要求外，主要是吸附程序的设计。从理论上讲，吸附法可以处理痕量物质，也就是说，采用吸附法几乎可以实现"零排放"。要实现这一目标，必须从吸附程序上做文章。任何一种吸附剂都有一个吸附容量指标。而当吸附剂床层被穿透时，认为吸附就达到了饱和。如果一个吸附床层，它的保护作用时间（即达到吸附饱和的时间）为 30 分钟，那么，为了做到达标排放，可以在吸附进行到 25 分钟，甚至 20 分钟时就进行脱附，而切换到另一个吸附床，避免有不达标的风险。

② 低温等离子体处理技术。由于它的能量较小，所以一般只能用来处理 VOCs 浓度小于 $150mg/m^3$ 的气体。如果浓度过高，则需要采取其他方法，所以一般情况下，低温等离子体技术只能作为其他技术的辅助方法。另外由于 VOCs 大都属于易燃易爆的气体，所以在装置的设计上要特别注意。

③ 光氧化、光催化等。只能用于处理浓度低于 $150mg/m^3$ 的气体。

④ 燃烧法（包括直接燃烧、热力燃烧、催化燃烧、RTO、RCO）。这些处理方法都属于消除法（也称破坏法）。对于 VOCs 的处理，燃烧法是最彻底的处理方法，所以，目前凡是燃烧法（包括转轮浓缩-催化燃烧）都得到了广大用户的青睐。从理论上讲，如果不算经济账，燃烧法可以处理任何浓度的气体。但是，当处理的气体浓度过低时，要想直接燃烧，就得加辅助燃料，这就要采用热力燃烧。究竟要采用何种方式燃烧，需要对物质的燃烧热进行计算，如果燃烧放出的热量能够维持燃烧的继续进行，那就可以采用直接燃烧的方式，否则就需要选择其他的燃烧方式，如热力燃烧或催化燃烧，还需根据需要选择催化剂。至于RTO、RCO 工艺，只是在蓄热体的选择上要做些文章罢了。在采用燃烧法时，一定要考虑经济上是否合理。而且，不是什么样的 VOCs 都可以燃烧处理的，比如含氯的 VOCs，如二氯甲烷、二氯乙烷、氯仿、四氯化碳等，在燃烧时，特别是催化燃烧时，很容易生成毒性更强的光气或二噁英。

一般情况下，对于 VOCs 的处理工艺选择上，都是以回收为主的。实在无法回收的才会把它烧掉。所以常说，采用燃烧法处理 VOCs 是没有办法的办法。

⑤ 联合处理技术。联合处理就是整个处理系统只有一个排放口。在 VOCs 处理工艺上，往往会出现一个误区：比如转轮吸附浓缩-催化燃烧工艺，它虽然整个处理系统非常紧凑，但是它却有两个排放口，即转轮浓缩工序部分有一个排放口，燃烧工序部分还有一个排放口，要做到达标排放，必须对两个排放口都要进行检测，才能确实做到对整体处理效果的监管。

总之，不论采用单一的还是联合的处理技术，只要方法选择正确、设计合理、运行管理到位，都可以做到达标排放；不能笼统地说，不能采用单一技术去处理 VOCs，而必须采用联合技术去处理 VOCs。要对 VOCs 处理的各种技术，从技术原理上去搞清它，并且搞清各种技术的使用对象和适应范围以及它们的运行管理，这样才能正确选择处理方法，才能对治理单位所采用的治理技术做出正确的判断，才能更好地指挥和监督整个

VOCs 治理行业。

六、治理 VOCs 的方向

当前，在国家各项政策的推动下，全国 VOCs 治理行业轰轰烈烈。但是随着各项政策的逐步完善，治理行业也出现了一些值得关注的问题。

1. 治理的目的是以回收资源为主要方向

这是一个认识问题。我国是一个资源相对贫乏的国家，为此国家的各项方针政策都提倡以节约为前提，国家在大力开展节能减排工作。国务院在很多文件中都一再强调，在 VOCs 治理上，应提倡以回收资源为主。但是目前普遍提倡采用消除技术（燃烧法），很多人感兴趣的方法是采用燃烧的方式（包括 RTO、RCO）对 VOCs 进行处理。普遍认为：只有这样，才能处理彻底。

当然，采用各种燃烧法对 VOCs 进行处理是能够达到比较彻底的处理方法。但是，这是一种只图省事而不惜使大量资源被烧掉的不负责任的做法。

也许有人会说，采用燃烧法不是也可以回收热量吗？是的，但是，应该算一算经济账：以甲苯为例，回收 1t 甲苯价值约 7000 元，但是如果烧掉，它所产生的热量仅仅相当于 2t 标准煤的发热量。

2. 在治理工艺的选择上存在的问题

目前最盛行的是"转轮浓缩＋催化燃烧"技术，该技术几乎占据了我国 VOCs 治理的 60％以上的市场。孰不知，转轮技术本身存在许多技术缺陷。《转轮吸附 VOCs 技术的探讨》（《中国环保产业》2018 年第 11 期）从吸附原理上对转轮技术进行了探讨分析，认为转轮技术虽然能吸附处理大量的 VOCs，但其同样处理不了一些难以脱附的物质。文章对转轮技术的吸附能力给予了理论解释，澄清了"转轮能够大倍率浓缩废气、易做到达标排放、处理风量大"等错误认识；对转轮技术存在的缺陷进行了分析。并且指出：活性炭固定床是治理 VOCs 污染更为理想的选择。

另外，燃烧法（包括 RCO、RTO）对处理不少 VOCs（比如含氯的物质）是不可行的，因为那样会生成毒性更强的二次污染物。因此，应慎用燃烧法处理含氯的挥发性有机物。

至于其他的处理方法，比如 UV 光解、光催化、低温等离子体，在应用上更是五花八门，有些根本没有搞清技术的原理及应用场合、应用条件，就盲目采用，其结果就更是可想而知了。

3. 关于吸附剂的选择问题

从最简单的道理说，应该采用吸附能力最强的吸附剂，那就是活性炭类吸附剂。然而，在实际工作中，由于在活性炭的使用过程中出现了这样那样的问题，所以就对活性炭类吸附剂产生了怀疑。在并不了解吸附剂知识的前提下，就盲目否定活性炭的吸附剂地位，而提出改用分子筛等作为新型的吸附剂进行推广。活性炭类吸附剂在 VOCs 处理上具有一定的技术优势，通过对活性炭、分子筛、硅胶在处理 VOCs 方面所表现出的能力的比较，在用于吸附 VOCs 方面，活性炭的吸附性能都远远优于其他类型的吸附剂。为此，建议在采用吸附法处理 VOCs 工程时，尽可能地选择活性炭类的吸附材料。

4. 关于采用单一技术还是联合技术的问题

这是大家争论最多的一个问题。其原因是，在实际工程实践中有些工程由于技术选择不当、运行程序设计和运行管理上存在一些问题，造成了排气超标。于是有些人包括一些环境管理部门都下达"杜绝使用单一的活性炭吸附去治理 VOCs"的指令！这对环境治理方面是不利的！

为此，VOCs 的单一治理与联合治理技术，无论单独采用哪一种治理技术，只要选择得当、程序设计合理、运行管理到位，都可以收到理想的处理效果。

因此，应多从技术上去研究一些 VOCs 处理技术和装置的原理，以便使我国治理 VOCs 的工作沿着正确的道路前进！

第六章

活性炭固定床处理 VOCs 应用案例

活性炭固定床在 VOCs 治理中有广泛的用途。本章主要介绍四个不同行业的典型应用案例。

典型案例一　喷涂行业 VOCs 治理工程

一、行业特点

1. 概述

喷涂是通过喷枪或碟式雾化器，借助于压力或离心力，将调制后的油漆混合液等，分散成均匀而微细的雾滴，施涂于被涂物表面的涂装方法。

喷涂作业由于其生产效率高，可适用手工作业及工业自动化生产，所以广泛用于五金、塑胶、家私、军工、集装箱、火车客车车厢及船舶制造等领域。喷涂作业时使用的喷涂设备有喷枪、喷漆房、供漆房、固化炉（烘干炉）、喷涂工件输送作业传输设备、消雾水帘柜等。喷涂行业的消雾主要为水帘柜，其采用水循环方式，具体为循环水在废气穿过区域形成水帘，在废气穿过时，废气中的雾滴被循环水洗涤下来，废气穿越水帘的动力来源于引风机。

喷涂产生的废气主要包含各类挥发性溶剂，为典型的挥发性有机废气（VOCs）。

2. 喷涂废气的特征

喷涂企业在生产时一般会采用水帘柜对喷涂废气进行预处理，因此，该类废气有以下显著特点：含有水雾及油漆液滴，主要成分为挥发性有机溶剂，其纯度与市场价值较高。

3. 挥发性有机物治理背景

挥发性有机物（VOCs）对人体健康会造成一定危害。我国的挥发性有机污染物的排放，使城市雾霾等复合大气污染问题日益严重。近年，国家多次发布通知、政策和法令，将挥发性有机污染物污染控制及治理纳入了大气污染防治的重点工作。

广东珠江三角洲地区是全国较早推动开展挥发性有机物综合整治的区域，早在 2009 年 5 月省政府颁布实施的《广东省珠江三角洲大气污染防治办法》，即提出将挥发性有机物排放纳入大气污染物实施总量控制制度，要求汽车制造、汽车维修、石化、家具制造加工、制鞋、印刷、电子、服装干洗等行业应当按照有关技术规范治理无组织排放挥发性有机物。近年相继制定了《广东省珠江三角洲清洁空气行动计划》《印发〈关于珠江三角洲地区严格控制工业企业挥发性有机物（VOCs）排放的意见〉的通知》《关于印发〈广东省挥发性有机物（VOCs）整治与减排工作方案（2018—2020 年）〉的通知》（粤环发〔2018〕6 号）、《广东省打赢蓝天保卫战实施方案（2018—2020 年）》（粤府〔2018〕128 号），对典型行业挥发性有机物综合整治提出了分阶段目标、措施、近期重点任务等。

4. 废气量计算相关设计取值

（1）封闭车间按照洁净车间废气量计算　根据《洁净厂房设计规范》（GB 50073—2013），封闭车间换风要求如表 6-1 和表 6-2。

表 6-1　洁净室等级标准表

空气洁净度等级	GB 50073—2013	ISO/DIS 14644—4	医药洁净厂房设计规范
6 级（1000 级）	50~60 次	25~56 次	—
7 级（10000 级）	15~25 次	11~25 次	≥25 次
8 级（100000 级）	10~15 次	3.5~7 次	≥15 次
9 级（1000000 级）	10~15 次	3.5~7 次	≥12 次

注：1. 换气次数适用于层高小于 4.0m 的洁净室。

2. 室内人数少、热源小时，宜采用下值。

3. 大于 100000 级的洁净室换气次数不小于 12 次。

表 6-2　工业生产车间换气设计参考表

项　目	设计/取值
换气次数的定义	换气次数（次/h）＝室内总送风量（m³/h）/[室内面积（m²）×室内高度（m）]
一般环境要求的换气次数	25~30 次/h
人流密集场所	30~40 次/h
人流密集或者高温场所或车间	40~50 次/h
高温既有严重污染场所或生产车间	50~60 次/h
其他	①南方潮湿地区,换气次数应当适当增加; ②北方干燥地区,换气次数可以适当减少; ③有关洁净车间换气次数还应参考洁净车间等级表

（2）非封闭车间按照收集罩或者水帘柜通排风量计算　见表 6-3~表 6-5。

表 6-3 通风柜风量计算表

项　目	内　容
通风柜风量计算公式	$$L=L_1+vF\beta$$ 式中　L_1——柜式通风罩内污染气体发生量及物料、设备带入的风量，m^3/s； 　　　v——工作面(孔)上的吸入风速，m/s，参考表 6-4； 　　　F——工作面(孔)和缝隙的面积，m^2； 　　　β——考虑工作面风速分布不均匀的安全系数，取值范围为 1.05～1.1
设计要点	①通风柜工作面(孔)上的速度分布均匀与否，对其控制效果的好坏影响很大，设备设计选用时力求均匀； ②通风柜上排风孔位置应根据柜内工艺过程确定，冷过程采用下部排风，热过程采用上部排风，发热不稳定的过程采用上下部同时排风

表 6-4 通风柜设计控制风速表

污染物的性质	取值/(m/s)
无毒污染物	0.2～0.375
有毒或者有危险污染物	0.4～0.5
剧毒或者放射性污染物	0.5～0.6

表 6-5 外部吸风罩设计控制风速表

有害散发情况	v_t 取值/(m/s)	应用说明
在相对平静状态下产生极低的扩散速度	0.25～0.5	某些化学槽的液面蒸发，比如除油槽等
在较稳定状态下，产生较低的扩散速度	0.5～1.0	低速输料机，如检选胶带机、粉料装袋、焊接台、电镀槽、酸洗槽等
在空气快速流动状态下，大量产生有害物	1.0～2.5	破碎机、高速(>1m/s)胶带运输机、物料混合、粉料装卸等
在空气快速流动状态下，有害物以很高的惯性扩散	2.5～10	磨床、砂轮机、切割机、喷砂、喷漆等

二、案例分析

本案例以珠三角某行业龙头企业有机废气处理系统为依托。

1. 企业简介

企业拥有水帘柜 4 套，其中底漆 2 套、面漆 2 套，每套水帘柜长 4m，连接漆房 1 座，共计 4 座，采用封闭给风负压漆房。喷漆后工件放置于晾干房、负压自然晾干。

2. 有机废气处理工艺简介

目前，挥发性有机物常用的处理方法有冷凝法、燃烧法、吸附法、低温等离子体法、光催化氧化法等。

(1) 冷凝法　冷凝法是指将废气冷却，使有机污染物冷凝成液滴，从废气中直接分离出来，并进行回收。直接冷凝法适用于高浓度有机废气的回收，但与吸附联合使用可用于治理低浓度、多组分的有机废气。冷凝法净化效率高，且操作简单，其冷凝下来的有机组分可作溶剂回收使用或者交给专业公司进一步提纯处理。一般情况下，企业可以从废气处理中有所收益，回收工艺设备投资以及运行成本。

冷凝法处理有机废气前，需要对废气含固率等进行预处理，否则会导致固体吸附剂的中毒失效。

（2）燃烧法　燃烧法是指通过高温燃烧或催化燃烧将有机污染物分解为无害物或低毒物。该方法净化效率高，但其投资较高，且有机废气在燃烧过程需要控制温度，否则易产生二噁英等二次污染。

直接燃烧法使用的范围很广，但需要维持炉膛温度，需要的运行成本较高；催化燃烧对废气的颗粒物等有所要求，否则易造成催化剂中毒，同样需要维持炉膛温度，运行成本较高。

（3）吸附法　吸附法是指利用固体或液体吸附剂来对排放废气中的污染物进行吸附净化。由于吸附剂的吸附容量有限，该方法适用于较低浓度、大中小风量的有机废气处理，其中最常用的为活性炭吸附法。吸附法净化效率高，操作简单，投资成本低，但吸附剂容量有限，吸附饱和失效的吸附剂如果不采用再生处理，则必须作为危险废物处理，增加企业的运营成本，而且理论计算与实际生产有所区别，经常会出现吸附剂吸附饱和而管理人员不知道或者不更换吸附剂的情况，造成处理装置废置，环境危害严重。

吸附法目前主要采用固体吸附剂，因此，其对进入吸附装置的废气中颗粒物等有所要求，否则，容易造成吸附剂中毒。

（4）低温等离子体法　低温等离子体法是指通过电子束照射或高电压放电形式击穿气体，产生大量的活性粒子，这些活性粒子与有机废气反应，将气体污染物氧化成无害物或低毒物。该方法一般适用于恶臭或者某些较低浓度的有机废气处理，投资成本居中，操作简单，对操作人员要求较高。

（5）光催化氧化法　光催化氧化法是指在一定波长光照下，利用催化剂的光催化活性，使 VOCs 发生氧化还原反应，最终生成 CO_2、H_2O 及其他无机物。其主要应用于恶臭或者某些低浓度有机废气的处理，对大部分有机废气由于其自由基的产生当量不高并不适合使用。该方法投资成本低、操作简单，但处理效率低，在末端易产生臭氧，形成二次污染。

3. 处理工艺比选

综上所述，喷涂废气为低浓度、大风量的有机废气，其适合处理的工艺主要有：吸附-脱附回收工艺、吸附-燃烧工艺。

喷涂有机废气中含有的有机成分只要为挥发性溶剂，在生产过程中，只是单一挥发，没有改变溶剂的成分，因此具有很高的经济价值，所以综合考虑，本方案采用吸附-脱附回收处理工艺，一则可减少温室气体的排放，二则可以在废气处理过程中通过回收挥发性有机溶剂获得收益增加企业的收益，减少企业的投入及运行成本。脱附工艺有热氮脱附、热空气脱附等工艺可供选择，考虑企业运行安全，本方案采用热氮脱附，氮气需要采用外购补充。

本方案吸附剂采用活性炭作为吸附主体，因此，需要对进气做预处理。预处理对整个装置安全稳定运行特别关键，喷涂废气中含有大量的液态颗粒，本项目采用旋流分离加干式过滤器为预处理装置。

当采用热氮气脱附时，脱附的混合气体可进行冷却处理，由于各成分的沸点不同，在温度逐渐降低的过程中依次从混合气体中冷凝成液态，从而实现了回收。

因此，本项目方案采用工艺流程简图如图 6-1。

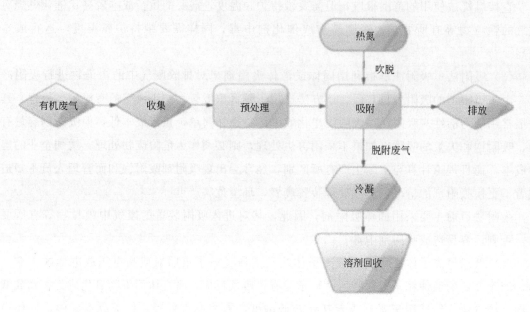

图 6-1　工艺流程简图

4. 工艺流程

（1）工艺流程示意图（图 6-2）

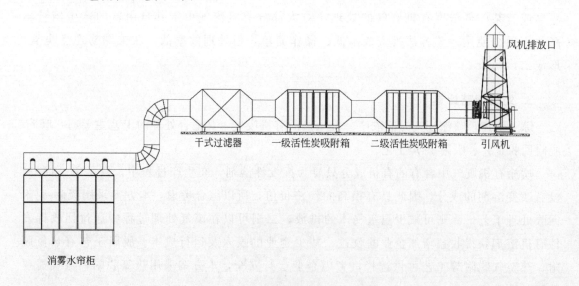

图 6-2　喷涂废气处理工艺流程图

流程功能说明。

① 首先将喷漆房的有机废气经除雾后与烘干房的有机废气分别引入主收集管道：

a. 废气通过消雾水帘柜除去漆雾后，由消雾水帘柜上方设置的抽风机引出喷漆房，由支气管进入主收集管。

b. 晾干房的废气由设置在晾干房顶部的集气系统（图 6-3 为集气放/收集罩示意图）收集，并通过支管进入主收集管道。

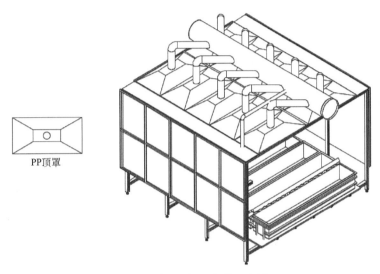

图 6-3　集气放/收集罩示意图

② 将全部收集的有机废气先进入旋流分离加干式过滤器，进一步去除雾滴以及大部分颗粒物。

③ 随后进入活性炭吸附塔，在吸附装置内，有机废气均匀稳定通过固定吸附床内的吸附填料的过流断面，并通过整个活性炭层。在此期间，废气中的有机组分被吸附截留，从而使废气得到净化。

④ 最后净化后的气体通过引风机抽送进入排放管道达标排放。

特别补充说明：为运行安全及环保法规的要求，连续生产的企业需要采用两套活性炭吸附塔运行，一套运行、一套再生冷却。

（2）热氮气脱附＋冷凝回收示意图（图 6-4）

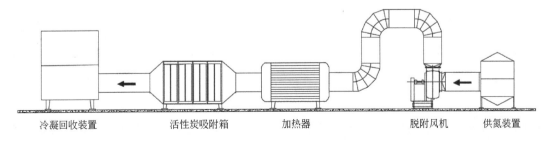

冷凝回收装置　　　　　活性炭吸附箱　　　　加热器　　　　　脱附风机　　供氮装置

图 6-4　活性炭热氮气脱附＋冷凝回收工艺流程图

流程功能说明：

① 活性炭吸附塔运行一段时间后（根据设定），该活性炭塔切换至脱附状态。

② 由脱附风机将热氮气送入活性炭塔，塔内活性炭吸附的有机物解吸附至热氮气体中。

③ 混有机组分的热氮气体随后进入冷凝装置，混合气体中的有机组分被冷凝回收，剩余的氮气加压输送至储氮装置。

5. 工程设计

（1）节点技术要求

① 有机废气处理系统每个水帘柜、晾干房为一组，配置一台处理系统。

② 喷漆房、晾干房给风、车间抽排风采用自动感应控制，尽可能减少非必要抽风量。每个喷漆房工位设置红外感应器，自动控制车间的给风、排风风机以及排气自动风门的开启；每个车间与主气管相连的支气管设置自动控制阀门（气动控制），根据车间内负压值自动调整阀门开启度及调整风机转速。

③ 主气管、收集支管安装压力传感器，其控制主气管、收集支管的负压值，合理分配风机的工作。

④ 每套处理系统其活性炭吸附塔采用双塔并联运行：一套吸附，一套吹脱、冷却。

（2）工程设计

① 设计参数。设计废气处理装置 4 套，每套处理能力为 2.4 万 m³/h（标准状态）。项目喷漆房和烘干房所需风量及排放的有机废气浓度见表 6-6 和表 6-7。

表 6-6 项目喷漆房和烘干房所需风量一览表

排气筒	楼层	位置	长/m	宽/m	高/m	区域空间体积/m³	换气次数/(次/h)	数量	所需风量/(m³/h)
每套	喷漆房＋晾干房	单个喷漆房	12	8	2.8	268.8	60	1	16128
		单个晾干房	12	8	2.8	268.8	12	1	3225.6
合计	1个喷漆房＋1个晾干房理论所需风量								19353.6
	设计取值×(1.2~1.5)								24000

表 6-7 项目喷漆房和烘干房所排放有机废气浓度表

排气筒	楼层	污染物类别	产生状况	
			最大浓度/(mg/m³)	最大速率/(kg/h)
高度15m	喷漆房＋晾干房	二甲苯	6.093	0.914
		甲苯与二甲苯合计	6.093	0.914
		总VOCs	46.827	7.024

② 排放标准。根据环评及批复，企业有机废气排放执行广东省《大气污染物排放限值》（DB 44/T 27—2001）二级排放标准及广东省《家具制造行业挥发性有机化合物排放标准》（DB 44/T 814—2010）第Ⅱ时段排气筒排放限值，以二者严者为最高限值，主要最高限值如表 6-8、表 6-9。

表 6-8 广东省《大气污染物排放限值》（DB 44/T 27—2001）二级排放标准

污染物	最高允许排放浓度/(mg/m³)	污染物	最高允许排放浓度/(mg/m³)
苯	12	二甲苯	70
甲苯	40	非甲烷总烃	120

表 6-9 广东省《家具制造行业挥发性有机化合物排放标准》（DB 44/T 814—2010）第Ⅱ时段排气筒排放限值

污染物	最高允许排放浓度/(mg/m³)	最高允许排放速率/(kg/h)
	第Ⅱ时段	第Ⅱ时段
苯	1	0.4
甲苯及二甲苯合计	20	1.0
总 VOCs	30	2.9

③ 控制参数设计计算（表 6-10）。

表 6-10 设计计算主要控制参数表

项目	主风管风速/(m/s)	预处理空塔滤速/(m/s)	吸附塔空塔滤速/(m/s)	吸附饱和时间/h	吹脱交换时间/h
数据	13～15	1.6	1.0	24	8～12

注：限于篇幅，计算过程本节略。

④ 设备选型。本项目喷涂废气共有 4 个喷漆房＋4 个晾干房，需要每个喷漆房＋晾干房配备一套有机废气处理装置，每套设计处理能力为 2.4 万 m³/h（标准）的废气处理系统，见表 6-11。

表 6-11 有机废气处理主要设备/系统列表

序号	设备	说明	单位	数量
1	主风管 φ800	采用阻燃材料设计，便于维修，便于更换	m	15
2	旋流分离＋干式过滤器	处理风量 2.4 万 m³/h，本体尺寸：长 2.5m×宽 2.0m×高 2.0m。填料：旋流分离体＋无纺布过滤网＋活性炭过滤网，阻燃 PPA 材质	套	4
3	活性炭吸附箱	PP 材质，本体尺寸：长 4m×宽 2.0m×高 2.0m，1t 活性炭，两用一备	套	8
4	切换风门	自动/手动运行	套	16
5	故障检修阀门	用于自动阀门出现故障检修	套	48
6	引风机	玻璃钢材质，4-72-10C，37kW，2.4 万 m³/h，风压 2500Pa	套	1

⑤ 电气控制设计。

a. 控制系统组成。本项目中每套废气处理系统各设有 1 套现场控制柜（自动/手动控制，包含变频控制柜），共 4 套，以及总控制柜（PLC＋触摸屏控制）1 套，如表 6-12 和表 6-13 所示。

表 6-12 电气控制系统规划表

项目/名称	功能规划	单位	数量
现场控制柜	①自动/手动控制，含变频控制柜。②手动控制为所有设备提供切换至手动控制状态功能，控制所属设备的运行与停止。③现场控制柜设有切换至自动控制的旋钮，当现场控制柜某个或者全部设备的旋钮打至自动时，由总控制柜/现场控制柜自动控制该设备的运行状态，而处于手动控制状态的设备，则仍由现场控制柜手动控制	套	4

项目/名称	功能规划	单位	数量
总控制柜	①PLC 控制单元。 a. PLC 控制单元为可编程逻辑控制、自动运行单元,通过采集的系统变量、设置的逻辑控制参数,转化为逻辑控制的电信号,控制整个系统的启动、运行、停止。 b. PLC 控制单元采集模拟量为压力变送器等仪表的模拟信号、变频器的控制信号等。 c. 系统运行异常报警。 ②触摸屏控制单元。触摸屏控制单元为输入输出单元,采用人机交互界面,方便人机交流。人机交流主要进行以下内容: a. 控制参数的输入、修改、调整。 b. 系统运行状态查看、改变。 c. 系统运行状态报警解除	套	1
远程控制柜	①预留数据上传接口。 ②预留数据采集接口。 ③预留数据反馈接口	套	1

表 6-13　系统控制电气/仪表

设备名称	数量	单位	参数	备注
压力变送器	4	套	4~20mA	采集管道变化压力数据
变频器	4	套	0~50Hz	连续控制变频风机的运行状态,保证系统稳定运行
自动阀门	16	套	7.5kW	废气处理设备
时间控制器	4	套	0~50h,4~20mA 输出	
温度感应器	8	套	4~20mA 输出	

注:本表不包含喷漆房、晾干房的仪表及电气。

(a) 现场控制柜采用联动控制方式,其启动与水帘柜风机、喷漆房红外感应、烘干房物料感应联动,自动方式由信号控制。

(b) 现场控制柜自动状态时由负压信号与变频器控制自动运行;手动状态由人工控制。

(c) 现场控制柜采集信号传输至总控制柜。

(d) 总控制柜的控制系统采用触摸屏＋PLC 控制系统,分三级控制:PLC 控制、触摸屏控制、远程控制 (备选)。

b. 系统控制过程。

(a) 现场控制柜启动与喷漆房排气风机、晾干房排期支管自动阀门联动,二者任意信号发出可以启动现场控制柜,同时设置手动控制的运行模式,也可通过手动控制设备的启动与停止。

(b) 废气处理系统抽风机采用变频控制,由联动信号以及设在主风管的负压计联锁控制,亦可通过变频器操作面板手动调节抽风机的控制。

(c) 吸附塔运行切换由时间控制器控制,也可手动控制。

(d) 总控柜采用触摸屏＋PLC 形式,PLC 逻辑控制单元采集所有仪表/信号的数据,通过编程自动控制系统运行。

(e) 设置设备故障自动报警系统。

6. 主要设备列表

本项目喷涂废气共有 4 个喷漆房＋4 个晾干房,需要每个喷漆房＋晾干房配备一套有机废气处理装置，设计处理能力为 2.4 万 m^3/h（标准）的废气处理系统，如表 6-14 所示。

表 6-14　有机废气处理主要设备/系统列表

项目	内容	说　明	单位	数量
	名称（项目/内容）			
收集系统	除雾水帘柜	水帘柜自带含集气罩、抽风机	套	4
	喷漆房给风及红外感应	每个喷漆房配置红外感应 1 套	套	4
	晾干房给风及物料感应	每个晾干房配置物料感应 1 套	套	4
	喷漆房、晾干房支管至主风管自动阀门	各配置 1 套可连续调节风门大小的自动阀门	套	8
	主风管 $\phi800$	采用阻燃材料设计，便于维修，便于更换	m	15
预处理系统	旋流分离＋干式过滤器	处理风量 2.4 万 m^3/h，本体尺寸：长 2.7m×宽 2.0m×高 1.8m。填料：旋流分离体＋无纺布过滤网＋活性炭过滤网，阻燃 PPA 材质	套	4
吸附系统	活性炭吸附箱	PP 材质，本体尺寸：长 3.5m×宽 2.0m×高 1.8m，1t 活性炭，两用一备	套	8
	切换风门	自动/手动运行	套	16
	故障检修阀门	用于自动阀门出现故障检修	套	48
动力系统	引风机	玻璃钢材质，4-72-10C，30kW，2.4 万 m^3/h，风压 2500Pa	套	1
控制系统	PLC＋触摸屏控制柜	采用自动/手动/异常报警设计，预留数据上传接口	套	1
	现场控制柜	配置于各处理系统现场，设置风机附近，为室外柜	套	4
	变频控制柜	配置于各处理系统现场，设置风机附近，为室外柜	套	4
配套系统	风管及其配件	镀锌材质，与主风管一致	套	4
	采样平台	SUS304，600mm×600mm×3000mm	座	4
	脱附装置		套	4
	冷凝回收装置	每两套脱附装置配备一套冷凝回收装置，同时任何一套冷凝回收可以作为另外一套的备用	套	2
	自动阀门及手动阀门		套	4
	VOCs 在线检测仪	可选（PLC 预留，企业没有采用）	套	4
	其他辅材		套	配套

7. 投资及运行成本分析

本项目 4 套废气处理系统，含电气控制、吹脱冷凝回收装置，共投资 272 万元。本系统运行成本包括两部分：

① 直接成本：因日常运行而产生费用，包括电费、危险固废处理费用、易损件费用；

② 间接成本：包括设备维护费用、折旧费用。

具体计算如下：

（1）电费　本项目主要增加的耗电设备为废气处理系统的抽风机、吹脱风机以及冷凝风机，本项目估算按照 4 套系统全年无休，按电机功率因数为 0.9，变频功耗为 0.7 计算，设备 20h/d、300h/a 运行，计算如表 6-15。

表 6-15　项目耗电费用计算估算表

配电功率/kW	运行时间/h		耗电/(kW·h)		单价	电费/元	
	每天	每年	每天	每年	/[元/(kW·h)]	每天	每年
150	20	300	1582	474600	0.8	1265.6	379680

（2）活性炭补充/更换/危废费用　本项目活性为再生循环使用，建议 5 年更换一次，另外需要补充 5%的每年损耗，则其费用计算如表 6-16 所示。

表 6-16　活性炭补充/更换/危废成本估算表

活性炭总量/t	每年补充量费用			平均每年更换量费用			平均每年危废转移量费用		
	补充量/t	单价/(元/t)	费用/元	更换量/t	单价/(元/t)	费用/元	危废转移量/t	单价/(元/t)	费用/元
8	0.4	4000	1600	1.6	4000	6400	1.6	4500	7200
合计费用/(元/年)	8000								

（3）设备折旧/维修费用（表 6-17）

表 6-17　设备折旧/维修费用估算表

投资总额/万元	维修费用		折旧费用		其他不可预见费用	
	比例	费用/(万元/年)	年限/年	费用/(元/年)	比例	费用/(元/年)
272	2%~3%	5.44	20	13.6	0.5%~1%	1.36
合计/(元/年)	204000					

（4）项目投资及每年运行成本表（表 6-18）

表 6-18　项目投资及每年运行成本估算表

项　目		数　据
项目总投资/元		2720000
项目每年运行成本	电费/元	379680
	活性炭费用/元	8000
	维修及折旧/元	204000
	合计/元	591680

8. 设备维保

公司以"客户至上，服务第一"为宗旨，对所有客户承诺：无论何种原因，我公司都将在收到客户的要求后，24 小时内上门处理问题。

公司的售后服务包括以下几方面。

① 保固期：我公司承揽的工程保固期为 12 个月，在保固期内，公司承担设备的维修保养、技术支持等，除易损件外，所有的维护更换免收任何费用。

② 终生服务：公司实行对所有客户定期回访制度，包括电话联系，分析解决客户运行中的问题，免收任何费用。

③ 终生维护：公司所有的客户享受终生维护服务，只收取配件成本费用。

典型案例二　化工行业 VOCs 治理工程

一、项目概况

　　山东某医药中间体生产企业，是专门从事卤系精细化学品研发、生产和销售的股份制企业。该企业生产一车间排放废气主要成分为：含对氯甲苯，对氯三氟甲苯，少量 HCl 及 HF 废气。为了满足当地环保部门最新的排放标准，特对一车间的废气采用青岛某公司的"活性炭吸附＋间接热氮气解吸＋冷凝回收"组合净化工艺，使排放废气实现达标排放。

二、生产废气情况

　　根据企业提供数据，经过技术人员计算，确定废气设计参数如下。

　　一车间：设计处理风量≤15000m³/h（考虑混合气体浓度在爆炸极限下限的 25％以下，增加了稀释风量）；废气温度≤40℃；主要有机物为对氯甲苯、对氯三氟甲苯、3,4-二氯三氟甲苯、少量 HCl 及 HF，设计处理 VOCs 平均浓度≤2000mg/m³，目前实际车间排放尾气中 VOCs 最高浓度≤85714.3mg/m³（车间反应釜排放废气已全部采用低温冷凝预处理），相关有机物性质如表 6-19 所示。

表 6-19　有机物性质

有机物名称	分子量	沸点/℃	饱和蒸气压	爆炸极限/％	溶解性	相对密度	蒸发热
对氯甲苯	126.59	161.99	0.67kPa（31℃）		0.037％（25℃）	1.070	306.22kJ/kg
对氯三氟甲苯	180.55	137			0.029％（23℃）	1.353	
3,4-二氯三氟甲苯	215	173	0.213kPa（20℃）		不溶于水	1.478	
氯丁烷	92.5	78.44	1.33kPa（-18.6℃）	1.85～10.1	0.08％（20℃）	0.886	30.02kJ/mol
正丁醇	74.1	117.2	0.59kPa（20℃）	1.45～1.25	7.8％（20℃）	0.81	43.86kJ/mol
甲苯	92.1	110.6	1.33kPa（6.36℃）	1.4～7.1	0.057％（20℃）	0.867	33.01kJ/mol
环丙胺	57.1	50	17.67kPa（20℃）		与水互溶	0.824	

　　经过处理后，废气排放浓度达到《大气污染物综合排放标准》（GB 16297—1996）中的如下要求：

　　非甲烷总烃≤120mg/m³；氯苯类≤60mg/m³；氯化氢≤100mg/m³；氟化氢≤9.0mg/m³；氯气≤65mg/m³；甲苯≤60mg/m³。

三、常用的有机废气处理技术简介

1. 光催化氧化法

　　光催化氧化法主要是利用特定波长的光（通常为紫外光）照射光催化剂 TiO₂，激发出"电子-空穴"，这种"电子-空穴"与水、氧发生化学反应，产生具有极强氧化能力的自由基，将吸附在催化剂表面上的有机物的双键断开，发生加成等氧化反应，将有机污染物的结构改变，将部分功能集团氧化为醇、醛、有机酸等物质，从而改变有机物的理化性质，使臭味有机物变为非臭味有机物。光催化氧化与电化学、O_3、超声和微波等技术耦合可以显著提高除臭能力。

光催化氧化具有选择性，反应条件温和（常温、常压），催化剂无毒，能耗低，操作简便，价格相对较低。

光催化氧化法适用于极低浓度（$\leqslant 100mg/m^3$）的 VOCs 气体的除臭治理领域。因为氧化反应不彻底，无法打开苯环双键，大部分 VOCs 只是改变了物质形态，无法将 VOCs 彻底氧化为 CO_2 和 H_2O，因此虽然除臭效果很明显，但去除 VOCs 的效率很低。

本项目处理前 VOCs 的浓度非常高，因此不能直接采用光催化氧化法。

2. 低温等离子体法

低温等离子体法是近年来发展起来的废气治理新技术。低温等离子体破坏技术属低浓度 VOCs 治理的前沿技术。研究表明，C—S 键和 S—H 键比较容易被打开，苯环等双键结构不能被打开，去除 VOCs 的能力较低。因此低温等离子体技术对于臭味的净化具有良好的效果，如橡胶废气、食品加工废气等的除臭。低温等离子体用于废气的净化具有优势，也有缺点。

优势：①由于等离子体反应器几乎没有阻力，系统的动力消耗非常低；②装置简单，反应器为模块式结构，容易进行易地搬迁和安装，运行管理方便；③不需要预热时间，可以即时开启与关闭；④所占空间较小；⑤抗颗粒物干扰能力强，对于油烟、油雾等无需进行过滤预处理；⑥无需考虑催化剂失活问题；⑦工艺流程简单、运行费用低，是直接燃烧的一半。

缺点：①对水蒸气比较敏感，当水蒸气含量高于 5％时处理效率及效果将受到影响；②初始设备投资较高；③低温等离子体法适用于较低浓度（$\leqslant 300mg/m^3$）的 VOCs 气体的除臭治理领域，因为氧化反应不彻底，VOCs 只是改变了物质形态，无法将 VOCs 彻底氧化为 CO_2 和 H_2O，因此除臭效果很明显，但去除 VOCs 的效率很低；④由于放电电极会产生火花，不适用于高浓度具有爆炸危险的废气处理。

本项目废气浓度高，浓度波动大，存在爆炸危险，因此，本案例不宜直接采用低温等离子体法进行尾气处理。

3. 分子筛吸附法+ 蓄热燃烧法（RTO）

分子筛吸附法治理技术是目前最广泛使用的 VOCs 净化技术，其原理是利用吸附剂（分子筛）的多孔结构，将废气中的 VOCs 捕获。将含 VOCs 的有机废气通过分子筛床，其中的 VOCs 被吸附剂吸附，废气得到净化且达标后排入大气。当分子筛吸附达到饱和后，对饱和的分子筛床进行脱附再生，通入热空气加热分子筛层，VOCs 被吹脱析出，再生后的分子筛吸附床重新恢复净化功能。

由于分子筛吸附并未真正分解 VOCs，只是暂时截留 VOCs，起到提高 VOCs 浓度，减少后续燃烧净化能耗的作用。因此需要利用蓄热燃烧系统在高温环境下（760～900℃）通过明火焰燃烧分解分子筛床脱附后的 VOCs，才能将 VOCs 彻底分解为 CO_2 和 H_2O。

由于本项目废气中存在大量含氯有机物，燃烧时会产生氯化氢腐蚀问题，尤其是在高温状态下，氯化氢的腐蚀性能大大增强，不仅对管道存在腐蚀，更严重的会引起焚烧炉的腐蚀。因此焚烧设备需要采用特殊的防腐措施。

燃烧含氯、溴代有机物和芳烃类物质时极易产生二噁英类强致癌物质，造成二次污染，排放废气不容易达标。为避免二噁英等物质的产生，需要提高炉膛温度至 1100℃ 以上，会导致补充燃料消耗大，且炉膛排放的高温烟气需要采用快速降温措施，防止烟气自然降温过程中二次生成二噁英。

由于废气浓度波动大，容易造成爆炸危险。因此本项目不推荐此工艺。

4. 活性炭吸附法+催化燃烧法

活性炭吸附法治理 VOCs 是目前最广泛使用的技术，其原理是利用吸附剂（粒状活性炭和活性炭纤维）的多孔结构，将废气中的 VOCs 捕获。将含 VOCs 的有机废气通过活性炭床，其中的 VOCs 被吸附剂吸附，废气得到净化后达标排入大气。当活性炭吸附达到饱和后，对饱和的炭床进行脱附再生，通入热空气加热炭层，VOCs 被吹脱析出，再生后的炭吸附床重新恢复净化功能。

由于活性炭吸附并未真正分解 VOCs，只是暂时截留 VOCs，起到提高 VOCs 浓度，减少后续燃烧净化能耗的作用。因此需要在催化剂的辅助下，利用催化燃烧系统在高温环境下（200～300℃）通过无火焰燃烧分解活性炭床脱附后的 VOCs，才能将 VOCs 彻底分解为 CO_2 和 H_2O。

但由于本案中处理的有机废气含氯、氟等，会造成催化剂中毒，进而在较短时间造成催化剂失效，因此本项目不宜采用催化燃烧工艺（包括活性炭吸附浓缩＋催化燃烧）进行处理。

5. 活性炭吸附法+炭抛弃法

活性炭吸附法治理技术是目前最广泛使用的回收技术，其原理是利用吸附剂（颗粒状活性炭）的多孔结构，将废气中的 VOCs 捕获。将含 VOCs 的有机废气通过活性炭床，其中的 VOCs 被吸附剂吸附，废气得到净化后达标排入大气。当活性炭吸附达到饱和后，不对饱和的炭床进行脱附再生，直接更换新的活性炭。失效活性炭作为危废外售处置。目前，直接吸附法不被环保局认可，不能通过环保验收。同时吸附饱和后的活性炭，属于危险固废，处置费用高且极易造成二次污染。因此不宜采用此工艺。

6. 催化燃烧法

催化燃烧过程是在催化燃烧装置中进行的。有机废气先通过热交换器预热到 200～400℃，再进入燃烧室，通过催化剂床时，碳氢化合物的分子和混合气体中的氧分子分别被吸附在催化剂的表面而活化。由于表面吸附降低了反应的活化能，碳氢化合物与氧分子在较低的温度下迅速氧化，产生二氧化碳和水。该方法适合处理 VOCs 浓度在 $500mg/m^3$ 以上的中高浓度废气，如果处理废气具有较高温度更能节省运行能耗。

但由于本项目中处理的有机废气含氯、氟等，会造成催化剂中毒，可能在较短时间造成催化剂失效，因此本项目不宜采用催化燃烧工艺（包括活性炭吸附浓缩＋催化燃烧）进行处理。

7. 直接焚烧法

直接焚烧法工艺成熟，通过控制一定的温度，即可达到污染物去除效率高，焚烧彻底的效果，但在使用过程中一般会有以下问题：

① 焚烧含氯、溴有机物和芳烃类物质时极易产生二噁英类强致癌物质，尤其在焚烧炉启动和关闭过程中更易产生，为避免二噁英类物质产生，须提高燃烧温度至 1200℃ 以上，但保持如此高的燃烧温度不仅运转费用高，而且对焚烧炉的要求也大大提高。

② 焚烧含氯代有机物时会产生氯化氢腐蚀问题，尤其是在高温状态下，氯化氢的腐蚀性能大大增强，不仅对管道存在腐蚀，更严重的是会引起焚烧炉的腐蚀。

③ 焚烧时存在爆炸的潜在危险，尤其是易挥发性可燃气体，若达到其爆炸极限遇明火则有可能引起爆炸。

另外，若废气中含有卤素、氮元素和硫元素，采用燃烧法极易产生二次污染物质二噁英、氮氧化合物和硫氧化合物。由于本项目含有大量的氯元素，且废气浓度波动大，因此，不宜采用直接焚烧工艺。

8. 活性炭吸附＋热氮气解吸＋冷凝回收

由青岛某公司设计制造的新型活性炭吸附回收系统采用优质的经二次活化的活性炭作为吸附剂，具有吸附容量大、解吸彻底、使用寿命长、吸附率高等特点。装置采用间接式热氮气解吸方式，不会产生污水，避免了二次污染，在解吸过程中处于无氧状态，设备运行安全可靠。采用干式吸附、干式解吸，对有机物的吸附去除率在 99.5% 以上，而且由于整个吸附过程中没有水蒸气，避免了含氯有机物的水解，极大地减轻了含氯有机物对设备的腐蚀。

缺点：由于解吸温度高，吸附装置需要按照压力容器设计，材质必须为不锈钢，且要采用双夹层机构，因此投资较高；为防止含氯有机物的水解后产生的氯离子对不锈钢的腐蚀，还需要做好废气的预处理，且不能采用蒸气再生，需采用间接热氮气解吸技术，因此解吸结构复杂，设备投资较高。

由于本项目废气主要为含氯有机物，废气浓度高，且浓度波动较大，废气成分复杂，并且以化工企业安全性第一位和确保连续稳定达标排放为首要任务，因此推荐此工艺。

综上所述，能够确保一车间的尾气达标排放的工艺为"活性炭吸附＋热氮气解吸＋冷凝回收"工艺。

四、废气处理工艺流程

（1）处理前废气参数　一车间：设计处理风量≤15000m³/h；废气温度≤40℃；主要有机物为对氯甲苯、对氯三氟甲苯、3,4-二氯三氟甲苯、少量 HCl 及 HF。

设计吸附器处理 VOCs 平均浓度≤2000mg/m³，车间实际浓度超过此浓度，需进行补风。

（2）一车间尾气处理工艺流程

① 车间反应釜排放废气低温冷凝回收预处理流程如图 6-5 所示：

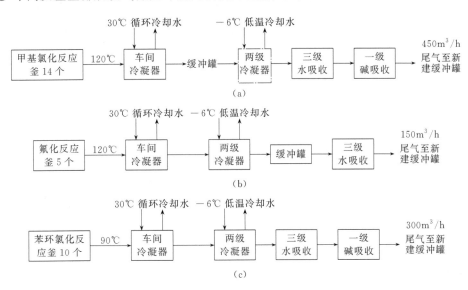

图 6-5　车间反应釜排放废气低温冷凝回收预处理流程图

为了确保冷凝回收效果，点画线内设备为新增设备，以上所有低温冷凝器出口废气温度应为 2℃（含对氯甲苯的废气温度为 9℃，防止结晶），如果实际温度达不到，就应增加冷凝器或第二级低温冷凝器，采用 −15℃ 低温冷却水。

② 车间洗涤釜、原料罐、成品罐排放废气低温冷凝回收预处理流程如图 6-6 所示：

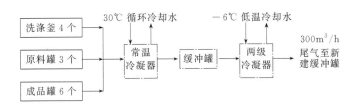

图 6-6　洗涤釜、原料罐及成品罐排放废气低温冷凝回收预处理流程图

为了确保冷凝回收效果，点画线内设备为新增设备，以上所有低温冷凝器出口废气温度应为 2℃（含对氯甲苯的废气温度为 9℃，防止结晶），如果实际温度达不到，就应增加冷凝器或第二级低温冷凝器，采用 −15℃ 低温冷却水。原料罐进料泵流量为 100m³/h，每个罐进料时间为 20min，为减少排气量，因此要避免三个原料罐同时进料。

③ 精馏塔真空泵排放废气低温冷凝回收预处理流程如图 6-7 所示。

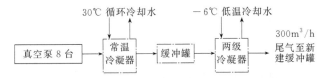

图 6-7　精馏塔真空泵排放废气低温冷凝回收预处理流程图

④ 一车间预处理后混合气体深度处理工艺流程如图 6-8 所示。

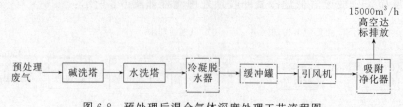

图 6-8　预处理后混合气体深度处理工艺流程图

图 6-7 及图 6-8 中点画线内设备为新增设备。

（3）工艺流程描述　企业排放的各类高浓度废气，在车间设置多级冷凝回收系统，回收物料，即可减少物料损失，又可降低后续废气处理难度，可以产生一定的经济效益。

经过预处理后的混合废气，在引风机的抽吸作用下，废气首先进入现有碱洗塔和水洗塔进行洗涤处理，去除废气中酸性气体和可溶于水的物质。增设自动投碱设备，确保碱洗塔始终处于最佳净化状态。

水洗塔的出口排放的废气进入冷凝脱水器，进一步去除废气中残留的氯化氢、氟化氢及水分，然后废气进入缓冲罐，是为了达到调节废气气量和均匀污染物质的目的，同时排除废气中多余的水分。废气和稀释空气经引风机加压后，进入吸附净化器进行吸附处理，吸附净化达标的气体经排气筒向高空排放。

五、设计依据

◇《中华人民共和国环境保护法》（2014 年修订）

◇《中华人民共和国大气污染防治法》（2018 年修订）

◇《大气污染物综合排放标准》（GB 16297—1996）

◇《环境保护产品技术要求　工业废气吸附净化装置》（HJ/T 386—2007）

◇《恶臭污染物排放标准》（GB 14554—1993）

◇《声环境质量标准》（GB 3096—2008）

◇《工业企业设计卫生标准》（GB Z 1—2010）

◇《烟囱设计规范》（GB 50051—2013）

◇《钢结构设计标准》（GB 50017—2017）

◇《通风管道技术规程》（JGJ/T 141—2017）

◇《建筑物防雷设计规范》（GB 50057—2010）

◇《电气装置安装工程　爆炸和火灾危险环境电气装置施工及验收规范》（GB 50257—2014）

◇《涂装作业安全规程　有机废气净化装置安全技术规定》（GB 20101—2006）

◇《涂装前钢板表面锈蚀等级和除锈等级》（GB 8923—88）

◇《工作场所有害因素职业接触限值》（GBZ 2—2007）

◇《工业建筑供暖通风与空气调节设计规范》（GB 50019—2015）

◇《电气装置安装工程　接地装置施工及验收规范》（GB 50169—2016）

◇《通用用电设备配电设计规范》（GB 50055—2011）

◇《固定源废气监测技术规范》（HJ/T 397—2007）

◇《泄压装置的检测》（SY/T 6499—2017）

企业提供的其他基础资料及要求。

六、工程范围

工程范围包括废气净化装置进风口至排气筒之间的设备系统、电控系统、部分连接风管等。集气系统及集气管道另计。

七、设计要求

① 废气经设备处理后需符合《大气污染物综合排放标准》（GB 16297—1996）中的排放标准。

② 处理风量达到设计要求。

③ 设备噪声不大于80dB。

④ 设备美观、合理，使用方便、经济、运行稳定、可靠。

八、技术方案

1. 处理风量

一车间废气排放情况与预处理见表6-20。

表 6-20　一车间废气排放情况与预处理

项目	排放管径	排气量/(m³/h)	有机物种类	浓度	预处理	备注
甲基氯化	DN200				一级冷凝＋三级水洗＋一级碱洗	
氟化反应	DN150	100			两级冷凝＋三级水洗	
苯环氯化					两级冷凝＋一级水洗＋一级碱洗	
洗涤釜	DN50	100	对氯三氟甲苯，3,4-二氯三氟甲苯			
成品罐区	DN65	100				可直接接入深冷
贮罐		1100				可直接接入深冷
甲级氯化车间收集罩排气	DN200					接到原有碱洗罐进行处理后排放
车间原料罐	DN80					

注：1. 以上废气中 HCl 罐废气经水洗、碱洗后直接达标排放，不再接入尾气处理系统。需对原有废气管路进行改造。

2. 成品罐、洗涤釜、甲基氯化废气经现有预处理后进行深冷（深冷气量：300m³/h），水洗、碱洗，然后经机械过滤除水及精密过滤除水后进行吸附处理。

3. 其他废气经水洗、碱洗后，经两级除水后进行"吸附处理＋热氮气解吸冷凝回收"。

4. 设计总风量为15000m³/h，进入吸附器的 VOCs 平均浓度≤2000mg/m³（稀释后浓度）。

2. 处理方式

对尾气的处理方式为"活性炭吸附浓缩＋热氮气解吸冷凝回收"。

3. 风机的选择 （表 6-21）

表 6-21　风机的选择

车间	型号及功率	全压	风量	数量	备注
一车间	B9-26 9D、45kW	4620Pa	16118m^3/h	1 台	
二车间	B9-19 9D、22kW	4101Pa	10171m^3/h	1 台	

4. 设备维修

设备系统设置旁通管道，以方便维修。

5. 设备安全

由于该系统中废气是易燃易爆气体，为了确保设备安全运行，特采取以下措施：

① 吸附装置设置泄压防爆装置及紧急降温装置。

② 设备进风口设置阻火器。

③ 设备进行可靠接地，所有管线连接处均进行跨接。

④ 电器及控制按防爆进行设计。

九、吸附回收系统组成与部件介绍

1. 设备系统组成

由青岛某公司设计制造的新型活性炭吸附回收系统采用优质的经二次活化的活性炭作为吸附剂，具有吸附容量大、解吸彻底、使用寿命长、吸附率高等特点。装置采用间接式热氮气解吸方式，不会产生污水，避免了二次污染。采用干式吸附、干式解吸，对有机物的吸附去除率在 99.5％以上，而且由于整个吸附过程中没有水蒸气，避免了含氯有机物的水解，极大地减轻了含氯有机物对设备的腐蚀。

设备系统由吸附系统、充氮系统、解吸系统、应急降温系统、自控系统及连接管道（阀门）等系统组成。

① 吸附系统。包括吸附罐、阀门、管道等。

② 充氮系统。包括阀门、管道等。

③ 解吸系统。包括循环风机、阀门、管道、冷凝器、气液分离器、加热管道及阀门等。

④ 应急降温系统。包括温度检测、阀门、管道等。

⑤ 自控系统。包括防爆自控柜、PLC、电气管线等。

⑥ 连接管道（阀门）系统。包括设备连接管道、设备进（出）风阀、旁通阀等。

2. 设备主要部件介绍

① 吸附罐。按压力容器进行设计制造，设备外部进行保温。

② 换热器。采用高效翅片管式加热器和冷凝器。

③ 电控系统。包括电控柜、PLC、温控仪、电气管线等。

a. PLC 自动控制（带手动模式）。

b. 电柜采用防爆型（dⅡBT4）。

c. 主要元器件选用西门子产品，辅件选用国产名品。

十、设备部件规格及投资预算

见表 6-22。

表 6-22 一车间废气治理装置一览表

序号	名 称	规格型号	单位	数量	单价/万元	总价/万元	材质
1	机械除雾器（碱洗塔）	JXCW-15，塔直径 2m	台	1			PP
2	高效除雾器（水洗塔）	GXCW-15，塔直径 2m	台	1			PP
3	喷淋塔填料		m³	10			PE
4	废气专用一体式加药装置	PH-150，0.95kW，150L/h	套	1			PE
5	冷凝除水器	CSQ-20	台	1			304
6	缓冲罐（现有改造）	φ1.2m×2.5m	台	2			FRP
7	防爆风机	B9-26 9D，45kW	台	1			304
8	吸附回收系统	DMZ-GAC-JN-150	套	1			
a	活性炭吸附罐	GAC-WG-22-4，罐体 5t	台	3			罐体 304
b	专用设备设计费		项	1			
c	VOCs 浓度检测报警仪	NGP5-EX-A	台	1			
d	阻火器	DN700	套	1			
e	消防喷淋系统	非标	套	3			
f	泄爆口	DN700	套	3			
g	温控系统	非标	套	3			
h	防静电系统	非标	套	1			
i	吸附罐保温	保温厚度 100mm	套	3			
j	炭床加热系统	非标	套	3			304
k	活性炭	KHT-70	吨	7			
l	耐高温气动蝶阀	DN700	台	20			
m	再生气体换热器	QHQ-1000	套	1			
n	溶剂冷凝器	QHL-1000	台	2			
o	气液分离器	QF-20	台	1			304
p	附属管道、阀门		套	1			
q	附属管道保温		套	1			
r	循环风机	B9-26 9D，耐高温密封	台	1			
s	溶剂贮槽	RJC-600	台	1			304
9	自控系统	含 PLC	套	1			
10	设备本体安装工程		项	1			含材料
11	调试费		项	1			
12	运费		项	1			
13	小计						
14	增值税金	10%	项	1			
	小计						

十一、工程实施计划

工程实施计划见表 6-23。

表 6-23　工程实施计划

项目	时间/d								
	10	20	30	40	50	60	70	80	90
设备制造	⟶								
安装调试						⟶			

十二、运行费用

1. 冷量

（1）一车间尾气冷却　以尾气从 40℃ 冷却到 5℃ 计（在此以平均温度计算）。

$2250m^3/h×1.092kg/m^3×0.242kcal/(kg·℃)×(40-5)℃=20810kcal/h=87405kJ/h=24.3kW$

（2）一车间尾气回收装置用冷量　每天使用一次，每次约 2h，提前用冷却水将废气温度降低至 50℃。

$1500m^3/h×1.092kg/m^3×0.242kcal/(kg·℃)×(50-0)℃=19820kcal/h=83243kJ/h=23.1kW$

由于车间只是间断使用冷量，故冷量共需 24.3kW+23.1kW=47.4kW，以系数 1.2 计，共需冷量约 56kW（用电约 20kW），这部分冷量如甲方不能提供，公司可采购制冷机，费用另计。

2. 一车间运行费用

（1）电耗　总装机功率 90kW，其中主风机 45kW，循环风机 45kW（每天用一次，每次约 6h，相当于 11.3kW），其他用量 1kW。电费按 0.7 元/度计，则运行费用为 39.41 元/h。每天按运行 24h 计，则每天电费为 945.84 元。

（2）氮气（99.5% 以上）　最大流量为 $500m^3/h$，用量为 $300m^3/$天，以 2 元/m^3 计，则费用为 600 元/天。只用少量氮气置换装置里面的氧气，然后在系统里面进行循环，循环风量 $1500m^3/h$。

（3）蒸汽（0.8MPa） 2.0t/d，最大流量 0.5t/h　蒸汽按 200 元/t 计，则费用为 500 元/d。需要的总热量约为 940000kJ/h，以蒸汽热焓为 500kcal/kg（1cal=4.1868J）计，则约为 450kg/h，考虑到热损失，在此以 500kg/h 进行计算，蒸汽可提供热量为 1050000kJ/h。

（4）循环水用量　以 500kg/h 蒸汽用量降到 50℃ 计算，用冷却水量为 $[500kg×500kcal/kg+500kg×1kcal/(kg·℃)×(150-50)℃]/[1kcal/(kg·℃)×5℃]=60t/h$，用电量为 18.5kW·h,每天运行 4 小时，则电费为 18.5kW×4h/d×0.7 元/(kW·h)=51.8 元/d。

（5）回收装置低温水能耗　回收装置低温水系统按照用电量 9kW 计，每天运行约 2h，则低温水运行费用约为 9kW×2h/d×0.7 元/(kW·h)=12.6 元/d。

（6）活性炭费用　活性炭装载量按 7t 计，按照每年更换一次计；活性炭单价按照每吨 1.7 万元计；废活性炭按照危废处置，处置费按 0.3 万元/吨计。则每年活性炭更换和处置费用为 7t/a×2 万元/t÷300d/a=467 元/d。

（7）年运行费用（按每年运行 300d）合计　年运行费用合计为（945.8+600+500+

51.8＋12.6＋467）×300＝773160（元）＝77.31（万元）。

（8）一车间理论回收有机液体量（以回收率为99％计）　15000m³/h×2g/m³×7200h/a×99％＝213.8t/a，这部分有机液体可以考虑精馏后回收用于生产。

十三、处理效果

处理效果需见第三方检测报告，如图6-9。

固定污染源废气检测结果

检测点位	废气处理装置(进口)		装置高度	12m	装置内径		30cm
检测日期	检测项目	采样频次	实测浓度/(mg/m³)		标干流量/(m³/h)		速率/(kg/h)
2018.12.10	非甲烷总烃	频次一	158		2392		0.38
		频次二	167		2406		0.40
	氯苯类	频次一	977		2392		2.3
		频次二	982		2406		2.4
检测点位	环保设施废气处理排气筒(出口)		排气筒高度	28m	排气筒内径		50cm
检测日期	检测项目	采样频次	实测浓度/(mg/m³)		标干流量/(m³/h)		速率/(kg/h)
2018.12.10	非甲烷总烃	频次一	6.00		15032		0.090
		频次二	6.26		15016		0.094
	氯苯类	频次一	18.4		15032		0.28
		频次二	17.8		15016		0.27
备注	本次检测结果不予评价						

主要采样设备

仪器名称	仪器编号
QC-IS 型大气采样器	SSJC/B-002
YQ3000-C 型全自动烟尘(气)采样器	SSJC/B-004

检测技术规范、依据及使用仪器

分析项目	分析方法	方法依据	仪器设备	仪器编号	检出限
非甲烷总烃	气相色谱法	HJ 38-2017	9790Ⅱ气相色谱仪	SSJC/A-029	0.07mg/m³
氯苯类	气相色谱法	HJ/T 66-2001	GC-2014C 气相色谱仪	SSJC/A-020	0.51mg/m³

图 6-9　第三方检测报告(部分)

十四、工程实例现场照片

工程实例现场如图 6-10 所示。

图 6-10　工程实例现场

典型案例三　制药行业 VOCs 治理工程

一、基本情况

本项目来源于江苏某大型制药企业。该企业是国内制药行业中典型的西药制药企业，设备先进，品种很多。该企业在原料药生产过程中产生大量的含 VOCs 废气，成分复杂，种类繁多，如果不加治理，将造成严重的环境污染。

二、废气分析

项目废气为该药企原料药生产线生产过程中产生的工艺废气，废气排放时为常温常压（温度≤40℃）。根据企业前期提供的资料，项目涉及各车间废气风量与组分见表 6-24。

表 6-24　废气风量与组分

生产楼	车间	风量/(m³/h)	气体主要组分
原料药生产楼	车间 1	30000	吡啶，二氯甲烷，甲醇，氯化氢，乙酸乙酯，四氢呋喃，正丙醇，N-甲基哌嗪，乙醇，正庚烷，乙酸
	车间 2	30000	吡啶，二氯甲烷，甲醇，氯化氢，乙酸乙酯，四氢呋喃，正丙醇，N-甲基哌嗪，乙醇，正庚烷，乙酸，异丙醇，二异丙基乙胺，氯化亚砜，甲基叔丁基醚

根据检测数据，车间废气浓度波动较大，投卸料时废气浓度最高，平时浓度较低。本项目的废气浓度设计输入值见表 6-25。

表 6-25　废气浓度设计输入值

序号	废气种类	最高浓度/(mg/m³)	平均浓度/(mg/m³)	备注
1	THC	900	250	
2	NMHC	1000	250	
3	VOCs	2000	300	
4	CH₄	10	5	
5	HCl	200	150	
6	三氟乙酸	200	150	
7	乙酸	200	150	

三、治理思路和工艺选择

因制药企业排放的 VOCs 成分复杂，目前有效经济的处理方法主要是燃烧法和吸附法。但对于含氯的 VOCs 绝对不能用燃烧法处理，因为它们经燃烧后会生成毒性更大的二次污染物，如光气、二噁英等。因此，本项目选择吸附法处理工艺。

吸附法是利用吸附材料的微孔结构特性，对有机成分进行物理吸附的一种方法。主要有以下特点：

① 吸附效果好，能有效地处理大多数的有机废气。

② 不受卤素成分的影响，尾气不需再次处理。

③ 吸附饱和后再进行脱附，不受浓度波动影响。

利用吸附法主要需考虑因素有：

① 选择合适高效的吸附剂，保证吸附效果。

② 根据排放情况进行定制化设计，保证不同时间、工况下均能达标。

③ 选择合适的再生方式。在保证处理效果的同时，延长吸附剂使用寿命。

根据本项目实际情况，结合同类型项目经验，由于废气中含有乙酸、三氟乙酸、氯化氢等酸性且溶于水的物质，采用碱洗喷淋塔进行预处理，去除废气中的酸性物质和部分可溶于水的有机物，再通过自主研发的高效除雾器，降低废气的相对湿度，经过预处理后的废气进入活性炭吸附罐，利用活性炭的多孔结构将 VOCs 吸附净化，最终达标排放。

综上，采用了"碱洗＋高效除雾＋活性炭吸附＋热氮气脱附冷凝回收工艺"，工艺流程见图 6-11。

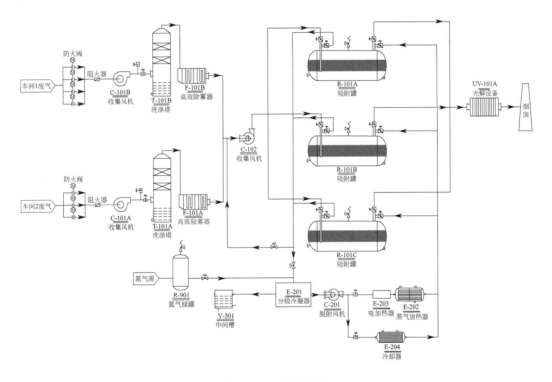

图 6-11　工艺流程图

四、技术特点

1. 高效除雾器

为保证活性炭吸脱附的高效性，本案例采用了自主研发的高效除雾器，采用先将废气降温再机械拦截雾滴，最后升温至进气温度，降低进入活性炭吸附罐前废气含水率，确保活性炭最佳吸附效果。

2. 活性炭吸附罐的设计及活性炭的选型

由于本项目属于大风量低浓度的废气处理，所以设计采用卧式固定床活性炭吸附装置，两吸一脱共三个吸附罐。

(1) 设计依据

◇《建设项目环境保护管理条例》（国务院令第 682 号）

◇《中华人民共和国环境保护法》（2014 年修订）

◇《大气污染物综合排放标准》（GB 16297—1996）

◇ 江苏省地方标准《化学工业挥发性有机物排放控制标准》（DB 32/3151—2016）

◇《恶臭污染物排放标准》（GB 14554—1993）

◇《吸附法工业有机废气治理工程技术规范》HJ 2026—2013

◇《环境工程技术手册：废气处理工程技术手册》

(2) 设计计算

① 吸附剂的选择和用量。

a. 活性炭选择：为保证活性炭吸脱附的高效性，本案例选取的活性炭在满足《煤质颗粒活性炭　气相用煤质颗粒活性炭》（GB/T 7701.1—2008）溶剂回收用煤质颗粒活性炭技术指标优级品的要求的前提下，选用了更优质的活性炭，具体参数见表 6-26。

表 6-26　活性炭性能参数表

项目	GB/T 7701.1—2008 溶剂回收用煤质颗粒活性炭技术指标优级品的要求	本案例选用的活性炭
水分含量/%	≤5.0	≤5.0
强度/%	≥90	≥90
装填密度/(g/L)	≥350	≥390
四氯化碳吸附率/%	≥80	≥90
四氯化碳脱附率/%	≥70	≥80

b. 活性炭用量：单罐废气设计风量为 $36000m^3/h$，VOCs 设计平均浓度为 $300mg/m^3$，操作周期按 40h 设计，吸附容量按 10% 设计，则活性炭用量为 5.4t，考虑填装损失，取每罐活性炭填装量为 6t。

② 吸附床床层高度和吸附器尺寸。

a. 吸附罐尺寸计算：空塔气速按 0.5m/s 设计，则吸附罐的过流面积为 360000/3600/0.5＝200（m^2）；选择设备为 $\phi2600mm×8000mm$ 的卧式吸附罐，如图 6-12 所示，吸附罐相关参数见表 6-27。

表 6-27　活性炭吸附罐参数表

项　目	数　值	项　目	数　值
单罐处理风量/(m³/h)	36000	压力损失/Pa	1200
数量/台	3	活性炭填装厚度/mm	600
罐体材质	304 不锈钢	脱附形式	氮气脱附
罐体尺寸/(mm×mm)	$\phi2600×8000$	脱附温度/℃	150
气体流速/(m/s)	0.5	保温形式	100mm 岩棉＋0.8mm 铝板

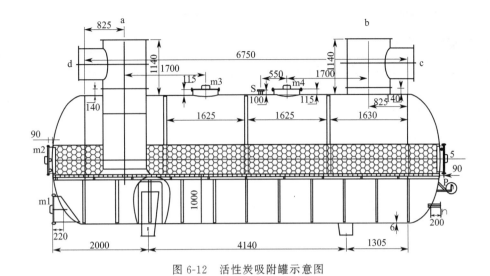

图 6-12　活性炭吸附罐示意图

b. 吸附床床层高度计算：活性炭堆积密度取 0.5t/m³，则每个吸附罐填装活性炭体积为 6/0.5＝12（m³），则活性炭床层高度为 12/20＝0.6（m）。

③ 脱附剂用量。脱附剂采用工业氮气，纯度≥99%，含氧量低，有效抑制活性炭自燃和防止装置爆炸。

氮气的使用量首先要满足脱附系统置换空气使用，同时在切换第二吸附床脱附时氮气的储存量应满足脱附所用的氮气量，因此需配氮气储罐。

氮气的使用量与吸附罐的大小，系统中脱附管路的管径及长度有关，脱附过程氮气是循环使用的，因此氮气用量一般不会很大，本项目需求量为 90m³/h。

④ 床层压降、脱附温度的选择依据。由于影响活性炭吸附罐运行过程压力降的因素很多，目前尚无一个较完善的通用计算公式。在设计固定床吸附器时，多根据实际情况，依照相关条件，采用经验公式进行计算，或采用实测数据。

根据以往实测数据，600mm 高的颗粒活性炭床层压力降在 800～1000Pa 之间。

3. 热氮气脱附

由于废气成分中含有在≤100℃时饱和蒸气压较低（<10kPa）的污染物（如 N-甲基哌嗪、二异丙基乙胺、吡啶），本案例采用能提供较高脱附温度且安全性能有保障的氮气脱附。另外，从节约能源的角度分析，建议对饱和蒸气压较大且沸点较低（如<70℃）的物质，如本项目涉及的丙酮沸点为 56.1℃，饱和蒸气压为 2371.86kPa（100℃）；四氢呋喃沸点为 66℃，饱和蒸气压为 101.33kPa（66℃）；二氯甲烷沸点为 39.75℃，饱和蒸气压为 80.00kPa（35℃）等。在 100℃以下就有较高的饱和蒸气压，建议采用较低温度的氮气进行脱附，这样不仅可在温度较低阶段将以上有机物脱附出来，降低脱附的温度，同时在对脱附后混合气体冷凝时，也不用采用温度很低的冷凝水进行冷凝分离。

通过精确的过程控制，使部分低沸点易脱附的物质在低温脱附段得到脱除，高沸点难脱

活性炭固定床处理 VOCs 设计 运行 管理

附的物质在高温脱附段得到脱除，整个脱附过程节能高效。

4. 智能化远程控制

本案例采用全程数据由智能控制系统进行数据收集，针对温度、浓度、压力、流量及酸碱度等，设计数据上限，出现异常会自动报警。并通过数据传送到手机 APP 上，可以进行自动监控和调节数据。现场触摸屏画面上所有功能，在手机 APP 同样能实现，并且画面同步，但不具备手机存储和报警实时推送功能。

图 6-13 为本案例废气治理项目手机界面。

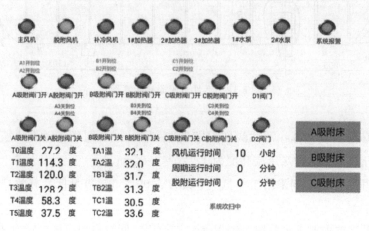

图 6-13 手机 APP 界面

5. 系统安全措施

（1）系统内电气安全措施 温度仪表有保护套管，外壳材质选用 316L。仪表引压管及附件材质选用 316L。户外电气仪表设备，其防护等级不低于 IP65。对于可能直接接触的带电装置和设备，采取对带电部分进行隔离或加保护罩（保护网）的方式进行保护；对于可能间接接触的带电装置和设备，也采取相应的保护等措施。电器绝缘电阻大于 1MΩ 并有良好、可靠接地，接地电阻小于 0.4Ω。

（2）防雷接地安全措施 治理设备区域内的防雷保护根据需要设计。避雷针和避雷带的引下线在距地面 2m 及以内有 PVC 管保护。

治理设备区域内为独立的闭合接地网，该闭合接地网至少有两处与业主接地网电气连接。电器绝缘电阻大于 1MΩ 并有良好、可靠接地，接地电阻小于 0.4Ω。

（3）消防联动安全措施 当车间异常时，废气治理系统接收到车间事故通风或消防信号后自动停止运行；车间起火时管道上防火阀关闭并联锁废气治理系统停机，同时给车间消防系统联锁信号。

五、设备明细

表 6-28 为设备明细表。

182

表 6-28　设备明细表

序号	名称	参数	数量
1	碱洗塔	型号 WX-XLB-30,处理风量 $Q=30000\text{m}^3/\text{h}$,外形尺寸 $\phi2800\text{mm}\times7500\text{mm}$,壁厚≥12mm,2 层喷淋 2 层填料 2 层除雾,每层填料高 100cm,水箱一体式。材质为 FRP	2 台
2	碱液罐	外形尺寸:$\phi1.0\text{m}\times H1.2\text{m}$;材质:FRP;液位计:磁翻板液位计	2 台
3	药剂泵	型号:GM0500;功率:0.37kW	3 台
4	喷淋泵	耐酸碱水泵。型号 IHF80-65-160,$Q=50\text{m}^3/\text{h}$,$H=30\text{m}$,功率 11kW	5 台
5	高效除湿器	风量:30000m^3/h;高效除湿单体工艺尺寸:$\phi480\text{mm}\times H4\text{m}$;高效除湿单体数量:18 个/套;防腐要求:耐酸碱腐蚀;自清洁要求:具有自清洁功能,免维护,对大于 1μm 雾滴去除效率>99%	2 台
6	送风机	型号 TF-361B,风量 $Q=30000\text{m}^3/\text{h}$,全压 2500Pa,过流部分采用防静电 FRP 材质,风机整体防爆。功率 37kW,转速 1300r/min	2 台
7	总风机	型号 TF-481B,风量 $Q=65000\text{m}^3/\text{h}$,全压 2500Pa,过流部分采用防静电 FRP 材质,风机整体防爆。功率 90kW	1 台
8	循环风机	功率:30kW;材质:304;控制要求:变频;防爆要求:防爆耐高温(200℃)	1 台
9	吸附罐	型号:KLTX-30,处理风量 30000m^3/h;外形尺寸:$\phi2600\text{mm}\times L8000\text{mm}$;材质:304;保温:100mm 厚岩棉+0.5mm 铝板;吸附剂:特制 VOCs 颗粒炭(柱状);吸附剂重量:6t/套	3 套 (2用1备)
10	N_2 再生系统	处理风量:12000m^3/h;主体材质:304;保温:100mm 厚岩棉+0.5mm 铝板;12000m^3/h 气体加热升温速度:大于 100℃/h;12000m^3/h 气体加热降温速度:大于 100℃/h;氮气脱附温度:大于 110℃;电加热功率:45kW	1 套
11	UV 光催化	型号:GCH-60;流量:60000m^3/h;除臭净化效率:大于 90%;功率:15kW;壳体材质:304 不锈钢	1 台
12	自控系统	含低压控制柜、PLC 控制柜、现场仪表、电气管线等	1 套
13	烟囱	$\phi1350\text{mm}$ 的碳钢管,高 15m	1 根
14	收集系统	管道、管件	1 项

六、效益及成果

1. 治理效果

本项目对该厂生产产生的所有废气均能做到稳定有效的吸附及脱附冷凝回收。经过本处理装置,全时段排放废气都能满足江苏省地方标准《化学工业挥发性有机物排放标准》(DB 32/3151—2016)的要求:非甲烷总烃≤80mg/m³,且留有一定的余量。

2. 效益

(1) 经济效益　一年可回收有机溶剂 80t,本系统相较于传统的治理工艺具有高效节能的特点。

(2) 环境效益　本工艺路线能实现对医药行业产生的大多数有机废气的有效治理,可提升局部地区的大气环境质量。

(3) 社会效益　经过本系统处理后保证废气达标排放,提高了本企业的污染治理水平及企业形象,对医药行业节能减排起到了示范作用。另外项目的投产,可增加就业机会。

3. 科技成果

通过本项目的实施，已申请一项发明专利及三项实用新型专利。

发明专利：2019112489914 一种有机废气处理系统及其处理方法

实用新型专利：2019221836435 一种有机废气的处理系统

2019214321769 一种医药行业有机废气的活性炭吸附处理系统

201921430970X 一种医药行业有机废气预处理系统

七、工程实例现场照片

工程实例现场及项目 3D 效果图见图 6-14。

图 6-14 工程实例现场及项目 3D 效果图

典型案例四 医药企业污水站排放 VOCs 治理工程

一、基本情况

本项目为某大型原料药生产企业污水站排放废气治理工程，生产工艺涉及调节池、事故池等池体排放 VOCs 废气，为满足地方性环保标准要求，需按照《工业企业挥发性有机物排放控制标准》《挥发性有机物无组织排放控制标准》等规范进行分质收集和达标治理。

二、废气分析

污水站废气收集均统一采用整体换气的形式进行，污水站废气在没有曝气或外部扰动的情况下，相对比较稳定，废水主要来源于各车间生产排水和部分吸收法处理设施排放的废水，主要污染物为二氯甲烷、乙酸乙酯、甲醇、丙酮、四氢呋喃、乙腈、甲基异基丁酮、三氯甲烷等。

1. 废气排放风量

废气排放风量主要包括储水池、调节池、事故池及生化时等各池排放废气的收集，依据池体水域面积及池内净高，采用整体换气的方式计算收集气量，确保池面负压，尽可能减少或消除无组织逸散。各池体收集的气量如表 6-29 所示。

表 6-29 各池体收集废气量核算

构筑物名称	面积/m²	风量/(m³/h)	备注
储水池 1	50	1500.00	
储水池 2	200	6400.00	
储水池 3	200	1760.00	调整至 35000m³/h
调节池	460	2208.00	
事故池	504	21369.60	
厌氧进水池	35	273.00	
小计		33510.60	

注：本项目设计风量 35000m³/h，废气进气温度≤40℃。

2. 废气源

废气中主要包含二氯甲烷、三氯甲烷、乙酸乙酯、甲醇、丙酮、四氢呋喃、乙腈、甲基异基丁酮等，依据前期现场调研与监测数据并适当留出设计余量，设计 VOCs≤1000mg/m³。

三、风机设置

废气收集单独设置一台引风机（35000m³/h、2000Pa）抽取各池体换风废气，此外，在末端设置一台末端风机（35000m³/h、2500Pa）用于克服处理与排放设施阻力，风机均为变频防爆，防爆等级不低于生产设施防爆要求，风机进口设置风压联锁变频控制，以保证抽风效果，即不产生过多的负压。系统阻力评估表见表 6-30。

表 6-30 系统阻力评估表

编号	长度/m	流速/(m/s)	管径/mm	风量/(m³/h)	动压/Pa	局部阻力系数	局部阻力/Pa	单位长度摩擦阻力/(Pa/m)	摩擦阻力/Pa	管段阻力/Pa
1	59	6	150	381.5	21.6	2.95	63.72	3.5	206.5	270.22
2	20	8	320	2315.1	38.4	1.15	44.16	2.6	52	96.16
3	25	8	500	5652.0	38.4	2.8	107.52	1.5	37.5	145.02
4	38	6	1250	26493.8	21.6	1.7	36.72	0.25	9.5	46.22
5	24	8	1250	35325.0	38.4	0.75	28.8	0.3	7.2	36
6	旋流板塔									750
7	塔式除雾器									400
8	再生吸附罐									1000
9	光催化									500
10	碱洗塔									750
11	合计									3993.62

由以上数据，并适当留出余量，参照风机厂家的样本手册进行选型，风机型号分别为

TF-361B-30KW-4P（35000m³/h、2000Pa）、TF-421B-45KW-4P（35000m³/h、2500Pa）。

四、废气处理工艺

本项目废气浓度较高，成分较复杂，废气中含有部分水溶性较好的污染物，如丙酮、四氢呋喃、甲醇等，同时也含有不溶于水的二氯甲烷、三氯甲烷。针对该类废气特点，结合污染物的浓度，采用"一级水洗＋活性炭吸附（水蒸气再生）＋光催化氧化＋碱洗"工艺处理，在水洗工序后设有塔式除雾器，以减少水分对吸附效果的影响。

本项目采用旋流板塔作为水洗塔的形式，活性炭吸附采用固定床吸附器（卧式罐、单炭层），使用水蒸气再生。选择优质活性炭，以减少活性炭的更换带来的经济支出。炭层迎面风速不高于 0.6m/s，停留时间控制在 1s 左右。为了保证尾气最后达标，采用光催化氧化与碱洗工艺对吸附尾气进一步净化。

水吸收塔产生的洗涤废水按照生产负荷调整更换周期，更换的废水接入废水处理站处理。更换出的废炭由具有资质的第三方处置。其中脱附蒸气进入冷凝器进行"回收"，产生的不凝气重新接入该车间废气处理系统进口，经再次处理达标后高空排放，产生的冷凝液排入废水处理站处理。

废气处理工艺（活性炭吸附工序）流程框图与 PID 图分别如图 6-15、图 6-16 所示。

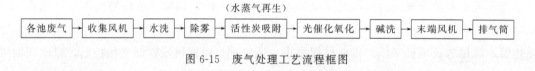

图 6-15　废气处理工艺流程框图

五、设计依据

◇《中华人民共和国环境保护法》（2014 年修订）

◇《中华人民共和国大气污染防治法》（2018 年修订）

◇《三废处理工程技术手册·废气卷》（化学工业出版社，1999 年）

◇《石油化学工业废气治理》（化学工业出版社，1996 年）

◇《环保设备设计手册：大气污染控制设备》（化学工业出版社，2004 年）

◇《有机废气的净化技术》（化学工业出版社，2011 年）

◇《废气处理工程技术手册》（化学工业出版社，2013 年）

◇《大气污染治理工程技术导则》（HJ 2000—2010）

◇《大气污染物综合排放标准》（GB 16297—1996）

◇《恶臭污染物排放标准》（GB 14554—1993）

◇《吸附法工业有机废气治理工程技术规范》（HJ 2026—2013）

◇《制药工业大气污染物排放标准》（GB 37823—2019）

◇《挥发性有机物无组织排放控制标准》（GB 37822—2019）

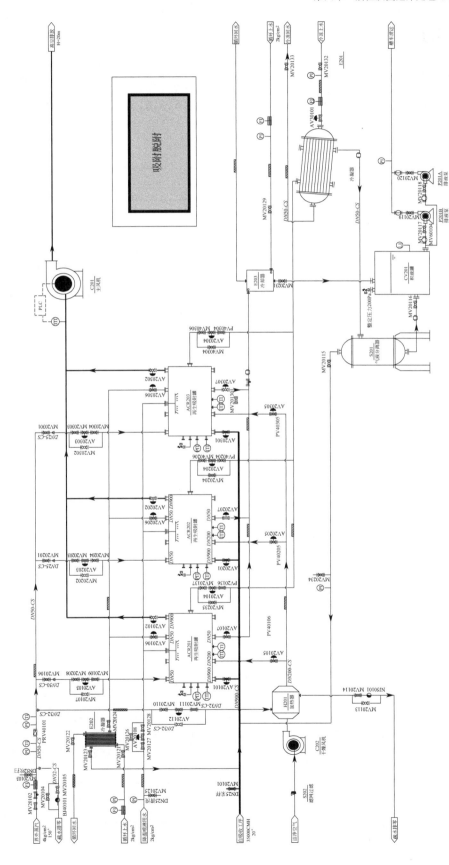

图 6-16 活性炭吸附（蒸汽脱附）工艺流程图

六、设计计算

1. 理论计算

理论计算主要依据希洛夫近似计算法及相关的计算方法，得到工艺过程各参数如表 6-31。

表 6-31　工艺计算表

序号	项目	数值	单位	备注
1	单罐处理风量 Q	17500	m^3/h	设计
2	吸附罐数 n	3	个	（两吸一脱）设计
3	过滤风速 v(NO.1)	0.6	m/s	初选
4	过滤面积 S(NO.1)	8.10	m^2	计算值($S=\dfrac{Q}{3600v}$)
5	炭罐直径 D(NO.1)	2.3	m	初选，不满足要求时，调整
6	炭罐长度	3	m	初选，控制长径比以保证气流分布
7	过滤面积(NO.2)	8.98	m^2	计算
8	过滤风速(NO.2)	0.54	m/s	实际
9	活性炭填装高度 h	0.5	m	指定
10	单罐活性炭装填量 m_1	2.24	t	依据希洛夫公式简易计算
11	气源浓度 c_0	1000	mg/m^3	设计
12	水洗效率 η_1	30	%	初选
13	光催化氧化效率 η_3	15	%	初选
14	碱洗效率 η_4	5	%	初选
15	VOCs 产生速率 m_2	17.5	kg/h	计算值 $m_2=Qc_0\times10^{-6}$
16	活性炭进口浓度 c_1	700	mg/m^3	计算值 $c_1=c_0\times(1-\eta_1)$
17	排放限值 c_3	60	mg/m^3	设计
18	活性炭排口浓度 c_2	74.30	mg/m^3	计算值 $c_2=\dfrac{c_3}{(1-\eta_3)(1-\eta_4)}$
19	穿透吸附容量 γ	10.0	%	依据特定组分，由实验获得
20	单罐穿透吸附容量 m_3	0.22	t	计算值 $m_3=m_1\gamma$
21	VOCs 吸附(AC)去除速率 m_4	10.95	kg/h	计算值 $m_4=Q(c_1-c_2)$
22	单罐吸附时长(吸附周期 T_1)	20.49	h	计算值 $T_1=1000m_3/m_4$
23	单罐脱附时长(脱附周期 T_2)	10.25	h	计算值 $T_2=\dfrac{T_1}{n-1}$

2. 再生吸附罐运行方式

其运行方式为两吸一脱，轮流切换，一个完整的切换周期如表 6-32 所示。

表 6-32　罐体吸附脱附切换周期

周期	A	B	C
T1			███
T2	███		
T3		███	
T4			███
T5	███		
T6		███	
T7			███
T8	███		
T9		███	

注：铺色表示脱附，不铺色表示吸附。

七、主要废气处理设备参数

主要废气处理设备参数见表 6-33。

表 6-33　主要废气处理设备参数

序号	设备名称	特征性描述	备注
1	再生吸附罐	设备位号：ACR201、ACR202、ACR203； 材质：304 不锈钢； 数量：3 台（两吸一脱）； 处理风量：35000m³/h； 介质：VOCs 废气； 总体尺寸：$\phi2250mm\times5250mm(H)$； 活性炭装填量：2.175t/台（$\phi3.5mm$），合计 6.525t	
2	收集风机	设备位号：C201； 材质：FRP； 数量：1 台； 处理风量：35000m³/h； 全压：2000Pa； 转速：1220r/min 风机型号：TF-361B-30KW-4P； 介质：VOCs 废气； 总体尺寸：$\phi2690mm\times1620mm\times2550mm(H)$； 功率：30kW	防爆
3	治理风机	设备位号：C202； 材质：FRP； 数量：1 台； 处理风量：35000m³/h； 全压：2500Pa； 转速：1220r/min； 风机型号：TF-421B-45KW-4P； 介质：VOCs 废气； 总体尺寸：$\phi2690mm\times1620mm\times2550mm(H)$； 功率：45kW	防爆
4	脱附冷凝器	设备位号：E201； 材质：304 不锈钢； 数量：1 台； 换热形式：列管式间壁换热（两级）； 换热面积：25m²； 冷介质：冷冻食盐水（园区冷介质仅有循环水、冷冻食盐水供选择）； 热介质：蒸汽（含 VOCs）； 总体尺寸：$\phi900mm\times1400mm(H)$	一级石墨、 一级 SS304
5	干燥冷却器	设备位号：E202； 材质：304 不锈钢； 数量：1 台； 换热形式：翅片列管式间壁换热； 换热面积：30m²； 冷介质：循环水； 热介质：烘干空气； 总体尺寸：$\phi1200mm\times1000mm\times1000mm(H)$	

序号	设备名称	特征性描述	备注
6	排液冷凝器	设备位号:E203; 材质:304 不锈钢; 数量:1 台; 换热形式:螺旋板式间壁换热; 换热面积:10m²; 冷介质:循环水; 热介质:脱附排液(热水＋VOCs); 总体尺寸:ϕ400mm×400mm(H)	
7	加热器	设备位号:H201; 材质:304 不锈钢; 数量:1 台; 换热形式:翅片列管式间壁换热; 换热面积:60m²; 冷介质:常温空气; 热介质:保压蒸汽; 总体尺寸:ϕ1200mm×1200mm×1000mm(H)	蒸汽
8	气液分离罐	设备位号:S201; 材质:304 不锈钢; 数量:1 台; 介质:气液混合物(含 VOCs); 总体尺寸:ϕ800mm×1500mm(H); 持液量:0.3m³	
9	积液罐	设备位号:CV201; 材质:304 不锈钢; 数量:1 台; 介质:油水混合物(含 VOCs); 总体尺寸:ϕ2000mm×2000mm×1300mm(H); 容积:5.2m³; 装填系数:0.75; 装填量:3.9m³	
10	排液泵	设备位号:P201; 设备型号:IHF65-50-125; 流量:25m³/h; 扬程:20m; 材质:钢衬氟塑料耐磨泵; 数量:2 台(一备一用); 转速:2900r/min; 介质:高浓废液; 总体尺寸:ϕ840mm×410mm×425mm(H); 功率:4kW	
11	干燥风机	设备位号:C202; 型号:TF-151; 材质:碳素钢; 数量:1 台; 处理风量:2000m³/h; 全压:1550Pa; 转速:2385r/min; 介质:干燥空气; 总体尺寸:ϕ1048mm×800mm(H); 功率:3kW	烘干时间缩短 应加大风量

续表

序号	设备名称	特征性描述	备注
12	水洗塔	设备位号：T101； 材质：FRP； 数量：1 台； 处理风量：35000m³/h； 总体尺寸：ϕ2600mm×8000mm(H)； 持水量：6m³； 空塔气速：1.83m/s； 液气比：2～3； 运行阻力(压降)：750Pa； 塔形：旋流板塔； 备注：满足整体强度、刚度及稳定性要求	
13	循环泵	设备位号：P202A/B； 设备型号：SLS80-100； 流量：100m³/h； 扬程：10m； 材质：钢衬氟塑料耐磨泵； 数量：2 台(一备一用)； 转速：1450r/min； 介质：废液； 总体尺寸：ϕ1110mm×590mm×493mm(H)； 功率：7.5kW	水洗塔配置 循环泵
14	光催化反应器	设备位号：CH201； 型号：ND-C-50SS； 处理风量：35000m³/h； 外形尺寸：4600mm×2500mm×3200mm(H)； 光催化材料：6 层； 进出口法兰内径：ϕ800mm； 紫外灯管功率：15kW； 数量：1 座； 备注：光催化材料 TiO₂，紫外灯波长 254nm，紫外灯防爆	
15	碱洗塔	设备位号：T102； 材质：FRP； 数量：1 台； 处理风量：35000m³/h； 总体尺寸：ϕ2600mm×8000mm(H)； 持水量：6m³； 塔形：旋流板塔； 备注：满足整体强度、刚度及稳定性要求	
16	循环泵	设备位号：P203A/B； 设备型号：IHF125-100-180； 流量：100m³/h； 扬程：10m； 材质：钢衬氟塑料耐磨泵； 数量：2 台(一备一用)； 转速：1450r/min； 介质：废液； 总体尺寸：ϕ1110mm×590mm×493mm(H)； 功率：7.5kW	碱洗塔配置循环泵

八、安全设计

（1）风机进口设置微压计，联锁风机频率，动态调整风机运行工况。

（2）罐体设置多组温度热电偶，检测不同点位的炭层与气相温度，并在 PLC 控制程序中写入相应的高低报警值。

（3）设置应急喷淋系统，当温度超过高报值时，联锁打开喷淋降温用水，同时自来水与消防水两路互相备用。

（4）安装罐体设置压力变送器与机械式压力表，并设置报警值，罐顶按规范设置重力式安全阀，当压力超过设定压力时，自动开启，应急排放，PLC 同时给出报警信号。

（5）控制系统实现现场 PLC 自动控制与显示，同时接入 SCADA 中央控制系统，将设施运行工况实时在中控室显示屏上集中显示。

（6）电气设施均采用防爆型产品，防爆等级不低于界区生产设施防爆等级。

（7）动力设施设置过载、过热、短路等故障检测与报警功能，重要设施合理考虑备用。

（8）罐体、管路、阀门、钢结构等设施均与界区接地线可靠连接，摇表测量接地电阻在规范要求的范围，确保静电可以及时导除。

九、项目效益

本项目实施使得污水站废气排放满足国家与地方标准要求，具有一定的社会效益和环保效益。工程案例现场见图 6-17。

图 6-17　工程案例现场

附　录

附录一　《吸附法工业有机废气治理工程技术规范》（HJ 2026—2013）

1　适用范围

本标准规定了工业有机废气吸附法治理工程的设计、施工、验收和运行的技术要求。

本标准适用于工业有机废气的常压吸附治理工程，可作为环境影响评价、工程咨询、设计、施工、验收及建成后运行与管理的技术依据。

2　规范性引用文件

本标准内容引用了下列文件中的条款。凡是不注日期的引用文件，其有效版本适用于本标准。

GB 3836.4	爆炸性气体环境用电气设备　第 4 部分：本质安全型"i"
GB/T 3923.1	纺织品　织物拉伸性能 第 1 部分：断裂强力和断裂伸长率的测定　条样法
GB/T 7701.2	回收溶剂用煤质颗粒活性炭
GB/T 7701.5	净化空气用煤质颗粒活性炭
GB 12348	工业企业厂界噪声标准
GB/T 16157	固定污染源排气中颗粒物测定和气态污染物采样方法
GB/T 20449	活性炭丁烷工作容量测试方法
GB 50016	建筑设计防火规范
GB 50019	采暖通风与空气调节设计规范
GB 50051	排气筒设计规范
GB 50057	建筑物防雷设计规范
GB 50058	爆炸和火灾危险环境电力装置设计规范
GB 50140	建筑灭火器配置设计规范
GB 50160	石油化工企业设计防火规范
GB 50187	工业企业总平面设计规范

GBJ 87	工业企业噪声控制设计规范
HGJ 229	工业设备、管道防腐蚀工程施工及验收规范
HJ/T 1	气体参数测量和采样的固定位装置
HJ/T 386	工业废气吸附净化装置
HJ/T 387	工业废气吸收净化装置
HJ/T 389	工业有机废气催化净化装置
HJ 2000	大气污染治理工程技术导则
JJF 1049	温度传感器动态响应校准
《建设项目环境保护设计规定》	国家计划委员会、国务院环境保护委员会 [1987] 002 号
《建设项目环境保护管理条例》	中华人民共和国国务院令 [1998] 第 253 号
《建设项目（工程）竣工验收办法》	国家计划委员会 1990 年
《建设项目竣工环境保护验收管理办法》	国家环境保护总局令 [2002] 第 13 号

3 术语和定义

下列术语和定义适用于本标准。

3.1 工业有机废气 industrial organic emissions

指工业过程排出的含挥发性有机物的气态污染物。

3.2 爆炸极限 explosive limit

又称爆炸浓度极限。指可燃气体或蒸气与空气混合后能发生爆炸的浓度范围。

3.3 爆炸极限下限 lower explosive limit

指爆炸极限的最低浓度值。

3.4 活性炭纤维毡 activated carbon fiber felt

指利用粘胶、聚丙烯腈或沥青纤维等加工的纤维毡经过炭化、活化后所制备的多孔材料。

3.5 蜂窝活性炭 honeycomb-type activated carbon

指把粉末状活性炭、水溶性黏合剂、润滑剂和水等经过配料、捏合后挤出成型，再经过干燥、炭化、活化后制成的蜂窝状吸附材料。

3.6 蜂窝分子筛 honeycomb-type molecular sieve

指将粉末状分子筛、水溶性黏合剂、润滑剂和水等经过配料、捏合后挤出成型，再经过干燥、活化后制成的蜂窝状吸附材料；或将粉末状分子筛、水溶性粘合剂和水等配制的浆料涂敷在纤维材料上，经过折叠、干燥后制成的类似蜂窝状的吸附材料。

3.7 BET 比表面积 BET specific surface area

指利用 BET 法测试的单位质量吸附剂的表面积，单位 m^2/g。

3.8 固定床吸附装置 fixed bed adsorber

指吸附过程中，吸附剂料层处于静止状态的吸附设备。

3.9 移动床吸附装置 moving bed adsorber

指吸附剂按照一定的方式连续通过，依次完成吸附、脱附和再生并重新进入吸附段的吸附装置。

3.10 流化床吸附装置 fluidized bed adsorber

指吸附过程中，吸附剂在高速气流的作用下，强烈搅动，上下浮沉呈流化状态的吸附设备。

3.11 转轮吸附装置 rotary wheel adsorber

指利用颗粒状、毡状或蜂窝状吸附材料制备而成的具有一定厚度的圆形吸附装置，在电机驱动下转动，在整个圆形扇面上分为吸附区、再生区和冷却区，污染空气通过吸附区进行吸附净化，吸附了污染物的区域转动到再生区后利用热气流进行再生，再生后的高温区转动到冷却区后利用冷气流进行冷却，如此循环进行吸附剂的吸附和再生。

3.12 动态吸附量 dynamic adsorption capacity

指把一定质量的吸附剂填充于吸附柱中，令浓度一定的污染空气在恒温、恒压下以恒速流过，当吸附柱出口中污染物的浓度达到设定值时，计算单位质量的吸附剂对污染物的平均吸附量。该平均吸附量称之为吸附剂对吸附质在给定温度、压力、浓度和流速下的动态吸附量，单位 mg/g。

3.13 净化效率 purification efficiency

指治理工程或净化设备捕获污染物的量与处理前污染物的量之比，以百分数表示。计算公式如下：

$$\eta = \frac{C_1 Q_{sn1} - C_2 Q_{sn2}}{C_1 Q_{sn1}} \times 100\% \tag{1}$$

式中　　η——治理工程或净化设备的净化效率，%；

　　C_1，C_2——治理工程或净化设备进口、出口污染物的浓度，mg/m³；

Q_{sn1}，Q_{sn2}——治理工程或净化设备进口、出口标准状态下干气体流量，m³/h。

3.14 吸附剂再生 regeneration of adsorbent

指利用高温水蒸气、热气流吹扫或降压等方法将被吸附物从吸附剂中解吸的过程。

3.15 吸附剂原位再生 in-site regeneration of adsorbent

指吸附了污染物的吸附剂在吸附装置中原地进行再生的过程。

3.16 不凝气 uncondensable gas

指混合气体经过低温冷凝后未被液化的部分。

4 污染物与污染负荷

4.1 除溶剂和油气储运销装置的有机废气吸附回收外，进入吸附装置的有机废气中有机物的浓度应低于其爆炸极限下限的 25%。当废气中有机物的浓度高于其爆炸极限下限的 25% 时，应使其降低到其爆炸极限下限的 25% 后方可进行吸附净化。

4.2 对于含有混合有机化合物的废气，其控制浓度 P 应低于最易爆炸组分或混合气体爆炸极限下限值的 25%，即 $P < \min(P_e, P_m) \times 25\%$，$P_e$ 为最易爆组分爆炸极限下限

值（%），P_m 为混合气体爆炸极限下限值（%），P_m 按照下式进行计算：

$$P_m=(P_1+P_2+\cdots+P_n)/(V_1/P_1+V_2/P_2+\cdots+V_n/P_n) \tag{2}$$

式中　　　　P_m——混合气体爆炸极限下限值，%；

P_1，P_2，…，P_n——混合气体中各组分的爆炸极限下限值，%；

V_1，V_2，…，V_n——混合气体中各组分所占的体积百分数，%；

n——混合有机废气中所含有机化合物的种数。

4.3　进入吸附装置的颗粒物含量宜低于 $1mg/m^3$。

4.4　进入吸附装置的废气温度宜低于 40℃。

5　总体要求

5.1　一般规定

5.1.1　治理工程建设应按国家相关的基本建设程序或技术改造审批程序进行，总体设计应满足《建设项目环境保护设计规定》和《建设项目环境保护管理条例》的规定。

5.1.2　治理工程应遵循综合治理、循环利用、达标排放、总量控制的原则。治理工艺设计应本着成熟可靠、技术先进、经济适用的原则，并考虑节能、安全和操作简便。

5.1.3　治理工程应与生产工艺水平相适应。生产企业应把治理设备作为生产系统的一部分进行管理，治理设备应与产生废气的相应生产设备同步运转。

5.1.4　经过治理后的污染物排放应符合国家或地方相关大气污染物排放标准的规定。

5.1.5　治理工程在建设、运行过程中产生的废气、废水、废渣及其它污染物的治理与排放，应执行国家或地方环境保护法规和标准的相关规定，防止二次污染。

5.1.6　治理工程应按照国家相关法律法规、大气污染物排放标准和地方环境保护部门的要求设置在线连续监测设备。

5.2　工程构成

5.2.1　治理工程由主体工程和辅助工程组成。

5.2.2　主体工程包括废气收集、预处理、吸附、吸附剂再生和解吸气体后处理单元。若治理过程中产生二次污染物时，还应包括二次污染物治理设施。

5.2.3　辅助工程主要包括检测与过程控制、电气仪表和给排水等单元。

5.3　场址选择与总图布置

5.3.1　场址选择与总图布置应参照标准 GB 50187 规定执行。

5.3.2　场址选择应遵从降低环境影响、方便施工及运行维护等原则，并按照消防要求留出消防通道和安全保护距离。

5.3.3　治理设备的布置应考虑主导风向的影响，以减少有害气体、噪声等对环境的影响。

6　工艺设计

6.1　一般规定

6.1.1　在进行工艺路线选择之前，根据废气中有机物的回收价值和处理费用进行经济核算，优先选用回收工艺。

6.1.2　治理工程的处理能力应根据废气的处理量确定，设计风量宜按照最大废气排放量的120％进行设计。

6.1.3　吸附装置的净化效率不得低于90％。

6.1.4　排气筒的设计应满足GB 50051的规定。

6.2　工艺路线选择

6.2.1　应根据废气的来源、性质（温度、压力、组分）及流量等因素进行综合分析后选择工艺路线。

6.2.2　根据吸附剂再生方式和解吸气体后处理方式的不同，可选用的典型治理工艺有：

a）水蒸气再生——冷凝回收工艺；

b）热气流（空气或惰性气体）再生——冷凝回收工艺；

c）热气流（空气）再生——催化燃烧或高温焚烧工艺；

d）降压解吸再生——液体吸收工艺。

典型的有机废气吸附工艺流程图见附录A。

6.2.3　连续稳定产生的废气可以采用固定床、移动床（包括转轮吸附装置）和流化床吸附装置，非连续产生或浓度不稳定的废气宜采用固定床吸附装置。当使用固定床吸附装置时，宜采用吸附剂原位再生工艺。

6.2.4　当废气中的有机物具有回收价值时，可根据情况选择采用水蒸气再生、热气流（空气或惰性气体）再生或降压解吸再生工艺。脱附后产生的高浓度气体可根据情况选择采用降温冷凝或液体吸收工艺对有机物进行回收。

6.2.5　当废气中的有机物不宜回收时，宜采用热气流再生工艺。脱附产生的高浓度有机气体采用催化燃烧或高温焚烧工艺进行销毁。

6.2.6　当废气中的有机物浓度高且易于冷凝时，宜先采用冷凝工艺对废气中的有机物进行部分回收后再进行吸附净化。

6.3　工艺设计要求

6.3.1　废气收集

6.3.1.1　废气收集系统设计应符合GB 50019的规定。

6.3.1.2　应尽可能利用主体生产装置本身的集气系统进行收集。集气罩的配置应与生产工艺协调一致，不影响工艺操作。在保证收集能力的前提下，应结构简单，便于安装和维护管理。

6.3.1.3　确定集气罩的吸气口位置、结构和风速时，应使罩口呈微负压状态，且罩内负压均匀。

6.3.1.4　集气罩的吸气方向应尽可能与污染气流运动方向一致，防止吸气罩周围气流紊乱，避免或减弱干扰气流和送风气流等对吸气气流的影响。

6.3.1.5　当废气产生点较多、彼此距离较远时，应适当分设多套收集系统。

6.3.2　预处理

6.3.2.1　预处理设备应根据废气的成分、性质和影响吸附过程的物质性质及含量进行选择。

6.3.2.2　当废气中颗粒物含量超过 $1mg/m^3$ 时，应先采用过滤或洗涤等方式进行预处理。

6.3.2.3　当废气中含有吸附后难以脱附或造成吸附剂中毒的成分时，应采用洗涤或预吸附等预处理方式处理。

6.3.2.4　当废气中有机物浓度较高时，应采用冷凝或稀释等方式调节至满足 4.1 的要求。当废气温度较高时，采用换热或稀释等方式调节至满足 4.4 的要求。

6.3.2.5　过滤装置两端应装设压差计，当过滤器的阻力超过规定值时应及时清理或更换过滤材料。

6.3.3　吸附

6.3.3.1　吸附剂的选择应符合下列规定：

a) 当采用降压解吸再生时，煤质颗粒活性炭的性能应满足 GB/T 7701.2 的要求，且丁烷工作容量（测试方法参见 GB/T 20449）应不小于 12.5g/dl，BET 比表面积应不小于 $1400m^2/g$。采用非煤质颗粒活性炭作吸附剂时可参照执行。

b) 当采用水蒸气再生时，煤质颗粒活性炭的性能应满足 GB/T 7701.2 的要求，且丁烷工作容量（测试方法参见 GB/T 20449）应不小于 8.5g/dl，BET 比表面积应不小于 $1200m^2/g$。采用非煤质颗粒活性炭作吸附剂时可参照执行。

c) 当采用热气流吹扫方式再生时，煤质颗粒活性炭的性能应满足 GB/T 7701.5 的要求，采用非煤质活性炭作吸附剂时可参照执行。颗粒分子筛的 BET 比表面积应不低于 $350m^2/g$。

d) 蜂窝活性炭和蜂窝分子筛的横向强度应不低于 0.3MPa，纵向强度应不低于 0.8MPa，蜂窝活性炭的 BET 比表面积应不低于 $750m^2/g$，蜂窝分子筛的 BET 比表面积应不低于 $350m^2/g$。

e) 活性炭纤维毡的断裂强度应不小于 5N（测试方法按照 GB/T 3923.1 进行），BET 比表面积应不低于 $1100m^2/g$。

6.3.3.2　在吸附剂选定后，吸附床层的吸附剂用量应根据废气处理量、污染物浓度和吸附剂的动态吸附量确定。

6.3.3.3　固定床吸附装置吸附层的气体流速应根据吸附剂的形态确定。采用颗粒状吸附剂时，气体流速宜低于 0.60m/s；采用纤维状吸附剂（活性炭纤维毡）时，气体流速宜低于 0.15m/s；采用蜂窝状吸附剂时，气体流速宜低于 1.20m/s。

6.3.3.4　对于采用蜂窝状吸附剂的移动式吸附装置，气体流速宜低于 1.20m/s；对于采用颗粒状吸附剂的移动床和流化床吸附装置，吸附层的气体流速应根据吸附剂的用量、粒度和体密度等确定。

6.3.3.5　对于一次性吸附工艺，当排气浓度不能满足设计或排放要求时应更换吸附剂；对于可再生工艺，应定期对吸附剂动态吸附量进行检测，当动态吸附量降低至设计值的

80％时宜更换吸附剂。

6.3.3.6 采用纤维状吸附剂时，吸附单元的压力损失宜低于4kPa；采用其他形状吸附剂时，吸附单元的压力损失宜低于2.5kPa。

6.3.4 吸附剂再生

6.3.4.1 当使用水蒸气再生时，水蒸气的温度宜低于140℃。

6.3.4.2 当使用热空气再生时，对于活性炭和活性炭纤维吸附剂，热气流温度应低于120℃；对于分子筛吸附剂，热气流温度宜低于200℃。含有酮类等易燃气体时，不得采用热空气再生。脱附后气流中有机物的浓度应严格控制在其爆炸极限下限的25％以下。

6.3.4.3 高温再生后的吸附剂应降温后使用。

6.3.5 解吸气体后处理

6.3.5.1 解吸气体的后处理可采用冷凝回收、液体吸收、催化燃烧或高温焚烧等方法。应根据废气中有机物的组分、回收价值和处理成本等选择后处理方法。

6.3.5.2 采用冷凝回收法处理解吸气体时，应符合以下要求：

a）可使用列管式或板式气（汽）-液冷凝器等冷凝装置。

b）当有机物沸点较高时，可采用常温水进行冷凝；当有机物沸点较低时，冷却水宜使用低温水或常温-低温水多级冷凝。

c）冷凝产生的不凝气应引入吸附装置进行再次吸附处理。

6.3.5.3 采用液体吸收法处理解吸气体时，吸收液中有机物的平衡分压应低于废气中有机物的平衡分压。液体吸收后的尾气不能达标排放时，应引入吸附装置进行再次吸附处理。

6.3.5.4 采用催化燃烧或高温焚烧法处理解吸气体时，产生的烟气应达标排放。采用催化燃烧法处理解吸气体时，应遵循《催化燃烧法工业有机废气治理工程技术规范》规定。

6.4 二次污染物控制

6.4.1 预处理和后处理设备所产生的废水应进行集中处理，并达到相应排放标准要求。

6.4.2 预处理产生的粉尘和废渣以及更换后的过滤材料、吸附剂和催化剂的处理应符合国家固体废弃物处理与处置的相关规定。

6.4.3 噪声控制应符合GBJ 87和GB 12348的规定。

6.5 安全措施

6.5.1 治理系统应有事故自动报警装置，并符合安全生产、事故防范的相关规定。

6.5.2 治理系统与主体生产装置之间的管道系统应安装阻火器（防火阀），阻火器性能应符合GB 13347的规定。

6.5.3 风机、电机和置于现场的电气仪表等应不低于现场防爆等级。当吸附剂采用降压解吸方式再生且解吸后的高浓度有机气体采用液体吸收工艺进行回收时，风机、真空解吸泵和电气系统均应采用符合GB 3836.4 要求的本安型防爆器件。

6.5.4 在吸附操作周期内，吸附了有机气体后吸附床内的温度应低于83℃。当吸附装置内的温度超过83℃时，应能自动报警，并立即启动降温装置。

6.5.5 采用热空气吹扫方式进行吸附剂再生时，当吸附装置内的温度超过 6.3.4.2 中规定的温度时，应能自动报警并立即中止再生操作、启动降温措施。

6.5.6 催化燃烧或高温焚烧装置应具有过热保护功能。

6.5.7 催化燃烧或高温焚烧装置应进行整体保温，外表面温度应低于 60℃。

6.5.8 催化燃烧或高温焚烧装置防爆泄压设计应符合 GB 50160 的要求。

6.5.9 治理装置安装区域应按规定设置消防设施。

6.5.10 治理设备应具备短路保护和接地保护，接地电阻应小于 4Ω。

6.5.11 室外治理设备应安装符合 GB 50057 规定的避雷装置。

7 主要工艺设备

7.1 主要工艺设备的性能应满足本标准 6.3 的要求，并有必要的备用。

7.2 吸附装置的基本性能应满足 HJ/T 386 的要求。

7.3 吸收装置的基本性能应满足 HJ/T 387 的要求。

7.4 催化燃烧装置的基本性能应满足 HJ/T 389 的要求。

7.5 当废气中含有腐蚀性介质时，风机、集气罩、管道、阀门、颗粒过滤器和吸附装置等应满足相关防腐要求。

7.6 当吸附剂采用水蒸气再生时，吸附装置以及接触到水蒸气的管道和阀门均应采用相应防腐蚀材料制造。

8 检测与过程控制

8.1 检测

8.1.1 治理设备应设置永久性采样口，采样口的设置应符合 HJ/T 1，采样方法应满足 GB/T 16157 的要求。采样频次和检测项目应根据工艺控制要求确定。

8.1.2 吸附装置内部、催化燃烧器或高温焚烧器的加热室和反应室内部应装设具有自动报警功能的多点温度检测装置。温度传感器应按 JJF 1049 的要求进行标定后使用。

8.1.3 应定期检测过滤装置两端的压差。

8.2 过程控制

8.2.1 治理工程应先于产生废气的生产工艺设备开启、后于生产工艺设备停机，并实现连锁控制。

8.2.2 现场应设置就地控制柜实现就地控制。就地控制柜应有集中控制端口，具备与集中控制室的连接功能，能在控制柜显示设备的运行状态。

9 主要辅助工程

9.1 电气系统

9.1.1 电源系统可直接由生产主体工程配电系统接引，中性点接地方式应与生产主体工程一致。

9.1.2 电气系统设计应满足 GB 50058 的要求。

9.2　给水、排水与消防系统

9.2.1　治理工程的给水、排水设计应符合相关工业行业给水排水设计规范的有关规定。

9.2.2　治理工程的消防设计应纳入工厂的消防系统总体设计。

9.2.3　消防通道、防火间距、安全疏散的设计和消防栓的布置应符合 GB 50016 的规定。

9.2.4　治理工程应按照 GB 50140 的规定配置移动式灭火器。

10　工程施工与验收

10.1　工程施工

10.1.1　工程设计、施工单位应具有国家相应的工程设计、施工资质。

10.1.2　工程施工应符合国家和行业施工程序及管理文件的要求。

10.1.3　工程施工应按设计文件进行建设，对工程的变更应取得工程设计单位的设计变更文件后再进行施工。

10.1.4　工程施工中使用的设备、材料和部件应符合相应的国家标准。

10.1.5　需要采用防腐蚀材质的设备、管路和管件等的施工和验收应符合 HGJ 229 的规定。

10.1.6　施工单位除应遵守相关的施工技术规范外，还应遵守国家有关部门颁布的劳动安全及卫生消防等强制性标准的要求。

10.2　工程验收

10.2.1　工程验收应根据《建设项目（工程）竣工验收办法》组织进行。

10.2.2　工程安装、施工完成后应首先对相关仪器仪表进行校验，然后根据工艺流程进行分项调试和整体调试。

10.2.3　通过整体调试，各系统运转正常，技术指标达到设计和合同要求后启动试运行。

10.3　竣工环境保护验收

10.3.1　竣工环境保护验收应按《建设项目竣工环境保护验收管理办法》的规定进行。

10.3.2　工程验收前应进行试运行和性能试验，性能试验的内容主要包括：

a）废气中非甲烷总烃和国家或地方相关排放标准中所规定的污染物进出口浓度（至少检测三次）；

b）风量；

c）吸附装置净化效率；

d）溶剂回收效率；

e）系统压力降；

f）耗电量；

g）耗水量；

h）水蒸气耗量等。

11　运行与维护

11.1　一般规定

11.1.1　治理设备应与产生废气的生产工艺设备同步运行。由于紧急事故或设备维修等原因造成治理设备停止运行时，应立即报告当地环境保护行政主管部门。

11.1.2　治理设备正常运行中废气的排放应符合国家或地方大气污染物排放标准的规定。

11.1.3　治理设备不得超负荷运行。

11.1.4　企业应建立健全与治理设备相关的各项规章制度，以及运行、维护和操作规程，建立主要设备运行状况的台账制度。

11.2　人员与运行管理

11.2.1　治理系统应纳入生产管理中，并配备专业管理人员和技术人员。

11.2.2　在治理系统启用前，企业应对管理和运行人员进行培训，使管理和运行人员掌握治理设备及其它附属设施的具体操作和应急情况下的处理措施。培训内容包括：

a）基本原理和工艺流程；

b）启动前的检查和启动应满足的条件；

c）正常运行情况下设备的控制、报警和指示系统的状态和检查，保持设备良好运行的条件，以及必要时的纠正操作；

d）设备运行故障的发现、检查和排除；

e）事故或紧急状态下人工操作和事故排除方法；

f）设备日常和定期维护；

g）设备运行和维护记录；

h）其它事件的记录和报告。

11.2.3　企业应建立治理工程运行状况、设施维护等的记录制度，主要记录内容包括：

a）治理装置的启动、停止时间；

b）吸附剂、过滤材料、催化剂、吸收剂等的质量分析数据、采购量、使用量及更换时间；

c）治理装置运行工艺控制参数，至少包括治理设备进、出口浓度和吸附装置内温度；

d）主要设备维修情况；

e）运行事故及维修情况；

f）定期检验、评价及评估情况；

g）吸附回收工艺中的污水排放、副产物处置情况。

11.2.4　运行人员应遵守企业规定的巡视制度和交接班制度。

11.3　维护

11.3.1　治理设备的维护应纳入全厂的设备维护计划中。

11.3.2　维护人员应根据计划定期检查、维护和更换必要的部件和材料。

11.3.3 维护人员应做好相关记录。

附录 A 典型的有机废气吸附工艺流程图

A.1 水蒸气再生——冷凝回收工艺

固定床吸附装置可采用该工艺。工艺流程图如图 A.1 所示。

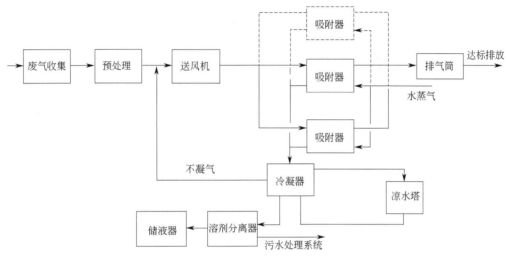

图 A.1 水蒸气再生——冷凝回收工艺流程

A.2 热气流（空气或惰性气体）再生——冷凝回收工艺

固定床、移动床吸附装置可采用该工艺。工艺流程图如图 A.2 所示。

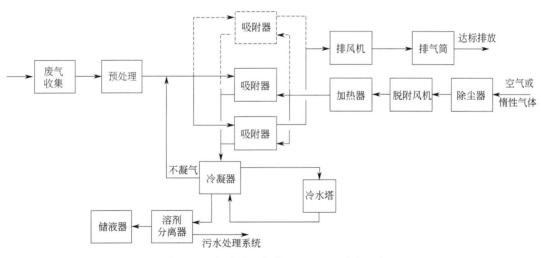

图 A.2 热气流（空气或惰性气体）再生——冷凝回收工艺流程

A.3 热气流（空气）再生——催化燃烧或高温焚烧工艺

固定床、移动床吸附装置可采用该工艺。工艺流程图如图 A.3 所示。

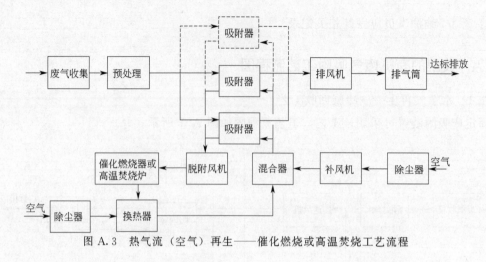

图 A.3　热气流（空气）再生——催化燃烧或高温焚烧工艺流程

A.4　降压解吸再生——液体吸收工艺

固定床吸附装置宜采用该工艺。工艺流程图如图 A.4 所示。

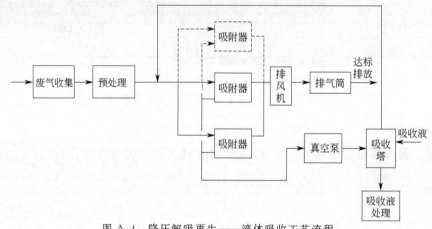

图 A.4　降压解吸再生——液体吸收工艺流程

附录二　几篇关于处理 VOCs 的论文

第一篇　多级联合处理二甲基二硫醚生产废气[1]

　　摘　要　对二甲基二硫醚生产过程中产生的含硫有机恶臭气体采用冷冻回收、氧化吸收、吸附净化等方法进行联合治理，该废气处理方法建设周期短，投资小，见效快，具有较好的经济效益，两年内即可收回全部投资。实施运行后，大大改善了厂内及其周边大气环境。

　　关键词　二甲基二硫醚　甲硫醚　甲硫醇　氧化吸收　吸附净化

　　[1]　发表于《环境工程》2000 年第二期，作者为：李守信、王德宏、傅国林。本篇论文是治理国务院督办的河北蠡县国庆化工厂的恶臭项目的工程总结。

1. 问题的提出

二甲基二硫醚是一种重要的化工产品，它广泛地应用作溶剂、催化剂的减速剂、农药中间体、结焦抑制剂等，尤其在国内外石化行业用量很大。该产品在生产过程中排放多种污染严重的恶臭气体，对这些恶臭物质，至今没有一套成熟的治理工艺。笔者根据多年从事有害气体治理工程的研究与实践，结合实际生产工艺，提出了一套该废气的治理工艺，通过实施，收到了良好的效果。

二甲基二硫醚的生产原理是硫酸二甲酯与硫化钠反应，产生二甲基二硫醚$[(CH_3)_2S_2]$。在该反应过程中伴有副反应发生，生成甲硫醚$[(CH_3)_2S]$和甲硫醇$[CH_3SH]$；具体生产工艺和污染物排放情况如图 1。

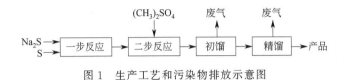

图 1 生产工艺和污染物排放示意图

对于初馏尾气和精馏尾气必须经过处理，达到国家《恶臭污染物排放标准》 （GB 14554—1993）中二级排放标准，方可外排。

2. 处理工艺流程

根据生产排放各污染物的物化性质，结合生产厂家提出产品和副产品回收的要求，确定处理工艺流如图 2。

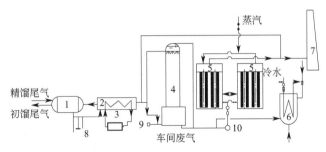

图 2 二甲基二硫醚生产废气处理工艺流程图

1—储气罐；2—冷凝器；3—冷冻机；4—氧化吸收塔；5—吸附塔；

6—冷凝器；7—烟囱；8—氧化槽；9—水泵；10—风机

2.1 冷冻回收

鉴于二甲基二硫醚和甲硫醚具有较高的回收价值，常压下前者液化点较高（103℃），易于冷凝；而后者液化点较低（37℃），不易冷凝回收，故采用冷冻机强制冷降温，冷凝器循环介质出口温度控制在5℃以下。甲硫醚回收率在80%以上，二甲基二硫醚回收率98%。

2.2 氧化吸收

甲硫醇具有较强的还原性，极易与次氯酸钠反应。以泵为动力，用水射器负压吸收气体，使气液充分混合，利用氧化塔进行处理，达到较好的氧化效果，甲硫醇去除率达96%。

$$2CH_3SH + NaClO \longrightarrow CH_3-S-S-CH_3 + NaCl + H_2O$$

$$CH_3SH + 6NaClO \longrightarrow 6NaCl + SO_2 + CO_2 + 2H_2O$$

2.3 吸附净化

采用吸附性能优越的吸附材料——活性炭纤维毡，此种吸附材料具有吸附速率高、吸附容量大、解吸速度快等特征。该工程的吸附器分两组交换使用，每组内设置两根芯柱。以离心风机鼓风方式送风入吸附器，用高温蒸汽解吸。工程在设计吸附器时，不仅考虑生产尾气的处理，同时还考虑到生产车间内无组织泄漏（车间换气量 $3000m^3/h$）。

3. 主要工艺参数和设备

3.1 主要工艺参数

冷冻系统冷凝器介质出口温度小于 5℃；吸附器解吸时蒸汽温度为 $140\sim150$℃；解吸时间为 30min。

3.2 主要设备（见表1）

表1 工程设备表

设备名称	型号或规格	数量	材质	备注
冷冻机	2F70	1		
蒸发器	$S=2.6, Q=1.26$	1	壳：A_3，管：Cu	定制
废气储罐	$V=3.5, D=1.5$	1	A_3	定制
冷凝器 I	$S=3.0, Q=1.26$	1	壳：A_3，管：304	定制
氧化液储罐	$V=3.5, D=1.5$	1	A_3	内衬聚丙烯
输液泵	25F-16AZ	1		
氧化塔	$H=5.5, D=400$	1	0Cr18Ni9Ti	定制
吸附风机	9-26	1		防爆防腐
配用电机	YB132S2-2	1		防爆
吸附塔		2	321	定制
排气筒	$H=25m, D=350$	1	A_3	加工
冷凝器 II	$S=1.5, Q=5.1$	1	A_3	定制
管道泵	20YG	2		

4. 处理结果

该处理工程正处于试运行阶段，多次采样化验结果如表2。

表2 处理前后化验结果

项目	取样位置	甲硫醇 /(mg·m⁻³)	甲硫醇 /(kg·h⁻¹)	甲硫醚 /(mg·m⁻³)	甲硫醚 /(kg·h⁻¹)	二甲基二硫醚 /(mg·m⁻³)	二甲基二硫醚 /(kg·h⁻¹)	备注
处理前	精馏排气口	5689~7450	0.1~0.2	1462500~2017581	40~60	320141~824302	10~25	每天3h 30m³/h
处理前	初馏排气口	645290~942872	6.4~9.4	1442890~1891142	14~18	100556~142329	1.0~1.4	每天6h 10m³/h
处理后	排气筒进口	<25.3	<0.075	<245	<0.735	<8.1	<0.024	3000m³/h
去除率			>98%		99%		>99%	
标准值 /(kg·h⁻¹)			0.12		0.9		1.2	全部达标

5. 工程投资和效益分析

该工程主要投资为设备费、土建费、电气仪表等共计 42.5 万元。该废气治理工程，每天可回收甲硫醚 250kg，按每吨甲硫醚 1200 元计，价值为 300 元。回收二甲基二硫醚 50kg，按每吨 1.7 万元计，价值为 850 元，合计每天回收价值为 1150 元。每天运行费用为 310 元，则实际每天可创经济效益 840 元，实际运行按每年 300 天计，年收入可达 25.20 万元。治理工程运行后，一年零八个月即可回收工程全部投资，可见该处理工程具有较好的经济效益。

6. 结语

该处理工程投产运行后，可明显改善该厂周边大气环境，同时废气达标排放，为企业的生存和发展提供了保障。

参 考 文 献

[1] 国家环境保护局. 工业污染治理技术丛书：废气卷 化学工业废气治理. 北京：中国环境科学出版社，1998.

[2] 童志权. 工业废气污染控制与利用. 北京：化学工业出版社，1998.

[3] 国家医药管理局上海医药设计院. 化工工艺设计手册. 北京：化学工业出版社，1998.

[4] GB 16297—1996. 大气污染物综合排放标准.

第二篇 采用活性炭纤维吸附装置回收 VOC 的优点分析❶

摘 要 文章介绍了采用活性炭纤维有机废气吸附回收装置治理回收有机废气（VOC）的工艺，阐述了新工艺与传统工艺相比所具有的优点，指出回收率由 80% 左右提高到 92%～98%，提高了回收设备的自动化程度。同时，从机理上回答了新工艺优越性的原因。

关键词 活性炭纤维 吸附 平衡吸附量 透过曲线

在许多化工生产中，含 VOC（Volatile Organic Compounds，挥发性有机物）的排放一直是一个很突出的问题。它不仅造成了严重的大气污染，而且大大浪费了资源，加大了生产成本。

对有机废气的治理，过去多数采用颗粒活性炭吸附。但存在着吸附率低、运行费用高、操作不稳定、安全性差、设备使用寿命短等缺点。这里介绍一种由河北中环环保设备有限公司开发的高科技节能环保产品——"活性炭纤维有机废气吸附回收装置"，用该装置回收大部分有机废气，可以达到 92%～98% 的回收效果。以某厂生产中含二氯甲烷废气的治理为例，装置经过两年多的时间，运行状况一直良好，吸附效率一直保持在 97% 以上。投资回收期仅一年左右，而本装置的设计运行寿命是 10 年。可见，采用活性炭纤维吸附回收装置回收有机废气，不仅具有很好的环境效益，而且还具有显著的经济效益。

一、处理装置系统及工艺程序

1. 处理装置系统

本工艺所采用的处理装置是以 2～3 个组合型 BTP 环式吸附器[1] 为主体设计而成的吸

---

❶ 发表于《化工环保》2004 年第三期，作者为：李守信、金平、张文智、王英杰、彭通乐、王雪。

附回收系统。吸附箱是整个装置的核心，所有吸附-脱附-再生工序均在吸附箱内完成。其他系统包括废气系统、蒸汽脱附系统、冷凝回收系统、干燥系统和自动控制系统。

一般的工艺流程如图一所示。

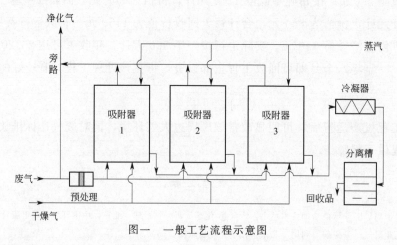

图一　一般工艺流程示意图

2. 工艺程序

由工艺流程图可以看出，三个吸附器共用一套管路系统，运行时相互切换。三个吸附器依次进入吸附状态，即当吸附器 1 吸附饱和后，切换到吸附器 2 吸附，然后吸附器 3 吸附；脱附－干燥再生工序也是依次进行。运行时，含 VOCs 的废气由吸附器下部进入，在吸附器内，废气穿过活性炭纤维，其中的 VOCs 被炭纤维吸附下来，净化后的气体由吸附器顶部排出。脱附介质采用水蒸气。蒸汽由吸附器顶部进入，穿过活性炭纤维，将被吸附浓缩的 VOCs 脱附出来并带出吸附器进入冷凝器，经过冷凝，VOCs 和水蒸气的混合物被冷凝下来流入分层槽，在分层槽内，VOCs 和冷凝水分离回收，冷凝水可以直接排放。吸附器完成脱附并经干燥再生后，切换过来，继续进行吸附。此种循环连续运行。本装置的干燥方式是直接采用常温气体进行干燥，并不需要加温，这一点有别于颗粒活性炭。系统运行过程中所有的动作切换，均由 PLC 系统自动完成，整个系统无人值守。

二、颗粒活性炭和活性炭纤维吸附回收工艺比较（表一）

表一　颗粒活性炭和活性炭纤维吸附回收工艺比较（同等处理规模）

工艺类型	颗粒活性炭工艺	活性炭纤维工艺
吸附压力要求	有的需要加压	全部常压
吸附床层阻力	大	小
解吸 1kg 有机溶剂需蒸汽量/kg	4～5	～2
吸附时对床层冷却	需要	不需要
热空气干燥	需要	不需要
冷空气降温	需要	个别需要常温空气降温
吸附剂有效使用时间/年	≤1	2～5
运行周期（吸附-解吸）	数小时	35～40 分钟
自动化程度	大部分为手动	全自动
运行费用	高	低
有机溶剂回收率	80％左右	92％～98％
投资回收期	较长	1 年左右

从表一中可以看出，与颗粒活性炭相比，采用活性炭纤维做吸附材料所开发的新工艺具有很多优点。

三、新装置高性能的原因分析

1. 选用高性能的有机废气吸附材料——活性炭纤维

吸附材料的优劣，直接关系到装置的投资和运行成本。工业上对吸附材料的要求是，必须有大的比表面积（尤其是有效比表面积）、高的孔隙率、均匀的孔径，而且要求脱附后的残留量尽可能少。这里将颗粒活性炭和活性炭纤维作一比较[2]：

颗粒活性炭比表面积一般为 $700\sim1000\text{m}^2/\text{g}$，其当量直径多在几毫米甚至十几毫米，微孔孔道长，而且孔径不均一，除小孔外，还有 $0.001\sim0.01\mu\text{m}$ 的中孔和 $0.5\sim5\mu\text{m}$ 的大孔。

活性炭纤维比表面积达 $1000\sim2500\text{m}^2/\text{g}$。同时，由于其微孔都开在纤维细丝表面，因而孔道极短，与颗粒活性炭比相差 $2\sim3$ 个数量级。同时，孔径均一，绝大多数为特别适合气体吸附的 $0.002\mu\text{m}$ 左右的小孔，因而具有更大的有效比表面积。根据 Langmuir 吸附理论[2]，吸附剂的吸附容量是和它的比表面积成正比的，据文献介绍，它的吸附容量是普通颗粒活性炭的 $1\sim40$ 倍[1]，吸附速率是颗粒活性炭的 $10\sim100$ 倍[3]，又加上孔道极短，使得活性炭纤维吸附容量大，吸附和脱附速率高。许多工程实践都证明，活性炭纤维的吸附回收率可达 $92\%\sim98\%$，而且使用寿命长，在同等条件下，是普通颗粒活性炭的 $3\sim4$ 倍，大大延长了设备的使用寿命，相比之下，使设备的年均投资大为降低。

图二是颗粒活性炭和活性炭纤维的微观示意图，从图中就可以看出它们的大致区别。表二数据也可以充分说明这一问题。

 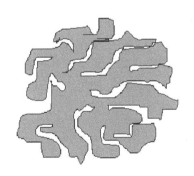

(a) 活性炭纤维的微观结构　　　　　　(b) 普通颗粒活性炭的微观结构

图二　活性炭纤维与普通颗粒活性炭的微观结构比较示意图

表二　活性炭纤维与颗粒活性炭对几种有机物平衡吸附量的比较[4]

有机物名称	丁硫醇	苯	甲苯	三氯乙烯	苯乙烯	乙醛
活性炭纤维质量分数/%	4300	49	47	135	58	52
颗粒活性炭质量分数/%	117	35	30	54	34	13

另外，从活性炭纤维和颗粒活性炭的吸附透过曲线也可以很明显地看出来，活性炭纤维的吸附性能也远比颗粒活性炭优越得多[2]。两种吸附剂吸附透过曲线的比较见图三。

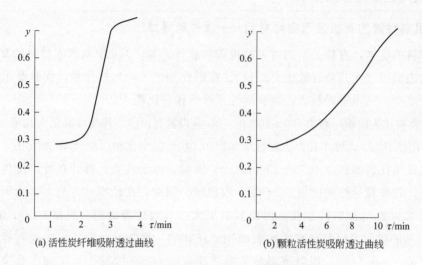

(a) 活性炭纤维吸附透过曲线　　　　　　　　　(b) 颗粒活性炭吸附透过曲线

图三　活性炭纤维和颗粒活性炭吸附透过曲线

从以上透过曲线可以看出，活性炭纤维的透过曲线的斜率远比颗粒活性炭大，说明活性炭纤维的透过曲线为优惠曲线，其吸附性能比颗粒活性炭优越得多，这一点是被许多理论和实践证明了的。

2. 新装置结构周密、设计合理

与传统的颗粒活性炭吸附装置相比，本装置具有如下优点：

a. 目前用于有机废气吸附回收的固定床多以立式为主，因此气体流通面积小，阻力大，传热效果差，往往需要设置专门的换热系统。本装置由于设计了环式组合型结构[2]，大大提高了气体的流通面积，使阻力大为降低，不但提高了设备的处理能力，而且降低了运行费用。

b. 开发出了"循环风"系统。为了有效地进行吸附、脱附和再生，特别研究对吸附难度较大的气体进行多次循环吸附，以尽可能地提高吸附效率。

c. 运行程序严谨，要求吸附-脱附-再生连续运行，在切换频繁的情况下，要求整个系统协调运行，因此，运行控制采用了 PLC 技术。设备全自动运行，可无人值守。

由以上分析不难看出，采用活性炭纤维吸附装置回收有机废气，远远优于普通的颗粒活性炭装置。

参 考 文 献

[1] 刘天齐. 三废处理工程技术手册：废气卷. 北京：化学工业出版社，1999.

[2] 赵毅，李守信. 有害气体控制工程. 北京：化学工业出版社，2001.

[3] 贺福. 碳纤维及其复合材料. 北京：科学出版社，1998.

第三篇　利用活性炭纤维实现高浓度氯乙烯废气资源化[●]

摘　要　通过实验室试验和工业规模的试验，开发出了利用活性炭纤维吸附回收氯乙烯的工艺和装置，该装置自 2004 年 6 月运行以来，运行稳定，吸附回收效率稳定在 95% 左右，自动化程度高，安全性能好。回收的氯乙烯单体品质好。实现了氯乙烯废气的资源化，收到了很好的经济效益和环境效益。

关键词　氯乙烯　活性炭纤维　吸附回收　废气资源化

1. 概述

我国是一个聚氯乙烯生产大国，聚氯乙烯是国内合成材料中产量最大的品种。据统计，截至 2003 年底，我国聚氯乙烯的产量已超过 600 万吨。目前国内生产氯乙烯（VCM）大致有两类工艺：电石法和氧氯化法，而电石法生产又占据着主导地位。在电石法生产工艺的氯乙烯精馏工段排放的废气中，氯乙烯含量大致在 8%～12%，有的甚至高达 25%。如此高浓度的氯乙烯废气若不加治理，不仅严重地污染了环境，而且造成了资源的极大浪费。

据调查，国内聚氯乙烯生产厂已超过 100 家，但近 80% 的厂家对高浓度氯乙烯废气未进行治理，而治理的厂家也绝大多数采用的是落后的颗粒活性炭工艺。该工艺的一般流程是：来气──→加压吸附（同时 −35℃ 盐水降温）──→正压蒸汽脱附──→热空气干燥──→冷空气降温──→氮气置换──→备用。

可见，此法的工艺流程很长，需要反复的加压、减压、降温、升温，还需要氮气置换等复杂的过程，不仅吸附回收率低，投资和运行费用高，而且运行不稳定。有不少厂家只是为了应付环保部门的检查。究其原因主要是：①所采用的吸附材料──普通颗粒活性炭对氯乙烯的吸附性能不好。②氯乙烯在吸附时会放出大量的热，吸附床一般采用列管式或盘管式结构，使用低温（−35℃）盐水循环冷却，能耗大。③氯乙烯是易燃易爆气体，在处理过程中不能混入空气，而传统工艺中使用了热空气干燥、冷空气降温，因此增加了一步氮气置换工序，使得设备庞大，工艺流程长。因此，投资和运行费用高。

针对上述缺点，通过理论和实践的研究，经过一年的努力，从实验室实验开始，在国内首次开发出采用活性炭纤维吸附回收氯乙烯的工业化装置，取得了很好的运行效果。不仅大大简化了工艺，如将加压吸附改为常压吸附，减去了"−35℃冷盐水降温、热空气干燥、冷空气降温、氮气置换"等重要工序，大大简化了操作，加强了运行的安全性和稳定性，而且提高了氯乙烯的回收率和质量。工业运行证明，装置运行可靠，自动化程度高，氯乙烯的回收率稳定在 95% 左右，取得了很好的环境效益和经济效益。

2. 实验室条件下活性炭纤维对氯乙烯的吸附

根据资料介绍和经验，认为采用活性炭纤维对氯乙烯吸附是完全可能的。为了慎重起见，进行了活性炭纤维吸附氯乙烯的实验室实验。实验结果如表一所示。

●　发表于《聚氯乙烯》2003 年第六期，作者为：李守信、张文智、凌力、张金妹、董艺。

表一　活性炭纤维吸附氯乙烯的实验室实验结果

序号	吸附温度/℃	饱和吸附量/(mg/g)	饱和吸附时间/min	脱附时间/min	吸附回收率/%
1	17.0	261.6	52	50	98.02
2	18.5	228.8	74	56	98.36
3	18.5	246.8	79	79	94.87

从以上结果可以看出，活性炭纤维对氯乙烯的吸附性能是相当好的。在此基础上，根据氯乙烯生产厂的实际工况，结合多年来对混苯、环己烷、二氯甲烷等有机废气治理回收的实际工程经验，开发出了一套氯乙烯回收的新工艺流程，设计了一套利用活性炭纤维吸附回收氯乙烯的工业装置。

3. 活性炭纤维回收氯乙烯的新工艺

3.1　工艺流程

通过实验室试验，在对旧有工艺深入研究的基础上，大胆对原工艺进行了简化，新的工艺采用了如下流程：来气——常压吸附——正压蒸汽脱附——内循环降温——备用。

由于整个系统中采用了内循环降温，从根本上避免了氧气的进入，省去了原工艺的氮气置换，同时，省去了－35℃盐水冷却和冷空气降温。

新的工艺流程如图一所示。

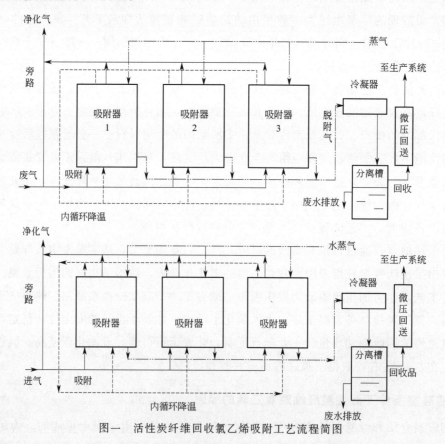

图一　活性炭纤维回收氯乙烯吸附工艺流程简图

3.2　运行程序

由工艺流程图可以看出，三个吸附器共用一套管路系统，运行时相互切换。三个吸附器依次进入吸附状态，当吸附器 1 吸附饱和后，切换到吸附器 2 吸附，然后再切换到吸附器 3 吸附。脱附工序也是依次进行。运行时，含氯乙烯的尾气由吸附器下部进入，在吸附器内，尾气穿过活性炭纤维，其中的氯乙烯被活性炭纤维吸附下来，经过第一次吸附的气体通过循环系统进行再次吸附，进一步净化。由于经过第一次吸附的气体温度仍然很低，因此可以使床层降温。净化后的气体由吸附器顶部排出。脱附水蒸气由吸附器顶部进入，穿过活性炭纤维，将被吸附浓缩在活性炭纤维上的氯乙烯脱附出来并带出吸附器进入冷凝器，经过冷凝，水蒸气冷凝水流入分离槽。由于氯乙烯不溶于水，冷凝水可以直接排放。脱附下来的氯乙烯气体，通过微压回送装置直接送至生产系统。吸附器完成脱附并经降温后，切换过来，继续进行吸附。此种循环连续运行。系统运行过程中所有的动作切换，均由 PLC 系统自动完成，整个系统不需要操作人员。

4. 工业装置运行情况

团队新开发的活性炭纤维氯乙烯吸附回收装置安装在四川乐山永祥树脂有限公司，该公司设计聚氯乙烯年产量为 4 万吨。回收装置自 2004 年 6 月 30 日正式投运以来，运行稳定，回收率高，回收的氯乙烯单体品质好，直接送入了气柜。该厂采用 GC-102M 气相色谱仪对吸附前、后的尾气进行了连续分析，分析结果见表二。

表二　采用 GC-102M 气相色谱仪吸附前、后尾气中氯乙烯含量

时间	吸附前尾气中氯乙烯含量/%	吸附后尾气中氯乙烯含量/%	氯乙烯回收率/%
7 月 15 日	5.98	0.10	98
7 月 23 日	6.76	0.20	97
7 月 29 日	6.92	0.65	90
8 月 6 日	6.26	0.33	95
8 月 10 日	12.53	0.33	97
8 月 14 日	14.62	0.45	97
8 月 22 日	11.18	0.42	96
8 月 29 日	7.26	0.32	96
9 月 4 日	11.68	0.30	97
9 月 11 日	8.09	0.24	97
9 月 16 日	7.35	0.12	98
9 月 19 日	8.69	0.32	96

注：该公司尾气分析为每 2 小时分析一次吸附前浓度，每班分析一次吸附后浓度，以上吸附前浓度为每天 12 次的平均值，吸附后浓度为每天 3 次的平均值。

由以上分析数据可以看出，活性炭纤维氯乙烯回收装置回收精馏尾气中的氯乙烯，回收率很高，绝大多数情况下稳定在 96% 以上，特别是在 8 月 10 日至 8 月 22 日，在进入装置的氯乙烯浓度很高的情况下，仍能保持很高的回收效果。

5. 装置运行的经济分析

根据运行分析，该公司聚氯乙烯规模为 4 万吨/年，精馏尾气经过治理回收，平均浓度可由 8% 降至 0.4%，若按此计算，则有下列结果。

① 年回收氯乙烯单体的价值。此套装置尾气吸收流量为 $250m^3/h$，按年运行 7200h 计算，每年可回收氯乙烯单体 380t。每吨氯乙烯单体的价格按 6000 元计，则每年回收的氯乙烯单体价值：

$$380 \times 6000 = 228（万元）。$$

② 设备总投资：150 万元。

③ 年运行费用：

电	8kW×7200h×0.45 元/kW・h	约 3 万元
蒸汽	0.15t/h×7200h×60 元/t	约 6.5 万元
冷却水、仪表空气		约 5 万元
设备折旧、资金利息、维修费		约 25 万元
工人工资		无（不增加人员，精馏岗位监控）
合计		约 39.5 万元

④ 年净增效益：

$$228-39.5=188.5(万元)$$

⑤ 投资回收期：

$$150/188.5=0.8(年)$$

可在 10 个月内收回全部投资。

6. 结论

采用活性炭纤维氯乙烯吸附回收装置对精馏尾气中的氯乙烯进行治理回收，经过实际运行考核，可以得出初步结论：装置运行稳定，安全性能好，自动化程度高，吸附回收率稳定在 95％左右，回收的氯乙烯单体品质好。对于一个年产 4 万吨的中型聚氯乙烯厂家，使用该装置，预计每年回收氯乙烯约 380t，年净增收益 180 多万元，装置运行不到一年，即可收回全部投资，而装置的设计使用寿命为 8 年以上；同时，该装置的使用，还可以大大减少氯乙烯的排放，实现废气资源化，大大降低生产成本，可以收到很好的经济效益和环境效益。

参 考 文 献

[1] 赵毅，李守信. 有害气体控制工程. 北京：化学工业出版社，2001.

[2] 刘志强，贺全三. 氯乙烯精馏尾气吸附装置运行总结. 聚氯乙烯，1999（3）：21—22.

[3] 李守信，王跃利，金平，等. 吸附法回收氯乙烯工艺改进的研究. 聚氯乙烯，2003（5）：57—59.

第四篇　挥发性有机化合物处理技术的研究进展❶

摘　要　简要介绍了挥发性有机污染物（VOCs）的来源、危害以及控制的意义，对 VOCs 现有处理技术从回收方法和消除方法两个方面进行了详细评述，并指出其优势和不足。同时，着重阐述了光催化氧化法以及变压吸附技术的研究进展，并提出了进一步研究需深入开展的工作。

关键词　挥发性有机污染物　光催化氧化　变压吸附

随着有机化工产品在工业生产中的广泛应用，进入大气中的有机污染物越来越多，主要是低沸点的挥发性有机化合物（Volatile Organic Compounds，VOCs），即在常温下饱和蒸气压大

---

❶　发表于《化工环保》2008 年第一期，作者为：李守信、宋剑飞、李立清、唐琳、朱正双、尤生全。

于 71Pa，常压下沸点低于 260℃的有机化合物；也有将常压下沸点低于 100℃或 25℃时饱和蒸气压大于 133Pa 的有机化合物称为 VOCs[1]。VOCs 主要来源于石油化工、制药、印刷造纸、涂料装饰、表面防腐、交通运输、金属电镀、纺织等行业排放的废气，包括各种烃类、卤代烃类、醇类、酮类、醛类、醚类、酸类和胺类等。这些污染物的排放不仅造成了资源的极大浪费，而且严重地污染了环境。VOCs 通过呼吸道和皮肤进入人体后，对人的呼吸、血液、肝脏等系统和器官造成暂时性或永久性病变，尤其是苯类、苯并芘类等多环芳烃能使人体直接致癌[2]。VOCs 的过量排放还会对农林、畜牧等行业造成危害。因此，VOCs 的处理与回收越来越受到世界各国的重视，许多发达国家都颁布了相应的法令，限制 VOCs 的排放。同时 VOCs处理已经成为大气污染控制中的一个热点，日益严格的环境标准（如欧洲标准 EN ISO 11890-2：2006）使得对 VOCs 的处理显得尤为重要。本文对传统的 VOCs 处理技术进行分析和比较，并对新技术的发展进行总结和展望，以期找到一种适合中国国情的 VOCs 处理和控制技术。

1. 现有的 VOCs 处理技术

VOCs 处理技术大体上可以分为两大类：一类是回收技术，另一类是消除技术。回收技术是通过物理方法，在一定温度、压力下，用选择性吸收剂、吸附剂或选择性渗透膜等方法来分离 VOCs，主要包括吸附法、吸收法、冷凝法和膜分离法等。消除技术是通过化学或生物反应等，在光、热、催化剂和微生物等的作用下将有机物转化为水和二氧化碳，主要包括燃烧法、低温等离子体分解法、生物法、催化氧化法等。

1.1 回收技术

1.1.1 吸收法

吸收法是采用低挥发或不挥发性溶剂对气相污染物进行吸收，再利用有机分子和吸收剂物理性质的差异进行分离的气相污染物控制技术。吸收法可用来处理气体的流量，范围一般为 3000～150000m³/h，浓度范围为 0.05%～0.5%（体积分数），去除率可达 95%～98%[3]。对于特定的吸收设备来说，吸收剂的选择是决定有机气体吸收处理效果的关键。对于低浓度的苯类气体而言，在 20 世纪 80 年代多采用轻柴油作为吸收剂，去除率一般在70%左右。吸收法处理苯类有机废气的原理，主要是利用苯类能与大部分油类物质互溶的特点，用高沸点、低蒸气压的油类作为吸收剂来吸收废气中的苯类有机物。合肥工业大学李湘凌等[4] 采用复合吸收液［水、无苯柴油、添加 MOA（乳化剂）助剂的邻苯二甲酸二丁酯、DH27（多肽）］处理低浓度苯类气体，处理效果明显好于传统的吸收液，去除率大于85%。德国专利采用硅油吸收苯类有机气体，并蒸馏回收，效果非常好。近年来，日本有人利用环糊精作为有机卤化物的吸收剂，这种吸收剂具有无毒、无污染、高解吸率、节省回收能源、可反复使用的特点[5]。

吸收法的优点是工艺流程简单、吸收剂价格便宜、投资少、运行费用低，适用于废气量较大、浓度较高、温度较低和压力较高情况下气相污染物的处理，在喷漆、绝缘材料、粘接、金属清洗、化工等方面得到了比较广泛的应用；其缺点是设备要求较高，需要定期更换吸收剂，同时设备易受腐蚀[6]。

1.1.2　冷凝法

冷凝法是利用物质在不同温度下具有不同饱和蒸气压这一性质，采用降温、加压的方法，使气态的有机物冷凝而与废气分离的方法。该法特别适用于处理体积分数在 1% 以上的有机蒸气，在理论上可达很高的净化程度。但当体积分数低于 10^{-4} 时采取冷冻措施，这使运行成本大大提高。在工业生产中，一般要求 VOCs 浓度在 0.5% 以上时方采用冷凝法处理，其处理效率在 50%～85% 之间。

冷凝过程可在恒定温度的条件下用增大压力的办法来实现，也可在恒定压力的条件下用降低温度的办法来实现。利用冷凝的办法，能使废气得到很高程度的净化；但是高的净化要求，往往是室温下的冷却水所不能达到的，净化要求愈高，所需的冷却温度愈低，必要时还得增大压力，这样就会增加处理的难度和费用。因此，冷凝法往往作为净化高浓度有机气体的前处理方法，与吸附法、燃烧法或其他净化手段联合使用，以降低有机负荷，并回收有价值的产品[5]。

1.1.3　吸附法

吸附法是利用多孔性固体吸附剂处理流体混合物，使其中所含的一种或数种组分浓缩于固体表面上，以达到分离的目的。目前的常规吸附工艺大都是变温吸附工艺[7]，操作时是在常压下将有机气体经吸附剂吸附浓缩后，采用一定手段（如升温，有时也采用减压方式）对吸附剂解吸，从而得到高浓度的有机气体，这些高浓度的有机气体可通过冷凝或吸收工艺直接进行回收或经催化燃烧工艺完全分解。目前常用的吸附剂有颗粒活性炭、活性炭纤维、沸石分子筛、活性氧化铝等。由于吸附剂往往具有高的吸附选择性，因而具有高的分离效果，能脱除痕量物质，但吸附容量一般不高。吸附剂浸渍法是提高吸附剂吸附能力（容量）和选择性的一种有效方法。Kim[8] 研究发现，浸渍活性炭对 VOCs 去除效果较好，且经过简单加热再生即可循环使用。吸附分离适用于低浓度混合物的高效分离与回收，如含碳氢化合物废气的处理，目前已广泛应用于有机化工、石油化工、环境工程等行业，成为一种必不可少的单元操作[9]。

吸附法有以下优点：基于吸附剂的高选择性，它能处理其他工艺难以分离的混合物，从而有效地清除（回收）浓度很低的有害物质，无二次污染，净化效率高，设备简单，操作方便，且能实现自动控制[10]。不足之处是由于吸附容量受限，不适于处理高浓度有机气体。大拇指环保科技集团（福建）有限公司[11] 利用吸附法与其他净化方法（如吸收、冷凝、催化燃烧等）的集成技术，治理众多行业的有机废气，在国内得到了推广应用。随着吸附技术和工艺的快速发展以及新型吸附剂的开发，吸附过程已经成为一种重要的化工工艺单元过程，尤其在有机气体分离、净化、存储等方面得到越来越广泛的应用。

1.1.4　膜分离法

气体的膜分离法是近年来崛起的一项富有生命力的分离技术，其研究与开发已经成为世界各国竞争的热点。与传统的膜法水处理技术不同，气体的膜分离法的基本原理是利用气体在膜中的渗透、扩散，根据混合气体中各组分在压力的推动下透过膜的传递速率不同，从而使不同气体选择性地透过，进而达到分离目的。膜材料的化学性质和膜的结构对膜的分离性能有着决定性的影响。气体分离膜材料应该同时具有高的透气性和较高的机械强度、化学稳定性以及良好的成膜加工性能。近年来科学工作者广泛地研究了有机溶剂如脂肪族碳氢化合物、芳香族化合物、酮类、酯类、卤代烃类等在膜中的渗透行为，制备出大量的高通量、高选择性的膜组件。德国 GKSS 公司、日本日东电工等相继开发出了耐有机溶剂的高性能膜和有机蒸气分离装置，产品已推入市场，获得了很好的经济效益。国内在这方面的研究起步较晚。

膜分离法适用于较高浓度 VOCs 气体的分离与回收，一般要求 VOCs 的体积分数在 0.1％以上[12]。国内曾有人采用膜分离技术回收氯乙烯精馏尾气中的氯乙烯单体，最高回收率可达 99％以上，但膜的使用寿命只有几个月。与传统方法相比，利用膜分离法回收空气中的有机蒸气具有高效节能、操作简单、回收率高（大于 97％）的特点，同时不易造成二次污染。其缺点是气体预处理成本高、膜元件造价高、使用寿命短及存在堵塞问题。

1.2 消除技术

1.2.1 燃烧法

用燃烧方法去除有机气体使它变为无害物质的过程，称为燃烧净化。该法只适用于处理可燃或在高温下可分解的有害气体。对化工、喷漆、绝缘材料等行业的生产装置所排出的有机废气已广泛采用了燃烧净化的手段。有机气体燃烧氧化的结果是生成 CO_2 和 H_2O，有用物质不能被回收，因此，只有对一些在目前技术条件下还不能回收的有机废气才采用该法。由于燃烧时放出大量的热，使排气的温度很高，所以可以回收热量。采用燃烧法处理 VOCs时，若其中含有硫、氮、卤素等成分，还应考虑对燃烧后废气的处理，以免造成二次污染。燃烧法还可用来消除恶臭。

目前在实际中使用的燃烧法有直接燃烧、热力燃烧和催化燃烧。

①直接燃烧。直接燃烧是把废气中可燃的有害组分当作燃料燃烧，因此该法只适用于处理高浓度的有机气体或热值较高的有机气体。

②热力燃烧。热力燃烧适用于可燃有机物质含量较低废气的净化处理。由于可燃有机物质含量较低，燃烧时须投加辅助燃料。热力燃烧适用于气体流量为 $2000 \sim 10000 \text{m}^3/\text{h}$、VOCs 体积分数为 0.01％～0.2％的场合。

③催化燃烧。催化燃烧又称催化氧化，与其他燃烧法相比具有如下优势：无火焰燃烧，安全性好；反应温度低，辅助能耗少；对可燃组分的浓度和热值的限制少。目前已应用于金属印刷、漆包线、炼焦、油漆、涂布、化工等多个方向中有机废气的处理。特别是在漆包线、绝缘材料、印刷等生产过程中排出的烘干废气，因废气温度较高、有机物浓度较高，对燃烧反应及热量回收有利，具有较好的经济效益，因此应用非常广泛。对于低浓度的有机废气可先采用吸附浓缩的方法，再将脱附出的气体进行催化燃烧，目前这种组合工艺已得到了广泛的应用。

燃烧法的缺点是在燃烧过程中产生的燃烧产物及反应后的催化剂往往需要二次处理，并且该法不适于处理燃烧过程产生大量硫氧化物和氮氧化物的废气。此外，在气体中污染物浓度低时，需要加入辅助燃料，使处理成本增加[13]。

近年来出现的微波催化燃烧技术也引起了人们的关注，它是将传统的解吸方式转变为微波解吸，同时对有机物进行氧化燃烧。Chang 等[14] 利用微波催化燃烧技术对含有三氯乙烯的废气进行处理，净化率达到 98%，而且解吸时间短，能量消耗低。

1.2.2 等离子体分解法

低温等离子体技术又称非平衡等离子体技术，是在外加电场的作用下，通过介质放电产生大量的高能粒子，高能粒子与有机污染物分子发生一系列复杂的等离子体物理-化学反应，从而将有机污染物降解为无毒无害物质。低温等离子体技术主要有电子束照射法[15]、介质阻挡放电法、沿面放电法和电晕放电法等技术[16]。低温等离子体的特点是能量密度较低，重粒子温度接近室温而电子温度却很高，整个系统的宏观温度不高，其电子与离子有很高的反应活性。低温等离子体技术的优势是适于各类 VOCs 的治理，处理效率高，无二次污染物产生、易操作，特别适用对于大气量、低浓度的有机废气的处理[17]。目前等离子体技术与催化技术的结合越来越密切，同时 VOCs 的化学结构与能量利用的相互关系的分析也越来越受到重视。由于低温等离子体法处理 VOCs 的研究还处于实验阶段，尚未大范围地投入到工业应用中，今后的低温等离子体处理技术的研究将会向多方向、多层次发展，如：等离子体反应器的设计和研制，反应器长时间运行过程中保证 VOCs 处理效率稳定的方法的研究等[18]。

1.2.3 生物净化法

生物净化法是近年来发展起来的一种高新的有机废气净化技术。该法利用驯化后的微生物在新陈代谢过程中以污染物做碳源和氮源，将多种有机物和某些无机物进行生物降解，分解成 H_2O 和 CO_2，从而有效地去除工业废气中的污染物质。

常见的生物处理工艺包括生物过滤法、生物滴滤法、生物洗涤法、膜生物反应器法和转盘式生物过滤反应器法[19]。目前，在 VOCs 处理方面，膜生物反应器法和转盘式生物过滤反应器法还只限于实验室研究阶段，生物过滤法在工业应用中较多。已有的研究成果表明，生物过滤法对于各种 VOCs 和恶臭气体具有良好的处理效果，并为工艺的应用和优化提供了较好的理论指导。

生物法特别适合于处理气体流量大于 17000 m^3/h、VOCs 体积分数小于 0.1% 的气体。其优点是可在常温、常压下操作，设备结构简单、投资低，操作简便、运行费用低，净化效率高、抗冲击能力强，只要控制适当的负荷和气液接触条件，净化率一般都在 90% 以上，尤其在处理低浓度（几千毫克每立方米以下）、生物降解性好的 VOCs 时更显其经济性[20]；不产生二次污染，特别是一些难治理的含硫、氮的恶臭物以及苯酚、氰等有害物均能被氧化和分解。该法的缺点是由于氧化分解速度较慢，生物过滤需要很大的接触表面，过滤介质的适宜 pH 范围也难以控制；采用生物洗涤法时，有些难以氧化的恶臭物难以脱净。从 20 世纪 80 年代初，德国就在越来越多地采用生物法控制工业废气的排放。目前该技术在欧洲各国、日本和北美各国等地进行了大量的研究和实际应用，除含氯较多的有机物难生物降解外，一般的 VOCs 都可得到不同程度的降解[21]。在中国，清华大学、同济大学、中南大学、西安建筑科技大学、昆明理工大学等单位的研究人员对该技术也进行了探索和尝试[22-25]。

2. VOCs 处理技术发展趋势

吸收、吸附、燃烧、冷凝等传统方法去除 VOCs 具有一定的局限性，如费用高、生命周期较短并具有不可预测性，同时可能带来二次污染[26]。下面介绍的光催化氧化法和变压吸附法，是具有广阔前景的 VOCs 去除方法。

2.1 光催化氧化法的发展

光催化氧化法是利用催化剂的光催化活性，使吸附在其表面的 VOCs 发生氧化还原反应，最终转化为 CO_2、H_2O 及其他无机小分子物质。由于 TiO_2 价廉且来源广泛，对紫外光吸收率较高，抗光腐蚀性、化学稳定性和催化活性高，且没有毒性，对很多有机物有较强的吸附作用，因而成为实验研究中最常用的光催化剂。TiO_2 光催化技术在处理 VOCs 上具有极大的优势。光催化氧化法的主要优点是能量利用效率较高，操作通常在常温下进行，也无反应副产物，使用后的催化剂可用物理和化学方法再生后循环使用，VOCs 降解率可达 $90\% \sim 95\%$[27]。

许多科研工作者非常关注催化氧化法的发展，探寻催化反应的机理，就不同催化剂对 VOCs 气体的处理能力进行了广泛研究。曾志雄等[28]认为，催化反应遵循 Langeruire-Hinshelwood 模型，并以甲苯、甲醇和三氯乙烯为例，探讨了 VOCs 初始浓度、室内温度、紫外光强度、迎面风速等因素对 VOCs 氧化速度的影响。中南大学李立清[29]以钛酸丁酯为 Ti 源，分别以 $FeCl_3$ 乙醇溶液、硼酸为 Fe 源和 B 源，采用简单的溶胶-凝胶法制备了金属掺杂改性、非金属掺杂改性、金属和非金属共掺杂改性的 TiO_2 光催化剂，催化降解甲醛的效果最好。XRD 分析结果表明，金属掺杂和非金属掺杂都可以降低锐钛矿相向金红石相转变的温度，从而在较低温度下出现混晶效应，使催化剂活性得到提高，减少光催化所需要的能耗。另外，Fe 和 B 掺杂能迅速形成高密度晶种，抑制晶粒的增长，从而提高 TiO_2 比表面积，使催化剂活性得到提高。中国海洋大学工程学院用纳米 TiO_2 光催化剂进行了光催化氧化去除 VOCs 的机理研究，指出光催化降解控制机理中主要有传质、扩散、吸附、光化学反应几个过程，并建立了动态数值模型，该模型可以协助 VOCs 光催化降解系统的设计[30]。

近年来，国内光催化技术的研究和应用发展迅速。清华同方洁净技术有限公司和宁波华光精密仪器有限公司开发生产的多种空气净化器就运用了纳米 TiO_2 光催化技术，产品已投放市场。北京市中科凯澜科技发展有限公司应用光催化技术，设计、开发了光催化空气灭菌消毒净化系列产品，包括独立嵌装式自循环光催化空气灭菌消毒净化器系列、风机盘管配装型光催化空气灭菌消毒净化器系列、全风系统配装型光催化空气灭菌消毒净化器、家用光催化空气灭菌消毒净化器、家用空调配装型光催化空气灭菌消毒净化装置等。这些光催化空气净化器可广泛应用于医院、学校、宾馆、车站、机场、网吧、船舱等公共场所[31]。曹勇[32]在研究中提出，在光催化剂中采用纳米粒子可极大地提高反应速率，控制反应平衡，甚至可使原来动力学上不能进行的反应也能完全进行。许林军[33]也报道了纳米光催化技术在舰艇舱空气净化中的应用研究。北京工业大学与北京紫外光云科技有限公司新近研制成功一种纳米光催化涂料，能有效分解空气中的有害物质，且不会产生二次污染[34]。中南大学李立清课题组，以光催化技术为基础，已成功开发出了无甲醛地板产品，中试实验效果非常理想，目前已投入工业应用。

尽管纳米 TiO_2 光催化技术是一种高效、低能耗、清洁、无二次污染的 VOCs 控制技术，但该技术在工业中的进一步应用还需进行大量的实验研究工作。今后主要应在以下几方面开展研究：①完善光催化氧化反应数学模型；②制备大孔径、高比表面积、高抗冲击性能且不影响催化剂活性的载体；③改进废气净化装置，拓展 TiO_2 光催化剂薄膜的应用范围；④进一步提高催化剂性能[35]；⑤研制新型催化剂，以及研究如何防止催化剂的失活和中毒；等。

2.2 变压吸附技术的发展

变压吸附（Pressure Swing Adsorption，PSA）的基本原理是利用气体组分在固体材料上吸附特性的差异以及吸附量随压力变化而变化的特性，通过周期性的压力变换过程实现气体的分离或提纯。PSA 气体分离工艺已在石油、化工、冶金、电子、国防、医疗、环境保护等方面得到了广泛的应用。与其他气体分离技术相比，PSA 技术具有以下优点[36]：①适于净化高浓度有机废气并达到欧洲排放标准。脱附物质浓度高，有回用价值，外排气可达到排放标准要求，没有二次污染。②装置对进口气量和进口浓度的变化适应性强。③相对于其他废气净化工艺，PSA 工艺操作费用低。④PSA 工艺可在室温下操作，避免了因高温而产生的单体聚合反应。⑤产品纯度高且可灵活调节。⑥装置由计算机控制，易实现自动化操作。⑦投资小，操作费用低，维护简单，检修时间少，开工率高。⑧吸附剂使用周期长。⑨环境效益好，除因原料气的特性外，PSA 装置的运行不会造成新的环境污染，几乎无"三废"产生。

近年来，PSA 技术在 VOCs 处理中的研究和应用发展迅速。在国外，低沸点有机组分以及一些中高沸点有机物的净化回收领域已经取得了较多的成果[37]，如低沸点有机组分甲烷、氯氟烃、丙烯、丙烷等回收技术在美国和日本较为成熟；中高沸点有机组分醇类、酮类、芳香类有机物等回收技术在日本、德国和法国应用较广。日本的 KAZUYUKI CHI-HARA 利用变压吸附回收 CH_2Cl_2 进行了实验和模拟研究，取得了较好的回收效果。在国内，PSA 在工业中已有一定程度的应用，如在尾气处理中的应用，主要是用于氯氟烃的净化回收。我国西南化工研究设计院[38] 从事 PSA 法分离、提纯化工气体的研究已有 30 多年的历史，取得了大量的科研成果。近年来他们开发的 PSA 净化回收氯乙烯工艺，采用 4 塔或 4 塔以上的抽真空工艺流程，现已成功地在山西太原化工股份有限公司推广应用，解决了活性炭吸附法、膜分离法回收氯乙烯纯度不高的问题，最近刚刚开发成功的采用 PSA 工艺从催裂化干气中回收乙烯的技术，达到了国际领先水平。此外，广西南宁化工股份有限公司和云南盐化股份有限公司也采用该公司 PSA 技术回收氯乙烯尾气。另外，新型 PSA 分离甲醇尾气技术是我国西南化工研究设计院近年专门针对甲醇生产工艺特点而开发的一种分离效率很高的先进技术，与传统 PSA 及膜分离工艺相比，技术先进，经济效益明显。随着该技术在陕西榆林天然气化工有限公司甲醇项目中的成功投运，该技术在甲醇领域的应用将会不断扩大，前景十分广阔[39]。中南大学李立清[40-43] 在 PSA 研究方面也取得了显著的成果，如：建立了 PSA 单组分及多组分 VOCs 的吸附模型，进行了甲苯、二甲苯、丙酮等 VOCs 的 PSA 工艺条件的优化，开发了小型 PSA 装置及应用 PSA 技术净化室内 VOCs 的空调装置。

采用 PSA 技术将 VOCs 从废气中分离处理在我国是一个新兴的领域。目前，PSA 的适用气源更加广泛且工艺日臻完善，吸附剂的吸附分离性能不断提高，产品回收率逐步提高。在现有成果的基础上，还需不断深入地开展研究工作。今后的研究方向和发展趋势为：①应充分利用计算机技术进行吸附床数学模型的建立及计算机模拟，以及吸附-脱附过程中的传质、传热规律等基础理论的研究[44]。②研制新型吸附剂，进一步提高吸附剂的分离性能、强度及使用寿命。③发展 PSA 与深冷技术或膜分离技术相结合的复合型气体分离技术。④优化工艺操作条件，降低能耗，提高回收率[45]。⑤开发特殊的吸附剂以及组合适当的 PSA 工艺，分离多组分混合气，同时得到多种高纯有机蒸气。⑥提高控制水平，使操作更稳定，向智能型控制系统发展，最终实现无人操作。⑦逐年增加 PSA 法处理 VOCs 的装置量，使装置规模向大型化发展。

3. 结论

① 光催化氧化技术和变压吸附技术是极具发展前景的 VOCs 处理技术。

② 含有 VOCs 废气的治理，可以单独采用上述的某种方法进行处理。但由于 VOCs 的种类繁多、组成复杂、物化性质各不相同，往往一种控制技术不可能完全处理所有 VOCs，如燃烧法、冷凝法仅对高浓度 VOCs 的去除在经济上是比较划算的，而吸附法和吸收法仅仅是对 VOCs 进行了转移，没有从根本上去除，因此应根据污染物性质、污染物浓度、生产的具体情况、安全性、净化要求（满足排放标准）、经济性等条件，对各种控制技术进行工艺优化，采用新的组合或耦合技术，如冷凝-吸附、吸收-冷凝、吸附-催化燃烧、吸附-光催化氧化、变压吸附-深冷、变压吸附-膜分离等组合工艺，进一步提高 VOCs 的去除率、降低成本和减少二次污染。

③ 绝大多数 VOCs 是资源，在研究 VOCs 处理技术时要充分考虑到这一点，在做到达标排放的前提下，应尽可能地使其实现资源化。

参 考 文 献

[1] 樊奇，羌宁. 挥发性有机废气净化技术研究进展. 四川环境，2005，24(4)：40-44.

[2] Hsu D J, Huang H L, Chien C H, et al. Potential exposure to VOCs caused by dry process photocopiers: Results from a chamber study. Environ Contam Toxicol, 2005, 75(6): 1150-1155.

[3] 蒋卉. 挥发性有机物的控制技术及其发展. 资源开发与市场，2006，22(4)：316-317.

[4] 李湘凌，林岗，周元祥，等. 复方液吸收法处理低浓度苯类废气. 合肥工业大学学报，2002，25(5)：794-796.

[5] 贾海龙. 有机废气流化床焚烧处理试验研究. 杭州：浙江大学，2006.

[6] 童志权. 大气污染控制工程. 北京：机械工业出版社，2006.

[7] 赵毅，李守信. 有害气体控制工程. 北京：化学工业出版社，2001.

[8] Kim K J, Kang C S, You Y J, et al. Adsorption-desorption characteristics of VOCs over impregnated activated carbons. Catalysis Today, 2006, 111(3): 223-228.

[9] 李守信，张文智，宋立民. 用活性炭纤维吸附回收废气中的苯. 化工环保，2003，23(4)：229-230.

[10] 李守信，金平，张文智，等. 采用活性炭纤维吸附装置回收 VOCs 的优点分析. 化工环保，2004(24)：274-276.

[11]　李守信，尤生全，康志杰，等.回收涂布生产废气中甲苯的新型装置.中国环保产业，2006（7）：17-19.

[12]　吴碧君，刘晓勤.挥发性有机物污染控制技术研究进展.电力科技与环保，2005，21(4)：40-41.

[13]　Abdullah A Z，Bakar M Z A，Bhatia S. Combustion of chlorinated volatile organic compounds（VOCs）using bime-tallic chromium-copper supported on modified H-ZSM-5 catalyst. Journal of Hazard Materials，2006，129(1)：39-49.

[14]　Carlisle C T，Cha C Y. Microwave process for removal and destruction of volatile organic compounds. Environ Pro-gress，2001，20(3)：145-150.

[15]　Kim J，Han B，Kim Y，et al. Removal of VOCs by hybrid electron beam reactor with catalyst bed. Radiat Phys and Chem，2004，71(1)：429-432.

[16]　李洁，李坚，金毓崟，等.低温等离子体技术处理挥发性有机物.环境污染治理技术与设备，2006，7(6)：101-105.

[17]　Rosocha L A. Nonthemal plasma applications to the environment gaseous electronics and power conditioning. IEEE Trans Plasma Sci，2005，33(1)：129-137.

[18]　梁文俊，李坚，李依丽，等.低温等离子体技术处理挥发性有机物的研究进展.电站系统工程，2005，21(3)：7-9.

[19]　张丽，张小平，黄伟海.生物膜法处理挥发性有机化合物技术.化工环保，2005，25(2)：100-103.

[20]　孙珮石，王洁，吴献花.生物法净化处理低浓度挥发性有机及恶臭气体.环境工程，2006，24(3)：38-41.

[21]　席劲瑛，胡洪营.生物过滤法处理挥发性有机物气体研究进展.环境科学与技术，2006，29(10)：106-107.

[22]　羌宁，季学李，都基峻，等.苯系混合气体生物滴滤器非稳态工况性能.环境科学，2005，26(1)：16-19.

[23]　Yang C P，Chen H，Zeng G M，et al. Modeling biodegradation of toluene in rotating drum biofilter. Water Sci Tech-nol，2006，54(9)：137-144.

[24]　王宝庆，马广大，王莉，等.生物过滤床净化含乙苯废气的实验研究.西安建筑科技大学学报，2005，37(1)：64-68.

[25]　孙珮石，郑顺生，黄兵，等.高流量负荷下低浓度 VOCs 废气的生物法处理.中国环境科学，2004，24(2)：201-204.

[26]　Jeong J Y，Sekiguchi K，Lee W，et al. Photodegradation of gaseous volatile organic compounds（VOCs）using TiO$_2$ photoirradiated by an ozone-producing UV lamp：Decomposition characteristics，identification of by-products and water-soluble organic intermediates. J Photochem Photobiol a Chem，A，2005，169(3)：279-287.

[27]　Kim S C，Nahm S W，Shim W G，et al. Influence of physicochemical treatments on spent palladium based catalyst for catalytic oxidation of VOCs. J of Hazard Mater，2007，141(1)：305-314.

[28]　曾志雄，徐玉党.纳米材料 TiO$_2$ 光催化技术在空气净化中的应用.制冷与空调，2003(4)：36-39.

[29]　李立清，刘宗耀，唐新村，等.B/Fe$_2$O$_3$ 共掺杂纳米 TiO$_2$ 可见光下的催化性能.中国有色金属学报，2006(12)：2098-2104.

[30]　Yu H L，Zhang K L，Rossi C. Theoretical study on photocatalytic oxidation of VOCs using nano-TiO$_2$ photocata-lyst. J Photochem Photobio A，2007，188(1)：65-73.

[31]　赵宝顺，肖新颜，邓沁，等.挥发性有机化合物及其二氧化钛光催化控制技术.化工环保，2004，24(4)：275-279.

[32]　曹勇.纳米材料在环境保护方面的应用.当代石油石化，2001，9(8)：30-33.

[33]　许林军，施莼.纳米光催化技术研究进展及其在舰艇舱室空气净化中的应用前景.海军医学杂志，2003，24(2)：179-181.

[34]　左开慧，郑治祥，汤文明，等.用于环保的功能材料.合肥工业大学学报（自然科学版），2003，26(1)：85-91.

[35]　Zou L，Luo Y G，Hooper M，et al. Removal of VOCs by photocatalysis process using adsorption enhanced TiO$_2$-

SiO$_2$ catalyst. Chem Eng Process. 2006，45(11)：959-964.

[36] 辜敏，鲜学福．变压吸附技术的应用研究进展．广州化学，2006，31(2)：60-64.

[37] 李立清，曾光明，唐新村，等．变压吸附技术净化分离有机蒸气的研究进展．现代化工，2004，24(3)：20-23.

[38] 郜豫川，赵俊田．变压吸附气体分离技术的新应用．化工进展，2005，24(1)：76-78.

[39] 李克兵，刘厚阳，郜豫川，等．回收甲醇尾气中有效组分的变压吸附新技术及其应用．天然气化工，2004，29(3)：31-35.

[40] 李立清，唐新村，Röhm H J．吸附柱出口温度随时间的变化规律及其数值模拟．离子交换与吸附，2005，21(1)：17-26.

[41] 李立清，张宝杰，曾光明，等．活性炭吸附甲苯的实验研究及数值模拟．哈尔滨工业大学学报，2005，37(4)：491-494.

[42] 李立清，张宝杰，曾光明，等．活性炭吸附丙酮及其脱附规律的实验研究．哈尔滨工业大学学报，2004，36(12)：1641-1645.

[43] 李立清，唐琳，高招，等．丙酮在活性炭固定床上的吸附穿透曲线数学模拟．湖南大学学报，2005，32(2)：81-84.

[44] Kearns D T，Webley P A. Modelling and evaluation of dual-reflux pressure swing adsorption cycles：Part Ⅰ. Mathematical models. Chem Eng Sci，2006，61(22)：7223-7233.

[45] 赵桂春，刘树茂．变压吸附在气体分离单元的应用．煤化工，2006(4)：53-54.

第五篇　挥发性有机物治理工艺探讨❶

摘　要　从挥发性有机废气减排控制的技术工艺出发，讲述了挥发性有机废气治理对象的特点，分析了几个典型行业的治理难度。结合工程实践提出了回收中吸附材料和工艺的选择，几个工艺参数的设计原则，并从理论上进行了阐述。

关键词　挥发性有机化合物　减排　吸附回收　脱附温度　饱和蒸气压

前言

大气污染的加重，引起了人们对挥发性有机物污染的重视。对于主要挥发性有机物的污染国家早有严格的排放标准，各地，尤其是北京、广州、深圳等，均发布了更加严格的排放标准。国家对于挥发性有机物污染治理也早有方针政策发布，尤其是 2010 年 5 月，在《国务院办公厅转发环境保护部等部门关于推进大气污染联防联控工作改善区域空气质量指导意见的通知》文件中，首次把挥发性有机化合物与二氧化硫、氮氧化物、颗粒物并列确定为大气污染联防联控的重点污染物，有力地推动了全国挥发性有机污染物的治理步伐。自此，在国家众多政策的指引下，更是掀起了挥发性有机物污染治理的高潮。2014 年 3 月 5 日，国家科技部与环保部联合发布了《大气污染防治先进技术汇编》。近期，中国环保产业协会废气净化委员会又在京召开了"第五届全国挥发性有机污染物（VOCs）减排与控制会议"，进一步推进了 VOCs 的治理高潮。

为配合这一治理高潮，本文根据《大气污染防治·先进技术汇编》中与挥发性有机化合

---

❶　发表于《中国环保产业》2016 年第四期，作者为：李守信、陈青松。

物治理有关的内容，发表一些在 VOCs 治理工程中的体会与同行共勉。其中的内容大部分是以回收工艺为前提。

1. 挥发性有机化合物（VOCs）治理技术的一般分类和主要治理工艺

1.1 VOCs治理技术分类

VOCs 治理技术一般分为回收技术和消除技术两大类[1]。回收技术一般包括：冷凝法、吸收法、吸附法（包括变压吸附）和膜分离法；消除技术一般包括燃烧法（包括催化燃烧、蓄热燃烧等）、等离子体分解法、生物分解法、光催化氧化法等。

以上所述的处理技术是大家都非常熟悉的内容。这些技术和方法的应用一般都是针对单一的污染物或者气体成分比较少或性质比较接近的混合气体而言的。但是在具体工程中，大家所遇到的往往是比较复杂的混合废气。在这样的气体治理中，首先遇到的一个问题就是治理工艺的选择。

1.2 VOCs主要治理工艺

在近期科技部与环保部联合发布的《大气污染防治先进技术汇编》中，总结出了 18 种 VOCs 的治理工艺。这些治理工艺从大的方面提出了治理的工艺、应用对象、适应范围和大致的费用，为进行挥发性有机废气的治理提出了基本的建议。但是，由于挥发性有机废气种类繁多，所以汇编中不可能写得面面俱到，很多东西还需要通过实践去摸索、总结。

2. 治理挥发性有机废气的特点

2.1 治理对象繁多

目前所熟知的脱硫脱硝技术，它所面对的仅仅是 SO_2 和 NO_x，成分简单，性质基本清楚，治理目标明确，目前国内外已经成熟的工业化治理技术已达数十种之多。而挥发性有机化合物已经查明的就有数千种，与人类密切接触并影响人体健康和对大自然造成污染的就有200 余种。试想，要完成这么多污染物的治理，那将是一项多么艰巨的任务！更何况它们还常常混杂在一起，这样给治理增加了更大的难度。因此，在早期的 VOCs 治理行业就出现了"笑着进去、哭着出来"的现象。同时，由于 VOCs 的治理涉及的技术途径和工艺路线多，科学性强，需要具体的技术导则和工艺规范对 VOCs 的治理进行具体的指导。所以，VOCs 减排和控制还面临着较大困难。

2.2 石化化工行业 VOCs 治理的特点

对于石化化工行业排放的挥发性有机废气的治理难度相对会小一些。原因是它的排放源的成分相对比较简单，而且排放的物质及其性质也比较清楚。因此治理工艺比较容易选择。另外，因为这些行业规模比较大，技术力量比较强，因此，对于这些行业的 VOCs 治理，大家不会很担心。目前在这些行业规模早已出现了成熟的技术。比如现在推广的 LDAR（泄漏检测与修复）的管理机制，就是一个很好的例证。

2.3 制药行业 VOCs 治理的特点

制药行业 VOCs 的治理难度应该算是中等的。它比石化化工行业难度大，但又比其他行业容易。因为制药行业排放的 VOCs 的成分也比较清楚，但是由于它的排放绝大部分都是间歇排放，而且排放浓度也经常随着时间的变化而呈现出不规律的变化，这就给治理增加了难度。

2.4 涂布行业 VOCs 治理的特点

治理 VOCs 难度最大的当属涂布行业。一是这些行业多属乡镇小厂，技术力量差，又无分析手段；二是他们使用的涂布胶液大都是外购，胶液供应商对于他们的胶液配方都严格保密；三是他们所使用的胶液经常变化。因此，即使对他们使用的各种胶液的成分都分析得很清楚，但是也不可能使用一个装置去应对所有胶液。

3. 挥发性有机废气治理方案的选择（主要谈回收法）

3.1 治理工艺比治理设备重要

在采用回收技术治理 VOCs 时常常会出现这样的争论：是治理工艺重要还是治理设备重要。20 世纪 90 年代初出现的用于回收有机溶剂的活性炭纤维自动化回收装置来源于日本，当时我国共引进了 2 套，其中一套就安装在保定市化工部第一胶片厂（乐凯集团）。后来胶片厂的科技人员对该装置进行了成功的消化吸收，实现了国产化。于是很多人到处想办法去搞图纸，几年的工夫，出现了很多利用该装置回收 VOCs 的公司，而且出现了恶性竞争的局面。但是仅仅红火了几年，大多数公司垮掉了。究其原因是不少人认为，只要有了好的设备，好像根本就无需考虑回收什么物质。

实际上，在做 VOCs 回收时，首先应该考虑废气成分及各成分的性质，然后去研究采取什么样的工艺。比如有人提出一种含甲苯、二甲苯和苯乙烯的混合废气，浓度在 $3000mg/m^3$，应用什么工艺回收。对于如此高浓度的 VOCs 废气，人们立即会想到采用活性炭纤维回收。但是，这里面有苯乙烯，苯乙烯在活性炭纤维上比较容易聚合，尤其是当温度较高时。而采用活性炭纤维吸附回收时就有因其聚合而堵塞吸附剂微孔的问题。为此需要首先搞清楚苯乙烯聚合的条件，才能提出合理的回收工艺。

因此，在治理尤其是采用吸附法回收 VOCs 时，治理工艺比治理设备更重要。

3.2 采用炭基吸附剂吸附回收 VOCs 的问题

之所以提出这个问题，是因为主张能够回收的东西尽可能地予以回收。因为任何挥发性有机化合物，回收价值都比回收热量的价值大得多。浓度太低或虽然浓度高但无法回收时才可以采取消除（比如催化燃烧等）的办法。所以常称消除法处理 VOCs 是"没有办法的办法"。这里仅就采用炭基吸附剂吸附法回收 VOCs 的技术谈一些体会。

3.2.1 吸附剂的选择

① 活性炭纤维是"吃细粮"的，而颗粒活性炭是"吃粗粮"的。因为活性炭纤维微孔的孔径都在 2nm 左右，所以处理动力学分子直径大的物质时不宜采用，尤其是多种直径分子的混合物，如汽油等。而颗粒活性炭[2]，除小孔外，还有 $0.01\sim0.1\mu m$ 的中孔和少量大孔，因此，它可以处理多种直径分子的混合物。如台湾用来吸附回收涂布行业排放的混合有机废气，之所以能够达到较高的回收率而且能够较长时间地运行，是因为他

们所使用的吸附剂都是颗粒活性炭。近年来我国开展的油气回收，所采用的也多为颗粒活性炭。

② 国内所用的颗粒活性炭大部分都是以小孔为主的，因此在有些场合就不是很适用。近些年市场上出现的一些以中孔为主的颗粒活性炭已在不少 VOCs 回收中得到了很好的应用。

3.2.2 简单组分 VOCs 处理方法的选择

如果需处理的废气成分简单，性质明确，那就得考虑吸附剂的选择。选择吸附剂的首要原则就是要有大的比表面积。一般而言，活性炭类吸附剂应为首选。但是要考虑炭基吸附剂有一个特性，就是它的表面存在着具有催化作用的活性点，它可以使还原性物质氧化，比如它能够把 S^{2-} 催化氧化成 S^0，可以使一些易聚合的物质聚合，从而堵塞吸附剂微孔。这时候就应考虑采用其他类型的吸附剂。

3.2.3 复杂组分 VOCs 处理方法的选择

这里只想说一点，那就是必须把 VOCs 的成分及各成分的性质搞清楚，才能进行处理方法和处理工艺的选择。因此，对 VOCs 的检测手段就显得十分重要。

3.2.4 考虑某些物质的特殊性质

在采用炭基吸附剂时，需要查一下 VOCs 的可脱附性。表一所列是一些从炭基吸附剂上难以脱附的物质[2]：

表一 难以从活性炭中脱除的溶剂

丙烯酸	丙烯酸乙酯	丙烯酸异癸酯	皮考啉
丙烯酸丁酯	2-乙基己醇	异佛尔酮	丙 酸
丁 酸	丙烯酸-2-乙基己酯	甲基乙基吡啶	二异氰酸甲苯酯
二丁胺	谷胱醛	甲基丙烯酸甲酯	三亚乙基四胺
二乙烯三胺	丙烯酸异丁酯	苯酚	戊酸

不仅如此，有些物质在炭基吸附剂上积累后还会着火，最典型的就是环己酮。当年在某石化企业回收 VOCs 时，因为其中含的环己酮在活性炭纤维上的不断积累，结果回收装置仅仅运行了 3 个月就发生了活性炭纤维被烧毁的事故。

4. 设计参数的确定

4.1 废气进入处理系统的浓度

在进行 VOCs 治理时最重要的是安全问题。因为绝大多数 VOCs 都属于易燃易爆物质，因此，在 VOCs 回收或催化燃烧时必须考虑爆炸极限，以保证处理系统的安全运行。在环保部发布的《吸附法工业有机废气治理工程技术规范》（HJ 2026—2013）和《催化燃烧法工业有机废气治理工程技术规范》（HJ 2027—2013）中，对进入处理系统的 VOCs 浓度都作出了严格的规定，必须认真执行。

4.2 废气通过吸附床层的风速

有很多教科书上都明确写道：气体通过吸附器床层的风速一般为 0.2～0.6m/s。通过工程实践发现，这种说法有些偏颇。利用活性炭纤维作吸附剂的同行都知道，大家使用的最大风速也不会超过 0.15m/s。那么为什么老的教科书给出这个数据呢？考查发现：过去人们大都采用颗粒活性炭作吸附剂，它的床层厚度一般设计在 0.2～0.6m，最大不会超过 1m，所以就给出了这个数据。实际上，通过工程实践发现，废气通过床层的速度应该是由废气在床层中与吸附剂的接触时间决定的。总结工程实践，废气在吸附床层内与吸附剂的接触时间以 0.8～1.2s 为宜，浓度低时可以短一些，浓度高时可以长一些，采用这样的风速，完全可以满足治理要求。

4.3 脱附温度

关于脱附温度，很多人都认为与吸附质的沸点有关，认为要想把高沸点的物质从吸附剂上脱附下来，脱附介质的温度必须高于该物质的沸点。实践证明这种观点是错误的。以双氧水行业回收三甲苯为例，根据工程实践发现，用 100℃ 的水蒸气脱附三甲苯的效果很好。而三甲苯的沸点为 164.7℃。为此可以得出结论，吸附质的脱附温度与其沸点没有直接关系，而是和它的饱和蒸气压有关。这个结论可以用脱附原理来说明。

要想使吸附质分子从吸附剂表面脱附下来，必须给它能量或推动力，使它能够从吸附剂表面"蒸发"到吸附剂孔道中，从而进入气相主体。而在通常采用的脱附方法中[2]，加热脱附是给它提供能量，以增加分子的动能；吹扫脱附和降压（真空）脱附，都是为了降低吸附剂孔道中废气分子的分压，也就是蒸气压，给废气造成一个浓度差，从而给废气分子由吸附剂表面向气相转移提供一个推动力，这个推动力越大，废气分子的脱附速度就越快。所以，从这个理论出发就不难理解，吸附质的脱附温度是与其饱和蒸气压直接相关的，而与它的沸点无关。

4.4 采用水蒸气脱附后是否都需要干燥？

采用水蒸气吸附后不一定都需要干燥。当采用活性炭纤维作吸附材料时，就不需要设置单独的干燥工序；而采用颗粒活性炭作吸附材料时就必须进行干燥。在二十世纪八九十年代，PVC 行业用颗粒活性炭作吸附剂回收氯乙烯单体时，各治理厂家无一例外地都有热空气干燥这一步。而到 21 世纪初，改成活性炭纤维作吸附材料时，就大胆地省去了热空气干燥的工序，而且将整个回收工艺由原来的 5 步简化为 3 步。

为什么可以省去干燥工序？经过认真地分析，提出了大胆的设想[3]，认为经过水蒸气脱附的炭基吸附剂的微孔中存在着的水分为 2 类，一类为"自由水"，另一类是吸附在炭基表面的"吸附水"。由于颗粒活性炭的孔道长且孔体积比活性炭纤维大得多，这样，在颗粒活性炭中就会存有大量的"自由水"。因此，当颗粒活性炭脱附完成之后，必须通过干燥，把吸附剂中的"自由水"蒸发掉，才能使再进入的废气分子与吸附剂表面接触，将"吸附水"分子置换下来。而由于活性炭纤维的微孔体积比颗粒炭的微孔体积小得多，很难有"自由水"存在，因此可以省去热空气干燥，脱附完成后可直接转入吸附工序。这个设想，在回收氯乙烯的工程中得到了验证，而且使脱附水蒸气的用量由原来的回收 1kg 氯乙烯消耗 5kg 水蒸气降低到 1.5kg。团队先后在天津大沽化工厂、四川乐山永祥树脂有限公司、山东新龙电化股份有限公司等多家公司成功地实施了氯乙烯回收工程。

5. 注重高浓度挥发性有机废气的回收

有些行业将高浓度挥发性有机废气排放。比如：PVC 行业的氯乙烯单体、化学纤维行业的 H_2S 和 CS_2、石油化工行业的石脑油和干气等。这些 VOCs 排放浓度很高，对大气中 T_{VOCs} 的贡献不可忽略。其实这些有机废气也是很好的资源，应注重回收。另外也希望关注一下变压吸附在回收不凝气方面的应用。

参 考 文 献

[1]　李守信，宋剑飞，李立清，等，挥发性有机污染化合物处理技术研究进展 [J]. 化工环保，2008 (1)：1-7.

[2]　赵毅，李守信. 有害气体控制工程 [M]. 北京，化学工业出版社，2001.

[3]　李守信，王跃利，金平，等. 吸附法回收氯乙烯工艺改进的研究 [J]. 聚氯乙烯，2003 (5)：57-58.

第六篇　吸附法处理 VOCs 脱附温度的选择[●]

摘　要　在采用炭基吸附剂处理 VOCs 时，人们普遍认为：脱附温度与所脱附物质的沸点有关，而且脱附温度越高，脱附效率越高。本文通过对大量工程实践的总结、分析，得出了不同的结论认为：脱附温度与所脱附物质的沸点基本没有关系，而是和它的饱和蒸气压密切相关；脱附温度并不是越高越好，有些物质，采用高温脱附时，其脱附率反而下降。文章在分析了以上情况后，提出了脱附温度的确定原则和方法。按照此法选择脱附温度，可以大大减少能源的消耗，降低运行成本。

关键词　脱附温度　沸点　饱和蒸气压　氮气脱附

1. 前言

在采用炭基吸附剂处理 VOCs 工艺中，不论采用低压水蒸气脱附还是氮气脱附，都是将脱附介质加热到一定温度后，对吸附质进行脱附。在采用水蒸气脱附时，一般都是将水蒸气加热到 100℃，主要是为了利用水的潜热，另外也不用考虑设备的承压问题。当采用氮气脱附时，加热温度可以选择，要是温度超过 100℃时，也不必考虑设备的承压问题。

目前在脱附温度的选择上，一般都是采用粗犷的方法：即不论脱附什么物质，水蒸气一般都定在 100℃或略高，氮气则根据脱附物质的性质确定。因此，在脱附温度的选择上常常出现误区。

误区一：对于一种挥发性有机物的脱附温度，大家普遍认为：要想把这些物质从吸附剂上脱附下来，其脱附温度必须高于该物质的沸点。[1,6]

误区二：由于误区一的认识，使得本不应该使用的高温，却错误地采用高温进行脱附，从而造成能源的浪费。由于误区二的认识，在某些对失效活性炭进行再生时，也常常采用高温处理的方法。而这种处理方法，不仅收不到理想的效果，而且会造成能源的浪费。

●　发表于《中国环保产业》2017 年第四期，作者为：李守信、陈青松、张文智、罗鑫、曾华英。

本文通过大量的工程实践分析，得出了不同的结论，现提出来供同行们讨论。

2. 吸附法治理 VOCs 工艺简介

采用吸附法治理 VOCs 的一般工艺流程如图 1 所示[2]。

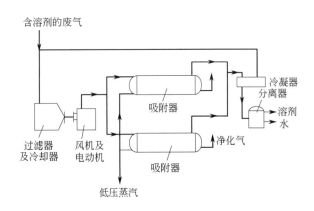

图 1 吸附法治理 VOCs 工艺流程

3. 吸附法治理 VOCs 所采用的一般脱附方法[3]

（1）升温脱附 采用升高温度的方法，使吸附质分子由固体吸附剂上逸出而脱附的方法，称为升温脱附。升温脱附经常采用水蒸气、热的惰性气体（如氮气）、热烟气或采用电感加热等方式。

（2）降压脱附 采用比吸附时压力低的气体通入吸附床，使吸附在吸附剂上的物质脱附下来（如真空脱附）的方法，称为降压脱附。

（3）置换脱附 采用在脱附条件下与吸附剂亲合能力比原吸附质更强的物质，将原吸附质置换下来的方法，称为置换脱附。

（4）吹扫脱附 采用不被该吸附剂吸附的气体（如惰性气体）对床层进行吹扫，将吸附质脱附下来，称为吹扫脱附。

实际应用中，往往是几种脱附方法的结合，例如用水蒸气脱附，就同时具有加热和吹扫的作用。

4. 工程实践中观察到的一些 VOCs 的脱附温度、脱附效果及其分析

在工程实践中可观察到的一些挥发性有机物的脱附温度及效率，见表 1。

表 1 一些挥发性有机物的沸点、饱和蒸气压、脱附温度及效率

挥发性有机物	沸点/℃	饱和蒸气压/kPa	脱附温度/℃	脱附效率/%	备注
丙酮	56.12	371.86(100℃)	100	100.00	水蒸气脱附
乙酸乙酯	77.11	201.64(100℃)	100	100.00	水蒸气脱附
苯	80.10	199.98(103℃)	100	99.80	水蒸气脱附
丁酮	79.64	186.08(100℃)	100	99.50	水蒸气脱附
异丙醇	82.4	136.08(90℃)	100	99.30	水蒸气脱附

续表

挥发性有机物	沸点/℃	饱和蒸气压/kPa	脱附温度/℃	脱附效率/%	备注
四氢呋喃	66.00	101.33(66℃)	100	99.00	水蒸气脱附
二氯甲烷	39.75	80.00(35℃)	100	99.00	水蒸气脱附
甲苯	110.60	80.00(102.5℃)	100	99.00	水蒸气脱附
四氯乙烯	121.20	58.46(100℃)	100	98.00	水蒸气脱附
乙酸丁酯	126.11	45.33(100℃)	100	97.70	水蒸气脱附
对二甲苯	138.40	33.33(101.16℃)	100	97.30	水蒸气脱附
三甲苯	164.70	13.33(99.71℃)	100	97.01	水蒸气脱附
二甲基甲酰胺	153.00	10.70(96℃)	100	95.80	水蒸气脱附
苯胺	184.70	8.00(106℃)	100	82.00	水蒸气脱附
苯乙烯	145.14	0.84(25℃)	100	—	水蒸气脱附
乙二醇	197.85	2.13(100℃)	100	—	水蒸气脱附
邻苯二甲酸二丁酯	339.00	0.13(148.2℃)	100	—	水蒸气脱附
丙烯酸	141.00	1.33(39.9℃)	100	—	水蒸气脱附
丙烯酸丁酯	145.70	0.53(20℃)	100	—	水蒸气脱附
甲基异丁酮	115.80	2.13(20℃)	100	63.10	热氮气脱附
			170	76.50	
			110	99.20	
二甘醇二甲醚	159.76	0.45(25℃)	100	—	热氮气脱附
			180	66.00	
			130	96.10	

由表 1 可以看出：

(1) 脱附温度与物质的沸点基本上没有关系：以三甲苯为例，其沸点是 164.7℃，而采用 100℃的水蒸气，却能够将其很好地脱附下来（脱附率 97.01%）。而对于比它的沸点低得多的丙烯酸（沸点为 141℃），则采用 100℃的水蒸气进行脱附，丝毫不起作用。

(2) 纵观表中的各种物质，凡是饱和蒸气压在 10.0kPa 以上的物质，采用 100℃的水蒸气都能够很好地脱附下来。而饱和蒸气压较低的物质，如苯乙烯（25℃时为 0.84kPa）、邻苯二甲酸二丁酯（148.2℃时为 0.13kPa）、丙烯酸丁酯（20℃时为 0.53kPa）等，虽然它们的沸点比三甲苯低得多，但是，由于它们的饱和蒸气压很低，采用 100℃的水蒸气仍然无法将它们脱附下来[4]。由此可以得出结论：物质的脱附温度基本上与它的沸点无关，而和它的饱和蒸气压有着密切的关系。

(3) 一些物质为什么难以脱附，从它们的饱和蒸气压数据中能找到答案：这些物质之所以难以脱附，皆因为它们的饱和蒸气压很低。由此，可以纠正对苯乙烯难以脱附的原因归结到"苯乙烯在吸附剂表面发生了聚合反应"[5]的错误认识。

(4) 对于难以脱附的物质，当采用热氮气脱附时，并不是温度越高，脱附得越彻底，过高的脱附温度反而使其脱附效率下降。如表 1 所示，在采用热氮气对甲基异丁酮（沸点 115.8℃，20℃时的饱和蒸气压为 2.13kPa）进行脱附时发现，当温度升至 100℃时，脱附率只有 63.10%。为了提高脱附率，将氮气温度提高到 170℃，此时的脱附率达到 76.50%。这时考虑再升温已毫无意义，于是就试着向下降温，结果发现，脱附率反而逐渐上升。当温度降至 110℃时，脱附率达到了峰值 99.20%。于是得出，对于难以脱附的物质进行脱附时，并不是温度越高，脱附得越彻底，过高的脱附温度反而使其脱附效率下降。因此，如遇此类问题时，则应通过实验，慎重地选择适当的脱附温度，以取得最佳的脱附效率。

4.1 对以上现象的分析

（1）为什么脱附温度与饱和蒸气压有关？

这一点需要从脱附的原理上去找原因[5]。从脱附的原理上讲，吸附质从吸附剂表面脱附的根本原因是，吸附质分子必须克服吸附剂表面对它的引力，增大它脱离表面的推动力。也就是说，要想使吸附质分子从吸附剂表面脱附下来必须给它能量或推动力，使其能够从吸附剂表面"蒸发"到吸附剂孔道中，从而进入气相主体。而在通常采用的脱附方法中，加热脱附是给它提供能量，以增加分子的动能；吹扫脱附和降压（真空）脱附，都是为了降低吸附剂孔道中废气分子的分压，也就是蒸气压，给废气造成一个浓度差，从而给废气分子由吸附剂表面向气相转移提供一个推动力，这个推动力越大，废气分子的脱附速度就越快。所以，从这个理论出发就不难理解，吸附质的脱附温度是与其饱和蒸气压直接相关的，而与它的沸点无关。

另外，从生活常识中也可以得到启发：平时洗的衣服搭在外面，通常情况下，气温并没有达到水的沸点，而衣服也能够很好地晾干。

（2）对于一些饱和蒸气压较低的物质脱附时，为什么温度过高反而使脱附率下降？

对于这个问题的回答，只能从理论上进行推测。从吸附的分类上说，可以分为物理吸附和化学吸附。物理吸附时，所形成的键能只有 80kJ/kmol 左右，而化学吸附的吸附键力可达到 400kJ/kmol 以上。在物质的吸附上，往往存在一种现象：当温度低时是物理吸附，如果温度升高，则可能转变为化学吸附[3]。也就是说，当脱附温度过高时，使本来存在的物理吸附状态可能转化成了化学吸附状态，使得吸附键的键能大大增加，反而不易脱附下来。这就是为什么温度过高，反而使物质的脱附率下降的原因。

当然，要想彻底搞清这个问题，只能对两种状态的吸附键的键能进行测定。然而，目前对吸附键键能的测定还比较困难，虽然有人采用同步辐射光电离的方法，能够测定一些物质的化学键的键能，但是，采用此法能不能很好地测定吸附键的键能，目前还未见报道。

4.2 关于脱附温度确定方法的建议

脱附温度确定的依据应根据物质的饱和蒸气压进行确定。具体建议如下：

（1）对于饱和蒸气压大于 10kPa 的物质，原则上都可以采用 100℃ 的水蒸气进行脱附，但是，从节约能源的角度讲，建议对饱和蒸气压比较大且沸点比较低（比如＜70℃）的物质，如：丙酮，沸点 56.10℃，饱和蒸气压 2371.86kPa（100℃）；四氢呋喃，沸点 66℃，饱和蒸气压 101.33kPa（66℃）；二氯甲烷，沸点 39.75℃，饱和蒸气压 80.00kPa（35℃）等。可以采用较低温度的氮气进行脱附，这样不仅降低脱附剂的温度，同时在对脱附后混合气体冷凝时，也没有必要采用温度很低的冷凝水进行冷凝分离（如二氯甲烷需要采用 7℃ 低温水进行冷凝分离）。这样计算起来，就可以节约不少的能源。

（2）对于饱和蒸气压较低的物质采用高温脱附时，也要采用适当的温度进行脱附，这样既能收到高的脱附效率，同时达到节能的目的。当然这些物质的脱附温度究竟选择多少，目前还没有现成的数据可以查寻，还需要进行反复的实验才能初步确定，然后再进行经济可行性分析，才能最后确定所选择的脱附温度是否可用。

5. 结束语

本文通过对工程实践中接触到的物质吸附-脱附过程的分析，得出如下结论：

（1）挥发性有机物脱附的温度与其沸点没有关系，而与它们的饱和蒸气压有着密切关系[5]。因此，可以根据物质的饱和蒸气压去选择适当的脱附剂，确定合适的脱附温度。

（2）从节能的角度考虑，对于沸点较低而饱和蒸气压较高的挥发性有机物，建议采用较低温度（比如<100℃）的氮气进行脱附，这样既可以在脱附时节约能源，而且在冷凝分离时也可以达到节能的目的。

（3）对于饱和蒸气压特别低、沸点比较高的挥发性有机物，采用高温脱附时，不是温度越高，脱附效果越好，过高的温度反而会降低脱附率。

参 考 文 献

[1] 林肇信. 大气污染控制工程. 北京：高等教育出版社，1999.

[2] 郭静，阮宜伦. 大气污染控制工程. 北京：化学工业出版社，2001.

[3] 赵毅，李守信. 有害气体控制工程. 北京：化学工业出版社，2001.

[4] 中国环保产业协会. 注册环保工程师专业考试复习教材. 北京：环境科学出版社，2007.

[5] 李守信，苏建华，马德刚. 挥发性有机物污染控制工程. 北京：化学工业出版社，2017.

[6] 李守信，陈青松. 挥发性有机物治理工艺探讨. 中国环保产业，2016（4）：32-35.

附录三　常见挥发性有机物的分类和性质

为了帮助读者，尤其是化学基础比较弱的读者更好地了解挥发性有机物，本处特别编写了这个材料，供大家工作时参考。

一、挥发性有机物的定义

对于进入大气中的低沸点的挥发性有机物（volatile organic compounds，VOCs）我国和世界上不少国家和组织都给出了定义：

在我国，VOCs（volatile organic compounds）挥发性有机物是指常温下饱和蒸气压大于 70.91Pa，标准大气压 101.3kPa 下沸点在 50～260℃之间且初馏点等于 250℃的有机化合物，或在常温常压下任何能挥发的有机固体或液体。

联合国世界卫生组织定义：沸点为以蒸气形式存在于空气中的一类有机物为挥发性有机物（VOCs）。即在常温下饱和蒸气压大于 71Pa，常压下沸点低于 260℃的有机化合物；也有将常压下沸点低于 100℃或 25℃时，饱和蒸气压大于 133Pa 的有机化合物称为挥发性有机物。

欧盟（EU）定义：在 20℃条件下，蒸气压大于 0.01kPa 的所有有机物；而在涂料行业中定义为在常压下，沸点或初馏点低于或等于 250℃的任何有机化合物。

欧洲溶剂工业集团（ESIG）定义：蒸气压 0.01kPa 相当于烃类溶剂的沸点大约 216℃ 的有机化合物。

澳大利亚国家污染物清单（Australian National Pollution Inventory）定义：在 20℃ 条件下蒸气压大于 0.01kPa 的所有有机物。

美国国家环保局（EPA）定义：除 CO、CO_2、H_2CO_3、金属碳化物、金属碳酸盐和碳酸铵外，任何参加大气光化学反应的碳化合物。

美国材料与试验协会 ASTM D3960-98 标准《涂料及相关涂层中挥发性有机化合物含量测定的标准实施规范》定义：任何能参加大气光化学反应的有机化合物。

国际标准色漆和清漆 ISO4618：2014（通用术语）定义：原则上，在常温常压下，任何能自发挥发的有机液体和（或）固体。

德国标准化学会色漆和清漆 DIN 55649-2000 标准定义：在通常压力条件下，沸点或初馏点低于或等于 250℃ 的任何有机化合物。

半挥发性有机物和不挥发性有机物

空气中存在的有机物不仅仅是 VOCs。有些有机物在常温下可以在气态和颗粒物中同时存在，而且随着温度变化在两相中的比例会发生改变，这类有机物叫做半挥发性有机物，简称 SVOCs。还有些有机物在常温下只存在于颗粒物中，它们属于不挥发性有机物，简称 NVOCs。无论是 VOCs、SVOCs，还是 NVOCs 在大气中都参与大气化学和物理过程，一部分可直接危害人体健康，它们带来的环境效应包括影响空气质量、影响天气气候等。

二、常见挥发性有机物（VOCs）一览表

CAS号	化学品	沸点/℃	蒸气压(20℃下)/Pa	CAS号	化学品	沸点/℃	蒸气压(20℃下)/Pa
71-55-6	1,1,1-三氯乙烷	74.000	13,055.5600	107-02-8	丙烯醛	53.000	29,485.5400
79-00-5	1,1,2-三氯乙烷	113.700	2,351.9800	79-06-1	丙烯酰胺	231.700	0.1660
87-61-6	1,2,3-三氯苯	218~219	32.6300	79-10-7	丙烯酸	116.400	372.0800
107-06-2	1,2-二氯乙烷	83.400	8,219.9500	107-13-1	丙烯腈	77.300	11,447.1100
122-66-7	1,2-二苯肼	229.000	0.0454	107-05-1	3-氯丙烯	41.600	40,226.0100
106-99-0	1,3-丁二烯	-4.500	238,833.7800	62-53-3	苯胺	184.300	42.7400
123-91-1	1,4-二噁烷	131.700	3,905.9400	71-43-2	苯	80.100	9,945.2300
540-84-1	2,2,4-三甲基戊烷	99.238	5,107.6800	98-07-7	三氯化苄	219~223	43.7600
79-46-9	2-硝基丙烷	119~122	1,732.2200	100-44-7	苄基氯	179.400	123.1000
83-32-9	苊	231.200	1.2000	92-52-4	联苯	255.200	1.6900
75-07-0	乙醛	20.400	99,156.7200	542-88-1	双氯甲醚	182.400	2,951.2400
60-35-5	乙酰胺	221.150	4.0400	75-25-2	三溴甲烷	149.000	538.2400
75-05-8	乙腈	81.600	9,568.5300	75-15-0	二硫化碳	46.200	39,237.8700
98-86-2	苯乙酮	201.700	35.9200	56-23-5	四氯化碳	76.500	12,057.8000

续表

CAS 号	化学品	沸点/℃	蒸气压(20℃下)/Pa	CAS 号	化学品	沸点/℃	蒸气压(20℃下)/Pa
79-11-8	一氯乙酸	189.000	18.5800	108-88-3	甲苯	110.625	2,887.9300
108-90-7	氯苯	131.700	1,197.9000	79-01-6	三氯乙烯	87.200	7,688.7400
67-66-3	三氯甲烷	61.100	19,416.3400	121-44-8	三乙胺	89.500	7,125.3100
126-99-8	2-氯-1,3-丁二烯	59.100	23,499.9800	108-05-4	醋酸乙烯酯	73.000	11,932.8800
108-39-4	间甲酚	202.200	14.2200	75-01-4	氯乙烯	−13.400	339,701.7600
106-44-5	对甲酚	201.900	8.2500	76-13-1	氟利昂-113	47.500	35,856.1500
98-82-8	异丙基苯	152.392	436.1200	96-18-4	1,2,3-三氯丙烷	156.800	355.3100
77-78-1	硫酸二甲酯	188.000	61.7700	120-82-1	1,2,4-三氯苯	211.400	40.4300
106-89-8	环氧氯丙烷	116.100	1,655.4300	108-70-3	1,3,5-三氯苯	211.300	49.9200
140-88-5	丙烯酸乙酯	100.000	3,909.8300	107-88-0	1,3-丁二醇	207.000	1.5300
100-41-4	乙苯	136.186	950.8700	106-98-9	正丁烯	−6.260	255,858.4800
75-00-3	氯乙烷	12.200	133,708.0400	109-67-1	1-戊烯	29.968	70,783.2900
106-93-4	1,2-二溴乙烷	130.200	1,346.0500	104-76-7	2-乙基己醇	184.600	10.5400
107-21-1	乙二醇	197.200	7.5700	2807-30-9	乙二醇单丙醚	258.200	294.5900
75-21-8	环氧乙烷	10.300	145,672.5700	105-57-7	1,1-二乙氧基乙烷	103.600	2,732.4100
75-34-3	亚乙基二氯 (1,1-二氯乙烷)	183.700	24,288.1800	64-19-7	乙酸	117.900	1,559.4100
				108-24-7	乙酸酐	139.000	330.4200
50-00-0	甲醛	−19.500	440,037.9900	67-64-1	丙酮	56.200	24,390.5600
87-68-3	六氯丁二烯	231.000	19.6100	75-86-5	丙酮氰醇	167.300	104.7700
67-72-1	六氯乙烷	185.600	61.9400	75-36-5	乙酰氯	51.000	30,793.4800
110-54-3	正己烷	121.240	16,214.8800	74-86-2	乙炔	−84.000	4,328,141.9300
78-59-1	异佛尔酮	215.200	40.8800	107-18-6	丙烯醇	54.300	2,537.1900
108-31-6	马来酸酐	119.300	33.6400	98-83-9	α-甲基苯乙烯	165~169	252.4400
67-56-1	甲醇	64.600	12,758.0400	111-41-1	羟乙基乙二胺	215.980	0.1100
78-93-3	甲乙酮(2-丁酮)	202.000	9,970.2400	628-63-7	乙酸戊酯	149.200	330.7200
108-10-1	甲基异丁基酮	94.200	1,966.9500	110-58-7	1-氨基戊烷	105.500	3,018.5500
624-83-9	基异氰酸盐	35.000	49,747.5000	543-59-9	1-氯戊烷	107~108	3,356.5800
80-62-6	甲基丙烯酸甲酯	100.300	3,915.4400	100-66-3	苯甲醚	153.600	344.8800
1634-04-4	甲基叔丁基醚	55.200	26,768.5600	100-52-7	苯甲醛	178.700	110.2600
74-83-9	溴甲烷	3.500	183,474.2900	65-85-0	苯甲酸	250.000	0.3580
74-87-3	氯甲烷	−24.300	492,691.5100	100-47-0	苯甲腈	191.000	71.4200
75-09-2	二氯甲烷	39.800	46,735.6900	100-51-6	苯甲醇	204.699	6.6600
121-69-7	N,N-二甲基苯胺	193.500	66.2000	98-87-3	二氯苄	214.000	48.2200
68-12-2	N,N-二甲基甲酰胺	153.000	372.0300	100-46-9	苄胺	185.000	59.3200
98-95-3	硝基苯	210.600	22.1700	108-99-6	3-甲基吡啶	143.500	587.6700
95-48-7	邻甲酚	191.000	25.8700	107-92-6	丁酸	163.270	84.9800
95-47-6	邻二甲苯	144.411	647.1400	106-31-0	丁酸酐	198.300	24.2700
106-46-7	对二氯苯	174.100	166.4000	109-74-0	丁腈	118.000	1,959.2000
127-18-4	四氯乙烯	121.100	1,870.8400	105-60-2	己内酰胺	180.000	0.5000
108-95-2	苯酚	181.800	47.4500	558-13-4	四溴化碳	181.200	85.6500
75-44-5	氯代甲酰氯	8.200	158,376.4200	75-45-6	一氯二氟甲烷	−40.800	893,928.8100
106-50-3	对苯二胺	267.400	0.3400	75-72-9	氯三氟甲烷	26.800	3,178,608.4900
57-57-8	β-丙内酯	162.000	158.4300	80-15-9	过氧化羟基异丙苯	253.700	0.3490
123-38-6	丙醛	47.930	34,003.0100	506-77-4	氯化氰	13.800	134,561.5500
78-87-5	1,2-二氯丙烷	96.300	16,723.1900	110-82-7	环己烷	80.738	10,367.1900
75-56-9	环氧丙烷	34.300	58,030.9000	108-93-0	环己醇	159.600	65.4600
106-42-3	对二甲苯	138.351	874.5600	108-94-1	环己酮	155.600	345.0400
100-42-5	苯乙烯	145.140	592.2500	110-83-8	环己烯	82.979	9,295.6000
79-34-5	1,1,2,2-四氯乙烷	146.200	436.0300	108-91-8	环己胺	134.500	990.8000

CAS 号	化学品	沸点/℃	蒸气压(20℃下)/Pa	CAS 号	化学品	沸点/℃	蒸气压(20℃下)/Pa
111-78-4	1,5-环辛二烯	125.000	479.2300	108-21-4	乙酸异丙酯	88.200	6,199.0800
112-30-1	1-癸醇	230.000	0.6220	75-29-6	2-氯丙烷	35~36	58,495.5700
123-42-2	甲基戊酮醇	168.100	162.3300	75-31-0	异丙胺	48.600	62,683.3900
75-71-8	氟里昂-12	−29.800	560,905.0700	463-51-4	乙烯酮	−56.000	1,214,927.6200
101-83-7	二环己胺	256.100	2.8200	108-42-9	3-氯苯胺	227.800	5.5800
111-46-6	二甘醇	246.000	0.4390	108-41-8	3-氯甲苯	161.600	307.5000
112-36-7	二乙二醇二乙醚	190.200	47.3000	541-73-1	1,3-二氯苯	173.000	206.0400
111-96-6	二乙二醇二甲醚	159.800	281.9500	141-79-7	4-甲基-3-戊烯-2-酮	132.700	1,085.4800
112-15-2	乙二醇一甲醚	162.700	13.1400	79-41-4	甲基丙烯酸	162~163	87.8100
111-77-3	二乙二醇单甲醚	226.927	14.8400	563-47-3	3-氯-2-甲基丙烯	72.500	11,237.6400
75-37-6	1,1-二氟乙烷	−25.000	563,101.6200	79-20-9	醋酸甲酯	56.900	22,648.4600
674-82-8	二乙烯酮	106.600	1,055.4600	105-45-3	乙酰乙酸甲酯	169.400	80.7300
75-18-3	二甲基硫	38.000	53,488.0900	107-31-3	甲酸甲酯	31.700	63,434.3500
67-68-5	二甲基亚砜	189.000	56.5400	108-11-2	4-甲基-2-戊醇	133.500	489.0700
101-84-8	二苯醚	258.000	3.7500	74-89-5	甲胺	−6.400	294,402.2800
25265-71-8	一缩二丙二醇	230.500	2.7200	108-87-2	甲基环己烷	100.934	4,753.2300
64-17-5	乙醇	78.300	5,830.2900	13952-84-6	仲丁胺	62.900	18,839.9000
60-29-7	乙醚	34.480	0.5800	110-91-8	吗啡啉	128.900	986.8700
141-78-6	乙酸乙酯	73.900	9,632.1700	115-10-6	甲醚	−24.900	507,144.6000
141-97-9	乙酰乙酸乙酯	236.300	71.8700	71-41-0	1-戊醇	137.800	218.5100
74-96-4	溴乙烷	38.300	51,046.7000	123-86-4	乙酸丁酯	126.600	1,022.2100
75-04-7	乙胺	16.500	114,501.2200	141-32-2	丙烯酸丁酯	221.938	530.8300
105-56-6	氰乙酸乙酯	206.000	5.0500	71-36-3	正丁醇	117.700	648.9600
74-85-1	乙烯	−103.710	6,261,415.6000	109-73-9	正丁胺	77.400	9,456.6300
107-07-3	2-氯乙醇	128.600	692.9300	123-72-8	丁醛	77.600	11,626.2600
111-55-7	乙二醇二乙酸酯	168.000	5.6800	79-24-3	硝基乙烷	109.200	2,081.6500
110-71-4	乙二醇二甲醚	63.000	7,916.4300	75-52-5	硝基甲烷	100~102	3,640.1300
111-15-9	乙二醇乙醚醋酸酯	156.400	217.7100	100-61-8	N-甲基苯胺	200.400	41.0600
111-76-2	乙二醇单丁醚	151.579	77.6000	109-66-0	正戊烷	30.074	56,259.4600
110-80-5	乙二醇单乙醚	221.000	499.6800	71-23-8	正丙醇	97.200	1,973.2100
109-86-4	乙二醇甲醚	124.600	853.2400	95-51-2	邻氯苯胺	208.800	17.6700
107-15-3	乙二胺	117.200	1,162.7500	88-73-3	邻氯硝基苯	245.500	1.8100
75-12-7	甲酰胺	210.500	4.9500	95-49-8	邻氯甲苯	159.500	339.3600
64-18-6	甲酸	100.600	4,402.6600	95-50-1	1,2-二氯苯	180.400	127.3200
98-01-1	糠醛	161.800	208.5800	123-63-7	三聚乙醛	233.900	1,072.5200
56-81-5	甘油	98.300	0.0117	106-47-8	对氯苯胺	208.800	6.3500
629-11-8	1,6-己二醇	239.700	0.0701	100-00-5	对硝基氯苯	242.000	2.3300
124-09-4	1,6-己二胺	226.400	10.0000	106-43-4	对氯甲苯	162.200	264.3800
74-90-8	氰化氢	25.700	81,251.1800	110-85-0	哌嗪	149.324	330.1300
123-92-2	乙酸异戊酯	142.000	510.2300	156-43-4	对氨基苯乙醚	254.000	0.8490
78-83-1	异丁醇	107.800	947.8100	79-09-4	丙酸	140.830	347.9800
110-19-0	乙酸异丁酯	116.800	1,766.5200	540-54-5	1-氯丙烷	46.600	37,183.8200
115-11-7	异丁烯	−6.900	262,095.5800	107-10-8	丙胺	48.600	32,792.5700
78-84-2	异丁醛	67.100	18,299.2000	115-07-1	丙烯	−47.700	1,015,268.1900
79-31-2	异丁酸	154.700	167.3400	57-55-6	1,2-丙二醇	187.300	10.5900
25339-17-7	异癸醇	213.400	1.6200	110-86-1	吡啶	115~116	2,080.7100
78-78-4	2-甲基丁烷	30.000	76,218.3300	69-72-7	水杨酸	211.000	0.1010
78-79-5	异戊二烯	34.000	60,574.7300	78-92-2	仲丁醇	99.500	1,719.7800
67-63-0	异丙醇	82.200	4,409.2200	110-15-6	丁二酸	236.100	0.0005

CAS 号	化学品	沸点/℃	蒸气压(20℃下)/Pa	CAS 号	化学品	沸点/℃	蒸气压(20℃下)/Pa
75-65-0	叔丁醇	82.400	3,977.9100	75-69-4	三氯氟甲烷	26.800	88,844.6400
75-64-9	叔丁胺	44.400	40,154.7600	112-49-2	三乙二醇二乙醚	197.200	3.2800
119-64-2	1,2,3,4-四氢萘	210.300	33.2500	75-50-3	三甲胺	2.900	182,229.2100
584-84-9	甲苯-2,4-二异氰酸酯	115~120	1.0800	75-35-4	过氯乙烯	31.600	65,938.5800

三、挥发性有机物的分类

挥发性有机物按其化学结构的不同，可分为以下几类：

（1）烷烃（脂肪烃）类 烷烃是一种开链的饱和链烃，分子中的碳原子都以单键相连，其余的价键都与氢结合而成的化合物。通式为 C_nH_{2n+2}，是最简单的一种有机化合物。烷烃的主要来源是石油和天然气，是重要的化工原料和能源物资。常用的汽油、柴油、液化气里面主要就是烷烃。

常见烷烃有丙烷、正己烷、正庚烷等，由于烷烃的 C—H 键特别稳定，因此是 VOCs 中最难催化的物质之一。

（2）烯烃类 烯烃是指含有 C =C 键（碳碳双键或烯键）的碳氢化合物，属于不饱和烃，分为链烯烃与环烯烃。按含双键的多少分别称单烯烃、二烯烃等。单链烯烃分子通式为 C_nH_{2n}。双键中有一根属于能量较高的 π 键，不稳定，易断裂，因此容易发生氧化反应，是相对比较容易催化的物质。

（3）脂环烃类 脂环烃是一类性质与脂肪烃相似，但在分子中含有碳环结构的烃类。脂环烃按环上是否有饱和键分为饱和脂环烃和不饱和脂环烃。脂环烃的通式：C_nH_{2n}，与烯烃互为同分异构体。代表性物质：环己烷、甲基环戊烷、1，2-二甲基环己烷等。

（4）芳香烃类 芳香烃，通常指分子中含有苯环结构的碳氢化合物，是闭链类的一种，具有苯环基本结构。历史上早期发现的这类化合物多有芳香味道，所以称这些烃类物质为芳香烃，后来发现的不具有芳香味道的烃类也都统一沿用这种叫法，例如苯、二甲苯、萘等。苯的同系物的通式是 C_nH_{2n-6}（$n \geqslant 6$）。芳香烃的 π 电子数为 $4n+2$（n 为非负整数）。

甲苯虽然比苯只多了一个甲基，但是化学性质相差巨大。苯要比甲苯稳定得多，通常在催化燃烧处理时，苯需要更高的反应温度，或需要性能更好的催化剂。

（5）醇类 醇是脂肪烃、脂环烃或芳香烃侧链中的氢原子被羟基（—OH）取代而成的化合物。如：甲醇（CH_3OH）；乙醇（C_2H_5OH），俗称酒精；乙二醇（$HOCH_2CH_2OH$）。醇类物质比较容易催化。

（6）醛类 分子中含有—CHO（醛基）的化合物称为醛，通式为 RCHO。R—可以不是烃基，比如羟基乙醛的 R—是 $HOCH_2$—；R—也可以是烃基，比如烷基、烯基、芳香基或环烷基。依醛基的数目又可分为一元醛和多元醛。低级醛为液体，高级醛为固体，只有甲醛是气体。醛与酮非常类似，酮的两端是烷基，而醛的一端为 H。醛的化学性质比较活泼，比较容易催化。如甲醛在贵金属催化剂上可以常温下转化为二氧化碳和水。

（7）酮类 酮是羰基与两个烃基相连的化合物。根据分子中烃基的不同，酮可分为脂肪酮、脂环酮、芳香酮、饱和酮和不饱和酮。芳香酮的羰基直接连在芳香环上；羰基嵌在环内的，称为环内酮，例如环己酮。按羰基数目又可分为一元酮、二元酮和多元酮。一元酮中，羰基连接的两个烃基相同的称单酮，例如丙酮（二甲基甲酮）。互不相同的为混酮，例如苯乙酮（苯基甲基甲酮）。酮分子间不能形成氢键，其沸点低于相应的醇，但羰基氧原子能和水分子形成氢键，所以低碳数酮（低级酮）溶于水。低级酮是液体，具有令人愉快的气味，高碳数酮（高级酮）是固体。

酮的通式为 R_1—CO—R_2。酮是相对比较容易催化燃烧的物质。

（8）酯类　酯是指有机化学中醇与羧酸或无机含氧酸发生酯化反应生成的产物。广泛存在于自然界，例如乙酸乙酯存在于酒、食醋和某些水果中；乙酸异戊酯存在于香蕉、梨等水果中；苯甲酸甲酯存在于丁香油中；水杨酸甲酯存在于冬青油中。高级和中级脂肪酸的甘油酯是动植物油脂的主要成分，高级脂肪酸和高级醇形成的酯是蜡的主要成分。

酯的分子通式为 R—COO—R'（R—可以是烃基，也可以是氢原子；R' 不能为氢原子，否则就变成了羧基）。

酯是根据形成它的酸和醇（酚）来命名的，例如乙酸甲酯 CH_3COOCH_3、乙酸乙酯 $CH_3COOC_2H_5$、乙酸苯酯 $CH_3COOC_6H_5$、苯甲酸甲酯 $C_6H_5COOCH_3$、乙酸丁酯 $CH_3COOC_4H_9$、丙烯酸辛酯 $CH_2CHCOOC_8H_{17}$ 等。

酯类有机物，由于化学性质比较特殊，在催化过程中容易生产有机酸，贵金属催化剂通常对酯的活性较低。

（9）其他

① 含氮有机化合物。将分子中含有 C—N 键的有机化合物称为含氮有机化合物，常见的有腈、酰胺、胺等，如乙腈、二甲基甲酰胺（DMF）、正丁胺等。由于含氮有机化合物中含有 N 元素，而 N 元素在催化燃烧过程中容易转化为 NO_x。因此 NO_x 需要进一步脱硝处理。开发能够控制 N 元素转化为 N_2 的催化剂很有必要。

② 含硫有机化合物。含硫有机化合物指含碳硫键的有机化合物，常见的有硫醇（C_2H_5SH）、硫醚（CH_3—S—CH_3）。其最大的特点是恶臭，奇臭无比。含硫有机化合物通过燃烧（催化燃烧）后会生成大量 SO_x，腐蚀性很强，需二次处理。含硫有机化合物对贵金属催化剂往往有影响，因此需要特别慎重。

③ 含氯有机化合物。含氯有机化合物指含碳氯键的有机化合物，常见的挥发性含氯有机物（CVOC）有，二氯甲烷、二氯乙烷、氯苯、三氯乙烯等。由于含氯有机化合物中含有 Cl 元素，而 Cl 元素在催化燃烧过程容易转化为 HCl、Cl_2 等物质，腐蚀性很强，需二次处理。二氯甲烷、二氯乙烷等含氯有机化合物非常稳定，很难催化燃烧，而且对催化剂也有一定影响，很多涂装线的催化燃烧使用不成功，往往与涂料中含有含氯有机化合物有关。

挥发性有机物主要成分有烃类、卤代烃类、氧烃和氮烃。包括：苯系物，有机氯化物，氟利昂系列，有机酮、胺、醇、醚、酯、酸，石油烃化合物等。这些物质有毒、有害、致癌，会形成光化学烟雾和 $PM_{2.5}$。

从环保意义上讲，挥发性有机物主要指化学性质活泼的那一类挥发性有机物。常见的 VOCs 有苯、甲苯、二甲苯、苯乙烯、三氯乙烯、三氯甲烷、三氯乙烷、二异氰酸酯（TDI）、二异氰甲苯酯等。

四、一些典型挥发性有机物的性质

物质	溶解性	沸点/℃	饱和蒸气压	爆炸极限(体积分数)/%	黏度/(mPa·s)
苯	难溶于水，是良好的有机溶剂，能与大多数有机溶剂混溶，无机物在苯中不溶。69.25℃时与水生成恒沸物，含苯91.2%	80.1	25℃时 11.3kPa	1.2～8.0	0.6010(25℃)
甲苯	不溶于水，可混溶于苯、醇、醚等多数有机溶剂	110.6	50℃时 12.3kPa	1.2～7.0	0.7720 (20℃)
二甲苯	是由 45%～70% 的间二甲苯、15%～25% 的对二甲苯和 10%～15%邻二甲苯三种同分异构体所组成的混合物。与乙醇、氯仿或乙醚能任意混合，在水中不溶	137.0～140.0			
邻二甲苯	不溶于水，可混溶于乙醇、乙醚、氯仿等多数有机溶剂	144.4	79℃时 12kPa	1.1～6.4	0.7540 (25℃)
间二甲苯	不溶于水，可混溶于乙醇、乙醚、氯仿等多数有机溶剂	139.0	75℃时 12kPa	1.1～6.4	0.5790 (25℃)
对二甲苯	可与乙醇、乙醚、丙酮等有机溶剂混溶	138.4	73℃时 12kPa	1.1～6.6	0.6030 (25℃)
均三甲苯	不溶于水，溶于乙醇，能以任意比例溶于苯、乙醚、丙酮	164.7	97℃时 12kPa	1.3～13.1	1.1540(20℃)
环己烷	能与乙醇、高级醇、醚、丙酮、烃类、卤代烃、高级脂肪酸、胺类等大部分涂料溶剂混溶。能溶解油脂、树脂、地蜡、橡胶、沥青等。溶解能力和己烷相似	80.7	80℃时 95.99kPa	1.3～8.0	0.8880(25℃)
甲醇	溶于水，可混溶于醇类、乙醚等多数有机溶剂	64.5	19℃时 12kPa	6.0～36.5	0.5525(25℃)
乙醇	能与水以任意比例互溶；可混溶于醚、氯仿、甲醇、丙酮、甘油等多数有机溶剂	78.3	33℃时 12kPa	4.3～19.0	1.0600 (25℃)
乙二醇	与水、乙醇、丙酮、醋酸甘油吡啶等混溶，微溶于乙醚，不溶于石油烃及油类	197.9	109℃时 3.33kPa；150℃时 20.4kPa	3.2%爆炸下限	10.3800(38℃)
丙三醇	能与水、乙醇相混溶，1 份该品能溶于 11 份乙酸乙酯，约 500 份乙醚，不溶于苯、二硫化碳、三氯甲烷、四氯化碳、石油醚、氯仿、油类。易被脱水，失水生成双甘油和聚甘油等	290.9	208℃时 8kPa；220℃时 13.3kPa	1.6～13.8 (无官方数据)	94.5000 (25℃)

物质	溶解性	沸点/℃	饱和蒸气压	爆炸极限(体积分数)/%	黏度/(mPa·s)
丙二醇甲醚	与水混溶。能溶解油脂、橡胶、天然树脂、乙基纤维素、硝酸纤维素、聚乙酸乙烯酯、聚乙烯醇羧酸酯、酚醛树脂、脲醛树脂等	120.0	-68℃时13.3kPa	1.9~11.0	1.7500(25℃)
乙酸乙酯	能与醇、醚、氯仿、丙酮、苯等大多数有机溶剂混溶,能溶解大豆油、蓖麻油等植物性油脂及松香、乳香等天然树脂以及硝化纤维、氯乙烯树脂、聚苯乙烯树脂、酚醛树脂等,与乙醇的混合物可溶解硝酸纤维素等。25℃时,在水中溶解8.08%。易水解	77.0	100℃时202.65kPa	2.18~11.4	0.4490(20℃)
丙酸乙酯	不溶于水,混溶于乙醇、乙醚、丙二醇等多数有机溶剂	99.1	40℃时10.4kPa;50℃时16.4KPa	1.9~11	0.8960(15℃)
丙酮	是一种典型的溶剂,能与水、乙醇、多元醇、酯、醚、酮、烃、卤代烃等多种极性非极性溶剂混溶。除棕榈油等少数油脂之外,几乎所有的油脂都能溶解,并能溶解纤维素、酚醛聚酯等多种树脂,但对环氧树脂、聚乙烯、呋喃树脂等溶解能力较差,对聚乙烯、呋喃树脂不易溶解,虫胶、橡胶、沥青、石蜡等则难以溶解	56.1		0.316(25℃)	2.5500~12.8000
丁酮	与丙酮相似,能与醇、醚、苯大多数溶剂混溶。对各种纤维素衍生物、合成树脂、油脂、高级脂肪酸溶解力强	79.6	60℃时51.98kPa	0.423(25℃)	1.8100~11.500
环己酮	能与甲醇、乙醇、丙醇、苯、己烷、乙醚、硝基苯、石脑油、二甲苯、乙二醇、乙酸异戊酯、二乙胺以及其他有机溶剂相混溶。能溶解纤维素、纤维素酯、硝酸纤维素、碱性染料、乳胶、沥青、油脂、清漆、生胶、聚氯乙烯、聚乙酸乙烯酯、聚甲基丙烯酸甲酯、聚苯乙烯以及多种天然树脂	145.1	25℃时0.841kPa	0.696(25℃)	1.100~8.1000
一氯甲烷	可溶于醇类、矿物油、氯仿等多数有机溶剂;苯、四氯化碳、乙醇、冰醋酸、1,2-二氯乙烷	-23.7			8.1000~17.2000
二氯甲烷	不溶于水,能与醇、醚、氯仿、苯、二硫化碳等有机溶剂混溶	39.8	0℃时19.7kPa	15.5(下限,氧气)	0.4250(20℃)
三氯甲烷	能与乙醇、苯、乙醚、石油醚卤代烃、四氯化碳、二硫化碳和油类等混溶	61.2	10℃时13.4kPa		
四氯化碳	能与醇、醚、石油醚、石脑油、冰乙酸、二硫化碳、卤代烃等大多数有机溶剂混溶	76.8	20℃时12.1kPa		

物质	溶解性	沸点/℃	饱和蒸气压	爆炸极限(体积分数)/%	黏度/(mPa·s)
乙二醇 -乙醚	能与水、醇、醚、四氯化碳、丙酮等多种溶剂互溶	135.6	25℃时 0.7kPa	1.85(25℃)	140℃时 1.8%下限；150℃时 14%上限
乙二醇 -丁醚	溶于丙酮、苯、乙醚、甲醇、四氯化碳等有机溶剂和矿物油	170.2	25℃时 0.11kPa；61℃时 1.33kPa；94℃时 6.67kPa	3.15(25℃)	170℃时 1.1%下限；180℃时 10.6%上限
苯乙烯	不溶于水，溶于乙醇、乙醚、丙酮中，暴露于空气中逐渐发生聚合(聚苯乙烯)及氧化(苯甲酸)	145.1	25℃时 0.841kPa	0.696(25℃)	1.1000～6.1000
甲醛	不溶于水，溶于乙醇、乙醚中，低温时与甲苯、氯仿混溶。暴露于空气中逐渐发生聚合(聚甲醛)及氧化(甲酸)。	-19.5	-57.3℃13.33	0.242(-20℃)	7.0000～73.0000
乙醛	与水、乙醇、乙醚、丙酮、乙酸、苯等混溶。在水中易形成水合物	20.2	39.3kPa(浓度 12.9%,20℃)	0.216(20℃)	4.5000～60.5000
三氯乙烯	不溶于水，溶于乙醇、乙醚中，暴露于空气中逐渐发生聚合及氧化	145.1	25℃时 0.841kPa；	0.696(25℃)	1.1000～6.1000

附录四 气相型蜂窝活性炭技术指标

1. 苯吸附：＞25%（动态测试）；＞35%（静态测试）；

2. 孔数：100 孔/in²、150 孔/in²、200 孔/in² （1in²=6.4516cm²)；

3. 壁厚：0.5mm；

4. 规格：100mm×100mm×100mm；50mm×50mm×100mm；

5. 体密度：380～450kg/m³；

6. 空塔风速阻力：490Pa（风速 0.8m/s，床厚 60cm）；

7. 脱附温度：＜120℃；

8. 使用寿命：＞4 年（无污染，无封孔）；

9. 正抗压强度：气相型蜂窝活性炭＞0.8Pa。

参考文献

[1] 刘天齐.三废处理工程技术手册·废气卷.北京:化学工业出版社, 1999.

[2] 林肇信.大气污染控制工程.北京：高等教育出版社, 1999.

[3] 郭静,阮宜伦.大气污染控制工程.北京：化学工业出版社, 2001.

[4] 叶振华.化工吸附分离过程.北京:中国石化出版社,1992.

[5] 童志权,陈焕钦.工业废气污染控制与利用.北京：化学工业出版社, 1998.

[6] 赵毅,李守信.有害气体控制工程.北京:化学工业出版社,2001.

[7] 余国琮.化工机械工程手册.北京：化学工业出版社, 2003.

[8] 李守信,苏建华,马德刚,等.挥发性有机物污染控制工程.北京：化学工业出版社, 2017.

[9] 刘晓敏, 邓先伦, 朱光真, 等.活性炭的物理性质与丁烷工作容量的关系.东北林业大学学报, 2011, 39（10）: 107—109.

[10] 张世润,胡勇, 等.活性炭工艺学.长春：东北林业大学出版社, 2002.

[11] 陆震维.有机废气的净化技术.北京：化学工业出版社, 2011.

[12] 路德维希 EE.化工装置的工艺设计：第二册.北京：化学工业出版社, 1983.

[13] 刘巍.冷换设备工艺计算手册.北京:中国石化出版社,2003.

[14] 中石化上海工程公司.化工工艺设计手册.3 版.北京：化学工业出版社, 2003.

[15] 谭天恩.化工原理（下）.北京：化学工业出版社,1984.

[16] 全国勘察设计注册工程师环保专业管理委员会,中国环境保护产业协会.注册环保工程师专业考试复习教材.北京：中国环境科学出版社,2011.

[17] 陈家桂, 张卿川, 范丽虹.美国固定源废气排放物 VOCs 的监测方法与启示.中国环境科学学会学术年会论文集：第四卷.北京：中国环境科学出版社, 2011.

[18] 天津大学有机化学教研室.有机化学.北京：人民教育出版社, 1978.

[19] 程能林.溶剂手册·5 版.北京：化学工业出版社, 2015.

[20] 周兴求,叶代启.环保设备设计手册——大气污染控制设备.北京：化学工业出版社, 2004.

[21] 上海市固定污染源非甲烷总烃在线监测系统安装及联网技术要求（试行）.上海, 2015.

[22] 李立清,曾光明,唐新村,等.变压吸附技术净化分离有机蒸气的研究进展.现代化工,2004,24（3）: 20-23.

[23] 贺福.碳纤维及其复合材料.北京：科学出版社, 1998.

[24] 单晓梅,杜铭华,朱书全,等.活性炭表面改性及吸附极性气体.煤炭转化, 2003,26（1）: 32-35.